Frank Müller

Hans-Joachim Ruhr

Keine Angst mehr hinterm Steuer

In 7 Schritten zum Erfolg:

Fahrängste bewältigen

Sicher und gelassen Auto fahren

W0196320

Frank Müller

Hans-Joachim Ruhr

Keine Angst mehr hinterm Steuer

In 7 Schritten zum Erfolg:
Fahrängste bewältigen
Sicher und gelassen Auto fahren

Mit 51 Abbildungen und 9 Tabellen

 Springer

Frank Müller

Fahrschule Schaffen Wir GmbH

Sonnenallee 58, 12045 Berlin

E-Mail: fahrschule@schaffenwir.de

Hans-Joachim Ruhr

Bergheimer Str. 5, 14197 Berlin

E-Mail: ruhr.berlin@gmx.de

ISBN 978-3-642-01061-3 Springer Medizin Verlag Heidelberg

Bibliografische Information der Deutschen Nationalbibliothek
Die Deutsche Nationalbibliothek verzeichnet diese Publikation in der Deutschen Nationalbibliografie;
detaillierte bibliografische Daten sind im Internet über http://dnb.d-nb.de abrufbar.

Springer Medizin Verlag
springer.de

© Springer Medizin Verlag Heidelberg 2010

Planung: Monika Radecki
Projektmanagement: Michael Barton
Lektorat: Friederike Moldenhauer, Hamburg
Layout und Umschlaggestaltung: deblik Berlin
Fotonachweis Umschlagseiten: © imagesource.com
Satz und Digitalisierung der Abbildungen: Fotosatz-Service Köhler GmbH – Reinhold Schöberl, Würzburg

SPIN: 12561148

Gedruckt auf säurefreiem Papier   2126 – 5 4 3 2 1 0

Vorwort

Liebe Leserin, lieber Leser,

wir freuen uns, dass Sie sich für diesen Ratgeber über die Bewältigung von Fahrängsten interessieren.

Vor Jahren war es für Betroffene kaum möglich, über ihre Fahrängste zu sprechen. Sie sahen sich dem Unverständnis oder Spott ihrer Umwelt ausgesetzt, wenn sie es doch wagten: »Hab' Dich doch nicht so, setz' Dich einfach ins Auto und fahr' los!«, so konnte etwa die (oft männliche) Antwort lauten, wenn eine Fahrerin über ihre Ängste sprach. Kein Wunder, dass die Betroffenen sich zurückzogen und das Fahren vermieden. Glücklicherweise hat sich dies geändert, Menschen mit Fahrängsten sprechen inzwischen offen über ihre Ängste, womit sie schon den ersten wichtigen Schritt zur Angstbewältigung getan haben.

An diesem Punkt setzt der Ratgeber an und zeigt Ihnen an vielen Beispielen, wie Sie mit Fahrängsten umgehen können, mit dem Ziel, sich von ihnen zu befreien. Wir arbeiten schon lange als Fahrlehrer (Frank Müller) und Verhaltenstherapeut (Hans-Joachim Ruhr) zusammen, um Menschen mit Fahrängsten zu helfen. Dabei haben wir eine erfolgreiche Methode entwickelt, Fahrängste in 7 Schritten zu überwinden. In Anlehnung an den Namen der Fahrschule nennen wir sie die »SchaffenWir-Methode«. Die Methode wird Ihnen einleuchten, sie hat sich in der Praxis bewährt, lässt sich leicht lernen und hilft Ihnen, wirksam Ihre Ängste im Straßenverkehr zu überwinden.

Natürlich ist dies kein Zauberbuch, das man einfach nur lesen muss, um anschließend sorgenfrei Auto zu fahren. Unser Wunsch ist es, dass Sie sich nach der Lektüre dieses Buches ermutigt fühlen, denn Sie sind nicht allein mit Ihrem Problem, es gibt viele andere Betroffene, denen es ähnlich geht. Darüber hinaus wünschen wir uns, dass Sie weitere Schritte unternehmen werden. Sie haben die SchaffenWir-Methode verstanden und wissen jetzt, wie Sie Ihre Ängste überwinden und wieder sicher und gelassen fahren können.

Unser Dank gilt den Fahrschülern, Angsthasen sowie Seminarteilnehmern, die uns bei der Erstellung dieses Buches wertvolle Tipps und Anregungen gegeben haben.

Frank Müller
Hans-Joachim Ruhr

Inhaltsverzeichnis

1 Keine Angst mehr hinterm Steuer!

Fahrängste bewältigen, sicher und gelassen Auto fahren

◨ Abb. 1.1. Sicher und gelassen hinter dem Steuer – das schaffen Sie auch

❯ Nach langer Fahrvermeidung haben Sie sich durchgerungen, etwas zu unternehmen. Sie wollen endlich Ihre Fahrängste loswerden und wieder sicher und gelassen fahren. Sie spüren es: In Ihrer Lage hilft es nicht viel, auf Parkplätzen herumzuprobieren oder im Urlaub auf der Dorfstraße hin und her zu fahren. Jetzt sollte etwas grundsätzlich Neues her, das Sie wirklich weiterbringt. Wir laden Sie herzlich ein, lesen Sie die Einführung, lernen Sie die SchaffenWir-Methode mit Ihren 7 Schritten zum Abbau Ihrer Fahrängste kennen.

1.1　So benutzen Sie den Ratgeber

Die SchaffenWir-Methode kennenlernen

In der Einführung erfahren Sie durch Fragen und Antworten alles Wichtige über Fahrängste. Die SchaffenWir-Methode mit ihren sieben Schritten wird vorgestellt, mit der Sie Ihre Fahrängste bewältigen können. Sieben Schritte sind gut zu merken. Jeder einzelne Schritt ist anschaulich und verständlich beschrieben. Wenn Sie diese Abschnitte gelesen haben, dann haben Sie die SchaffenWir-Methode grundsätzlich begriffen.

Die SchaffenWir-Methode in sachgerechter Anwendung

Nach der Einführung widmen sich die weiteren Kapitel dem Abbau von besonderen Fahrängsten – z. B. der Angst vor Großstadtverkehr, vor Autobahnen, vor der praktischen Prüfung, vor Beifahrern … Die einzelnen Kapitel sind meistens zweigeteilt: Im 1. Teil (»Hinweise aus der Praxis«) verfolgen Sie an praktischen Beispielen, wie fahrängstliche Menschen ihre Fahrängste in der Ausbildung einer Angsthasenfahrschule bewältigen. Viele Angsthasen sind am Anfang noch so unsicher, dass sie sich nur mit qualifizierter Hilfe in den Verkehr trauen. Sie lernen die SchaffenWir-Methode in ihrer sachgerechten Anwendung kennen, indem Sie verfolgen, wie fahrängstliche Menschen im Laufe der Ausbildung trainieren, sicher zu fahren und selbstbewusst und gelassen mit ihren Ängsten umzugehen.

Möglicherweise finden Sie keine Angsthasenfahrschule in Ihrer Nähe. Dann suchen Sie eine Fahrschule, deren Fahrlehrer freundlich und aufgeschlossen gegenüber Ihren Angstproblemen sind. Schildern Sie dem Fahrlehrer Ihren Fall, besprechen Sie mit ihm, wie die Übungen verlaufen sollten und vereinbaren Sie zu Anfang erst einmal Probestunden.[1]

Hilfe durch Profis

Im 2. Teil der Kapitel (Selbsthilfe …) geht es um den entscheidenden Punkt: Was können Sie selbst zur Bewältigung Ihrer Fahrängste tun? Hier erhalten Sie viele Tipps, die Ihnen den schwierigen Übergang in das selbstständige Fahren erleichtern. Anschließend präsentieren wir Ihnen eine Auswahl häufiger Fragen, die Angsthasen zu ihren Problemen schon an uns gestellt haben, und unsere Antworten darauf. Den Abschluss des 2. Teils bilden einige Übungsaufgaben, mit denen Sie sich testen können, ob Sie den Weg zur Bewältigung Ihrer Fahrängste verstanden haben. Die Lösungen finden Sie im Anhang.

Selbsthilfe

1.2   Fahrängste bewältigen

1.2.1   Ziele einer Angsthasenfahrschule

Frage: Wie kam es dazu, dass Sie Angsthasen ausbilden? Was macht eine Angsthasenfahrschule?
Frank Müller: Ich selbst habe als Fahrlehrer immer wieder erlebt, mit welch starken Prüfungsängsten Prüflinge geschlagen sind. Unvergessen ist mir der Fall eines jungen Mannes, der in der Ausbildung alle Parkübungen beherrschte. In der Prüfung sollte er in eine große Lücke einparken, schaffte es nicht, verkrampfte sich, bekam schließlich einen Blackout (Gehirn-Aussetzer, augenblicklicher Gedächtnis-Verlust) und weinte am Schluss vor Verzweiflung.[2] Der Prüfling tat mir leid; gleichzeitig war mir bewusst, dass meine Ausbildung als Fahrlehrer im Punkt Angstbewältigung ungenügend war. Aufgrund solcher Fälle habe ich mir damals vorgenommen, diesem Thema weiter nachzugehen und meinen Schülern Hilfestellung zu geben, mit ihrer Prüfungsangst besser umzugehen.

Jedenfalls hat sich die Sache wohl herumgesprochen. Später wandten sich nicht nur prüfungsängstliche Schüler, sondern auch Menschen mit Führerschein an mich. Sie suchten nach jahrelanger Fahrvermeidung wegen ihrer Ängste professionelle Hilfe. Unser wichtigster Grundsatz ist es, die Ängste der Hilfesuchenden ernst zu nehmen und sie durch die SchaffenWir-Methode bei der Angstbewältigung zu unterstützen. Inzwischen ist die Zahl der Hilfesuchenden stark gewachsen, die Fahrschule kommt dem Bedürfnis kaum nach. Es gibt Anfragen aus ganz Deutschland.

Ängste ernst nehmen

Daher war es vordringlich, zusammen mit meinem Kollegen Ruhr einen Ratgeber für die vielen fahrängstlichen Menschen zu schreiben. *Frage: Wie läuft eine Angsthasenausbildung mit Angstbewältigung bei Ihnen ab?*

Frank Müller: Zu Beginn gibt es immer ein ausführliches Einfühlungsgespräch. Die Betroffenen erzählen ihre Vorgeschichte und beschreiben ihre Ängste. Dann überlegen wir gemeinsam, wie es weitergehen soll. Das hängt sehr vom Einzelfall ab. Maßgeblich sind aber immer die 7 Schritte der SchaffenWir-Methode. Wir empfehlen, mit einem Stressbewältigungsseminar anzufangen, um quälende Gedanken kennenzulernen und abzubauen. Bei den anschließenden Fahrstunden wird ebenfalls viel über die Gedankenfalle geredet. Vielleicht müssen die Kenntnisse noch einmal aufgefrischt werden. Wichtiger sind allerdings das Einüben des Angsthasenfahrstils und die Konfrontation mit den Ängsten (unter Einbeziehung der Entspannungsübungen). Die entscheidende Etappe am Schluss ist, die Kuschelatmosphäre im Fahrschulauto aufzugeben und das selbstständige Fahren zu üben, mit allen Möglichkeiten der Angstbewältigung. Ziel ist, die Methoden der Angstbewältigung erfolgreich und gerne anzuwenden und wieder sicher und gelassen zu fahren.

1.2.2 Fahrängstliche Menschen werden selbstbewusst

Frage: Wer sind Angsthasen? Steckt hinter dem Wort nicht ein bisschen Diskriminierung?

Frank Müller: Angsthasen sind bildlich gesprochen mutlose Geschöpfe, die sich nichts zutrauen, sondern sich furchtsam in ihre Kuhle ducken, bemitleidenswert. Der Begriff »Angsthasen« hat sich für ängstliche, unsichere Fahrer und Fahrerinnen durchgesetzt, die einige Situationen im Straßenverkehr mit übertriebener Angst sehen und diese meiden.[3] Hinter dem Begriff »Angsthasen« steckt ursprünglich schon etwas Diskriminierung. Andererseits haben viele Angsthasen den Begriff offensiv angenommen, nach dem Motto: »Wir sind Angsthasen – na und? Zahlreichen anderen Menschen geht es so wie uns. Machen wir was daraus oder machen wir was dagegen!« Es ist wie in dem Kinderbuch von Shaw »Der kleine Angsthase«.[4]

Irgendwann duckt sich der kleine Angsthase nicht mehr weg, sondern setzt sich gegen den Fuchs zur Wehr. In dem Augenblick ist er mutiger Angsthase oder kein Angsthase mehr. Hinter dem Begriff Angsthase steckt also einige Wirkungskraft – die Einsicht, (noch) ängstlich zu sein, der spannungsvolle Neubeginn und das Ziel, mutiger Angsthase zu werden bzw. die Angst zu überwinden. Insofern verwenden wir diesen Begriff in unserem Buch in einem positiven Sinn.

In der Fahrschule haben wir einen schönen Plüschhasen auf dem Schreibtisch. Wenn ein zu Anfang noch ängstlicher Mensch fertig ist mit

der Ausbildung, dann darf er bzw. sie den Plüschhasen zum Abschied noch einmal drücken. Und so wird das Abschiedsfoto gemacht, nach dem Motto: »Tschüs, Angsthase, ab heute bin ich mutig.« Da steckt ein bisschen liebevolle Symbolik dahinter (◻ Abb. 1.2).

1.2.3 Angsthasen leiden an milden bis mittleren Fahrängsten

Frage: Reicht es nicht, die Kenntnisse der Angsthasen in einer Fahrschule aufzufrischen oder sollten man womöglich zum Psychologen in die Therapie?

Hans-Joachim Ruhr: Wir sprechen hier bewusst von »Angsthasen«, also Menschen mit einer milden bis mittelschweren Form von Fahrängsten, und grenzen diesen Personenkreis klar ab von denen, die eine Psychotherapie benötigen. Dies klären wir in den ersten Gesprächen und empfehlen, wenn nötig, eine Psychotherapie. Im Rahmen einer Therapie kann die Zusammenarbeit zwischen Psychologen und Fahrlehrer besonders wichtig und hilfreich sein.

Frank Müller: Die Angsthasen gehören weder zu den im Fahrschul-Jargon sogenannten »Auffrischern«, noch leiden sie an einer Angststörung, die therapeutisch zu behandeln wäre. Sie befinden sich in ihrer Lage irgendwo dazwischen.

Auffrischer haben keine Fahrängste, sondern sie haben, wie es einmal eine Auffrischerin ausdrückte, »Respekt« vor dem Fahren. Sie sind

Angsthasen zwischen Auffrischern und angstgestörten Menschen

lange nicht gefahren, z. B. wegen beruflicher oder finanzieller Probleme. Angsthasen leiden im Gegensatz zu den Auffrischern an Unsicherheiten und Ängsten. Und gerade deswegen haben sie oft lange das Fahren vermieden.

Hans-Joachim Ruhr: Angsthasen leiden andererseits nicht an krankhaften Angststörungen. Angststörungen sind klinisch bedeutsame Ängste, z. B. soziale Angst, Agoraphobie, Zwangsstörungen. Sie werden als sehr intensiv und quälend erlebt und schränken nicht nur das Fahren, sondern das ganze normale Leben ein. Es handelt sich dabei um echte Krankheiten, die unbedingt psychotherapeutisch behandelt werden müssen. Die Ängstlichkeit und Unsicherheit der Angsthasen hingegen tritt eher in milder Form auf. Davon ist in der Regel nur das Autofahren, nicht aber der Alltag betroffen.

Es ist ähnlich, wenn Sie erhöhte Temperatur haben: Wenn Sie 40° Fieber haben, ist Ihr Alltagsleben beendet, Sie liegen im Bett, sind matt oder unruhig, können nicht mehr richtig denken, nehmen Medikamente ein, die der Arzt Ihnen verordnet hat. Wenn Sie nur 38° haben, gehen Sie vielleicht nicht mehr zur Arbeit. Sie bleiben am besten zu Hause. Dort müssen Sie aber nicht unbedingt im Bett liegen, Sie werden nebenbei auch fernsehen, lesen, telefonieren, oder spazieren gehen. Hauptsache, Sie haben ein bisschen Ruhe. Sie kurieren sich also selbst, mit Hausmitteln.

1.2.4 Zielgruppen des Ratgebers

Wir haben versucht, mit unserem Ratgeber möglichst vielen fahrängstlichen Menschen und Situationen gerecht zu werden, dennoch mussten wir Prioritäten setzen. Wir wenden uns mit diesem Ratgeber an vier Zielgruppen:

Menschen, die jahrelang das Autofahren vermieden haben

Angsthasen

Angsthasen sind Menschen mit Führerschein, die aus verschiedenen Gründen von leichter bis mittlerer Fahrangst betroffen sind. Sie bilden die größte Gruppe fahrängstlicher Menschen. Sie fürchten sich vor dem unberechenbaren Auto, dem schnell flutenden Großstadtverkehr, vor Autobahnen, vor dem Parken und vor Parkhäusern. Es sind weit mehr Frauen als Männer. Diese Menschen vermeiden aus Angst und Verantwortungsbewusstsein oft jahrelang das Fahren. Es gibt nur ungenaue Schätzungen, wie viele fahrängstliche Menschen es in Deutschland gibt, manche Schätzungen gehen von ca. 1 Mio. Betroffener aus.[5]

Fahrschüler in der Ausbildung und Prüfung

Weitere Fahrängste, die im Buch behandelt werden, sind Ängste von Fahrschülern bei der Ausbildung und Prüfung, und Ängste von Fahranfängern, die zum ersten Mal allein fahren. Nach Auskunft des Kraftfahrt-Bundesamtes fanden im Jahr 2006 etwa 1,4 Mio., im Jahr 2007 etwa 1 Mio. praktische Prüfungen in der Klasse B statt. Etwa 30% davon waren nicht bestandene Prüfungen, d. h. Wiederholungsprüfungen, also 420.000 bzw. 300.000.[7] Nach unseren Erfahrungen ist von den Prüflingen mit Wiederholungsprüfung ungefähr die Hälfte prüfungsängstlich, die überwiegende Mehrzahl in milder Form; von den Erstprüflingen ungefähr ein Viertel. Dazu kommen noch weitere Ängste, unter der sie als Schüler oder später in der Zeit als Fahranfänger leiden.

Grob geschätzt vermuten wir in diesem Bereich etwa eine halbe Mio. fahrängstlicher Menschen. Der Ratgeber geht auf die Ängste von Fahrschülern bzw. Prüflingen ein und bietet ihnen praxisgerechte Lösungen. Diese Informationen kommen auch Fahrlehrern und Prüfern zugute.

Prüflinge

Autofahrer, die in psychotherapeutischer Behandlung sind

Wiederholte Panikattacken, heftige körperliche Alarmreaktionen, zählen zu den Angststörungen. Sie gehören als klinische Erkrankung in psychotherapeutische Behandlung. Soweit innerhalb der Therapie eine fahrpraktische Übung ansteht, kann auch eine spezielle Fahrschule hinzugezogen werden. Wir empfehlen eine Kooperation von Psychotherapeuten und Fahrlehrern, wie wir sie seit einigen Jahren erfolgreich praktizieren.

Psychotherapie-Patienten

Fahranfänger und ungeübte Autofahrer in besonderen Stresssituationen

Seit Jahren beschäftigen sich die Automobilverbände, Behörden oder Juristen mit Rasern und Dränglern auf der Autobahn und im Stadtverkehr. Man versucht, ihnen mit immer höheren Bußgeldern und Strafen beizukommen. Fahranfänger oder Autofahrer mit geringeren Erfahrungen fühlen sich durch das Verhalten der Drängler bedroht, verhalten sich in der Drängelsituation vielleicht unkontrolliert und gefährden dadurch sich oder andere. Der Ratgeber stärkt und ermutigt die Opfer der Drängler, mit ihrer Angst und Erregung fertig zu werden.

Fahranfänger und Drängler

1.2.5 Arten von Fahrängsten

Im Folgenden lernen Sie die wichtigsten Ängste kennen, die sich beim Autofahren zeigen:

Auto- und Verkehrsangst

Autoangst ist die Angst vor der unkontrollierbaren Maschine, die macht, was sie will – dahinrast, schleudert, scharf bremst, in Bocksprüngen

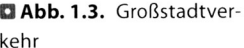

hüpft. Menschen mit Autoangst fühlen sich im Auto von der Maschine beherrscht, vermuten das Schlimmste bei ihrer Bedienung.

Verkehrsangst ist die Angst vor dem schnellen Verkehr mit seinem chaotischen Durcheinander, in dem man sich von anderen gedrückt fühlt, nicht durchblickt, sondern fürchtet, den Überblick zu verlieren und anderen durch unbedachte Reaktionen zu schaden. Bei sensiblen Menschen können viele Situationen im Großstadtverkehr Verkehrsängste auslösen: große Ampelkreuzungen mit vielen Fahrstreifen, große Kreisverkehre, breite Durchgangsstraßen mit dichtem, schnellem Verkehr, stark befahrene Stadtautobahnen mit kurzen Einfahrten (◘ Abb. 1.3).

Zur Verkehrsangst zählen auch besondere Ausprägungen dieser Angst, z. B. **Angst vor der Autobahn**.

❶ Auto- und Verkehrsangst kann nicht allein durch »Auffrischung« in einer Fahrschule bewältigt werden. Zwar spielen mangelhafte Fähigkeiten nach den vielen Jahren der Vermeidung eine gewisse Rolle. Aber mit Fahrstunden allein ist es nicht getan, in diesem Fall wird die Hilfe eines Angsthasenfahrlehrers oder Psychologen gebraucht.

Soziale Fahrangst

Menschen mit sozialer Fahrangst fürchten sich vor Bewertung, Kritik und Abwertung durch andere. Sie haben Angst davor, in bestimmten Situationen zu versagen. Bei sozialen Kontakten, bei denen sie womöglich einer Bewertung ausgesetzt sind, bemühen sie sich, jeden Fehler zu unterlassen und besonders perfekt zu handeln – was naturgemäß meis-

◻ Abb. 1.4. Schlecht einge-
parkt

tens nicht funktioniert. Am Ende versuchen sie, solche Situationen zu vermeiden.

Zu den sozialen Fahrängsten gehören folgende besonderen Ängste, die im Weiteren behandelt werden: **Angst vor der Theorieprüfung**, **Angst vor der praktischen Prüfung** und **Angst vor Beifahrern**.

Unfallangst

Menschen mit Unfallangst sind durch die Erfahrung eines Unfalls verunsichert, auch wenn er nur geringfügig war (◻ Abb. 1.4). Sie grübeln oft über den Hergang des Unfalls, fürchten, wieder die Kontrolle über das Auto zu verlieren und bei einem weiteren Unfall vielleicht sogar einen Menschen zu verletzen. Daher vermeiden sie das Autofahren und verhindern damit auch, dass sie positive Erfahrungen machen können. Hier muss ebenfalls zur Posttraumatischen Belastungsstörung abgegrenzt werden, die in die Hände eines Therapeuten gehört.

Angst vor Panikattacken im Auto

Eine Angsthasenfahrschule kann in Zusammenarbeit mit einem Psychotherapeuten die fahrpraktischen Übungen übernehmen. Wir berichten von unseren Erfahrungen und geben Tipps zur Selbsthilfe.

Stress im Straßenverkehr

Begegnungen mit aggressiven Dränglern stellen für viele Autofahrer Stress und Belastung dar. Ängste vor Dränglern sind durchaus berechtigt. Durch das nahe Auffahren bei höherem Tempo droht Unfall, Verletzung oder Tod, wenn der andere nicht schleunigst den Weg frei macht.

In der gefährlichen Situation können Ängste überschießen; dann kommt es womöglich zu einer dramatischen Zuspitzung der Lage. Mögliche Opfern von Dränglern lernen, mit ihrer in der gefährlichen Situation überschießenden Angst und Erregung fertig zu werden und die riskante Lage unbeschadet zu überstehen.

1.2.6 Entstehung von Angst

Veranlagung, Erziehung, Beruf?

Frage: Wie entstehen überhaupt Ängste, was sind die wichtigsten Ursachen? Warum hilft es mir als Betroffener, wenn ich über die Entstehung meiner Ängste Bescheid weiß?

Hans-Joachim Ruhr: Auf diese Fragen gibt es leider keine eindeutige Antwort. Die Wissenschaftler haben viele schlüssige Vermutungen, aber keine 100%-ig gesicherten Aussagen über die Entstehung von Ängsten. Ist Veranlagung mit im Spiel? Spielt die Häufigkeit und die Stärke von Belastungen eine Rolle? Wie wirken Erziehung, Schule oder Beruf auf die Entstehung der Ängste? Auffällig ist aber auch, dass in manchen Bereichen Frauen eher von Ängsten betroffen zu sein scheinen, Männer dagegen weniger. Bei uns in der Fahrschule sind im Durchschnitt von 100 fahrängstlichen Menschen mehr als 90 Frauen, weniger als 10% Männer. Die Entstehung der Ängste zu kennen ist aber nicht unbedingte Voraussetzung, um an der Lösung zu arbeiten. Daher konzentrieren wir uns in unserer Arbeit auf die praktische Lösung, statt lange Ursachenforschung zu treiben.

Frank Müller: Jedes Erstgespräch in unserer Fahrschule beginnt mit einem langen Bericht der Angsthäsin, wie es ihrer Ansicht nach zur Entstehung der Ängste kam. Ein typischer Angstverlauf könnte aussehen wie in folgender Geschichte, die mir eine junge Frau beim Erstgespräch in der Fahrschule erzählte:

Schimpfen und Abwertung

Beate will den Führerschein machen. Nach ihrer Schilderung hat sie bei der Ausbildung Anfängerprobleme, wie sie eigentlich alltäglich sind: Die Einschätzung von rechts und links, von Seitenabständen oder das Zurechtfinden im dichten Verkehr. Leider ist sie in eine ungeeignete Fahrschule geraten und wird vom Fahrlehrer beschimpft, dass sie zum Autofahren »zu blöd« sei. Bei der Ausbildung hagelt es negative Äußerungen, wie »es herrscht Krieg auf der Straße«, »eine falsche Bewegung am Steuer, und Du bist tot« oder »warte nur, bis Du in die Prüfung kommst, dann lernst Du endlich, was Sache ist!«

Nach vielen Fahrstunden und mehreren Prüfungsversuchen besteht sie endlich. Doch nun setzt, nach ihren Worten, »der Horror vor dem Autofahren« ein. Sie denkt an Vermeidung, überlässt ihrem Mann das Auto. Ihr Mann fährt gekonnt, aber sehr schnell und schimpft unaufhörlich auf andere Verkehrsteilnehmer (»Penner«, »Idioten«, »Verbrecher«). Dadurch wird auch ihre Rolle als Beifahrerin zur Qual, denn sie hat bei dem schnellen Tempo Angst. Außerdem

▼

weiß sie, dass sie das Auto nicht so rasant bewegen kann wie ihr Mann, und befürchtet, sich am Steuer noch schlimmer zu verhalten als die von ihrem Mann verachteten Verkehrsteilnehmer.

Durch die vielen belastenden Erlebnisse ist ihr Kopf vollgestopft mit negativen Gedanken, die ihr Verhalten steuern und blockieren (»Ich bin blöd«, »Es herrscht Krieg auf der Straße«, »Eine falsche Bewegung, dann bin ich tot«,). Nach weiteren schlechten Erfahrungen entsteht ein Teufelskreis der Angst und Vermeidung. Zehn Jahre lang fährt sie gar nicht, empfindet diese Zeit als bitter und als Einschränkung ihrer Möglichkeiten. Nach so langer Zeit sucht sie dann endlich nach einem Weg, um einen Neubeginn zu wagen.

Für Beate ist die Entstehung ihrer Ängste klar: Sie basieren auf ihren negativen Erlebnissen. Ihre Geschichte stellt sich als eine Kette von Begegnungen mit schimpfenden Menschen dar, denen sie passiv ausgesetzt war, die ihr starre Gedankenmuster eingeprägt haben und als deren Ergebnis 10-jährige Fahrvermeidung entstand. Aber so schlüssig die Geschichte klingt, sind Zweifel angebracht, ob nicht jemand anderes mit robusterer psychischer Konstitution lockerer mit diesen Belastungen umgegangen wäre. Er hätte auf diese Menschen (Fahrlehrer, Partner) wahrscheinlich gelassener reagiert.

War Beate diesen Begegnungen passiv ausgesetzt? Sie hätte doch dem ersten Fahrlehrer widersprechen oder sich einen freundlicheren suchen können. Ebenso hätte sie ihren Mann auffordern können, in ihrer Gegenwart nicht zu rasen und pausenlos auf andere zu schimpfen. (Übrigens ist auf andere zu schimpfen kein Kennzeichen eines guten Autofahrers). Beate kann lernen, ihre vergangene Geschichte anders zu erzählen (»Schade, ich hätte dem Fahrlehrer gleich widersprechen oder mich von ihm trennen sollen es gibt doch viele andere, die freundlich sind.«). Doch vor allem hat sie jetzt die Chance, ihre künftige Geschichte neu zu planen und die alten starren hinderlichen Gedankenmuster in anderem Licht zu betrachten.

Teufelskreis

Niemand muss Opfer sein.

❗ Lerntheorie, Verhaltensforschung, Verhaltenstherapie und Stressforschung halten eine positive Prognose für diese ängstlichen Menschen bereit: Problematisches, unsicheres, ängstliches Verhalten kann verändert und verlernt werden durch motivierende Gespräche über Gedankenmuster, durch Verhaltenstraining, Rollenspiele und Übungsprogramme. Ein (überholtes) unbrauchbares Verhaltensmuster wird also durch ein anderes (aktuell sinnvolleres) Verhaltensmuster nicht einfach ersetzt, sondern ergänzt. Die Betroffenen erhalten ihre Wahlfreiheit zurück und müssen nicht mehr »automatisch« reagieren.

Hans-Joachim Ruhr: Viele unserer Kursteilnehmer, darunter auch viele Angsthasen, haben im Verlauf der Stressbewältigungsseminare und in der Fahrschulpraxis (Fahrpraxis und Gespräche) gelernt, auch anders, freundlicher, hoffnungsvoller, über sich und über andere zu denken. Ihre auf Katastrophen fixierten Einstellungen wurden dann durch neue, optimistische ergänzt oder ersetzt. Wir reduzieren zu Anfang die belastenden Faktoren (im Verkehr oder anderswo), sprechen über quälende Gedanken, setzen Entspannungsübungen ein und begeben uns behutsam in die bisher angstmachenden Situationen hinein. Das ist sozusagen die unkomplizierte, effektive Methode zur Stressbewältigung von Fahrängsten[6], eben unsere SchaffenWir-Methode.

1.3   Die SchaffenWir-Methode

1.3.1 Sieben Schritte zur Angstbewältigung

Wenn jemand in einer zweifelnden Runde sagt: »Das schaffen wir!«, dann möchte er die anderen ermuntern, hoffnungsvoll, tatkräftig, erfolgsorientiert an das Problem heranzugehen, um es zu bewältigen. Wir wollen mit der SchaffenWir-Methode erreichen, dass Sie sich erfolgsorientiert Ihren Ängsten stellen und diese wirksam bewältigen. Ziel ist, dass Sie wieder sicher und gelassen Auto fahren können. Die SchaffenWir-Methode bietet Ihnen sieben Bausteine, um dieses Ziel zu erreichen:

1. Ängste akzeptieren,
2. körperliche Symptome benennen,
3. Gedankenfalle überwinden,
4. Auto fahren auffrischen,
5. Angsthasenfahrstil üben,
6. Vermeiden vermeiden,
7. selbstständig fahren.

Ängste akzeptieren

Kleines Tagebuch führen   Der wichtigste Schritt ist, dass Sie Ihre Ängste ernst nehmen, Ihre engagierten, professionellen Helfer nehmen sie ebenfalls ernst, das ist der Ausgangspunkt. Nur wenn Sie Ihre Ängste akzeptieren, aber gleichzeitig ebenfalls anerkennen, dass ihre bisherigen Strategien nichts gebracht haben, werden Sie imstande sein, einen neuen Ansatz zu versuchen. Beobachten Sie sich selbst, z. B. in Form eines kleinen Tagebuchs. Das ist der erste Schritt, um Klarheit zu bekommen: Wie stark sind meine Ängste? Bei welcher Gelegenheit treten sie auf? Was sind meine Gedanken dazu? Was tut mir gut, was schadet mir, wenn sie auftreten? Diese Analyse ist die Voraussetzung für die spätere Bewältigung.

> 🔴 Die eigenen Ängste anerkennen und akzeptieren ist der erste
> Schritt zu einer Veränderung. Dabei hilft es, ein Tagebuch zu führen.

Allerdings wollen wir nicht, dass Sie sich jetzt durch eine Beschäftigung mit Ihren Ängsten damit in noch größere Not hineinsteigern, im Gegenteil. Akzeptieren Sie die Angst als Tatsache. Dann müssen Sie nicht mehr versuchen, nicht an sie zu denken, um sie loszuwerden, was wahrscheinlich nicht funktionieren wird.

Dazu ein Beispiel: Versuchen Sie jetzt einmal, nicht daran zu denken, wie Sie eine herrliche, pralle gelbe Zitrone mit einer etwas rauen Haut in die Hand nehmen, daran riechen, ein Messer nehmen und sie dann teilen. Es knirscht leicht. Denken Sie jetzt bitte auch nicht daran, wie Sie an dieser saftigen gelben Zitrone schnuppern. Der Speichelfluss in Ihrem Mund ist der Beweis dafür, dass Sie durch den Versuch, den Gedanken an etwas vermeiden zu wollen, genau das Gegenteil erreichen.

Körperliche Symptome benennen

Wenn Sie Angst haben, wird Adrenalin ausgeschüttet und eine körper-
lich-psychische Alarmreaktion setzt ein: Sie atmen schneller, Ihr Herz
pocht heftig, Ihre Muskeln spannen sich an, Sie schwitzen, das Großhirn
schaltet zurück zugunsten anderer Funktionsbereiche. Diese Alarmreaktion ist in einer gefährlichen Situation angemessen. Da Sie aber im
Auto sitzen, ist die heftige körperliche Stressreaktion unerwünscht und
blockiert Ihre Fahrfähigkeiten. Wenn Ihre Muskeln sich verkrampfen,
wenn Ihre Konzentration schwindet, dann können Sie nicht mehr gut
und sicher fahren. Erproben Sie einfach die Methode, körperliche Vorgänge zu benennen, laut über schwieriges Verkehrsverhalten zu sprechen
und dieses zu beschreiben. Sie werden dabei spüren, dass Sie sich die
Konzentration auf den Verkehr erhalten, und dass die körperlichen
Reaktionen kontrollierbarer sind. Dann sind sie schon weniger bedrohlich.

> Lautes Sprechen und Benennen

Darüber hinaus bieten sich ein paar einfache Entspannungsübungen
an: ruhiges Atmen, um schnelles, flaches Atmen und starkes Herzklopfen zu normalisieren, und Muskelentspannung, um starre, zitternde
Muskeln wieder zu lockern.

> Einfache Entspannungs-übungen

Gedankenfalle überwinden

Überwinden Sie schädliche, negative Gedankenmuster, die Sie lähmen
und Ihre Fahrtüchtigkeit schmälern. Schauen Sie sich doch einmal an,
wie Sie denken, nicht immer nur, was Sie denken. Denken oder sagen Sie
beim Parken etwa »Ich bin zu blöd, das schaffe ich nie«? Wie wäre es
dagegen mit »Das kriege ich hin, wenn nicht gleich, dann eben mit ein
paar Korrekturen«? Quälende, verneinende Gedanken, die automatisch
zu kommen scheinen, sind ein wichtiger Ansatz für uns. Wir erkennen
diese automatischen Gedanken als Stressverstärker und lösen Probleme,
indem wir lernen, diese Gedanken zu verändern. Ziel sind stattdessen
freundlichere, optimistischere Gedanken, die die alten inneren Dialoge
ersetzen. Besonders gelungene neue Gedanken, die Ihnen Mut machen
und Ihre Kompetenz unterstreichen, nennen wir »Zauberworte«. Zauberworte sollten Sie auf einen Zettel schreiben, mit sich tragen und immer mal wieder lesen und wiederholen. Beim Besuch von Stressbewältigungsseminaren lernen Sie andere Menschen kennen, die ähnliche
Ängste und Sorgen haben wie Sie. Tauschen Sie sich mit ihnen aus und
lernen Sie gemeinsam, Problemen und quälenden Gedanken besser zu
bewältigen.

> Zauberworte

Autofahren auffrischen

Wenn Sie sich nach langer Fahrvermeidung wegen Ihrer Ängste unsicher
fühlen und fürchten, dass Ihre Kenntnisse und Fähigkeiten gelitten haben, dann frischen Sie diese wieder auf. Dazu sollten Sie eine Fahrschule mit freundlichen, kompetenten Fahrlehrern aufsuchen. Wichtig ist vor

> Auffrischen kann Ängste mildern

allem der intensive Umgang mit dem Auto und der Fahrtechnik. Das Auffrischen Ihrer Kenntnisse und Fähigkeiten wird Ihnen gut tun und Ihre Fahrängste mildern. Sie werden übrigens erstaunt sein, wie schnell sich bei diesen Übungen die alten Fähigkeiten wiederherstellen. Das Gehirn vergisst so schnell nichts, vor allem Bewegungsabläufe sind bald wieder da. Es ist so ähnlich wie z. B. beim Radfahren, das vergisst man auch nicht so leicht.

❗ Das Auffrischen ersetzt nicht gezielte Übungen, um Ihre Ängste abzubauen.

Angsthasenfahrstil üben

Viele unsichere Autofahrer lassen sich im Verkehr von anderen drängeln oder hetzen und fahren, gemessen an ihren Fähigkeiten, zu schnell. Damit geraten sie in eine möglicherweise gefährliche Lage. Von der Fülle der Informationen überfordert, verhalten sie sich in Situationen, in denen Entscheidungen gefordert sind, unüberlegt. Sie schauen nicht richtig, haben einen Tunnelblick und wechseln hastig den Fahrstreifen, ohne sich zu vergewissern, ob das sicher ist. Nach solchen gefährlichen Zufallsentscheidungen steigt die Angst. Mit dem Angsthasenfahrstil erreichen Sie, dass aus dem unsicheren Verhalten vorsichtiges Verhalten wird. Wer sich vorsichtig verhält, hat gelernt, mit Gefahrensituationen vorausschauend, umsichtig, langsam fahrend und ruhig umzugehen und verhält sich sicher und gelassen. Sie schauen in Ruhe, nach vorne, nach hinten, zur Seite und können auf einströmende Informationen überlegt reagieren. Sie treffen wieder begründete Entscheidungen, und Sie fahren wieder entspannter. Der vorsichtige Angsthasenfahrstil ist also ein wichtiger Schritt der SchaffenWir-Methode. Ihre Angst wird mit diesem Schritt »veredelt« zu Vorsicht. Und gerade zu Anfang dürfen und sollen Sie immer mit Vorsicht[9] fahren. Häufig wird dagegen eingewendet: Mit diesem Fahrstil behindere ich andere. Darf ich das überhaupt? Unsere Antwort: Ja, da Sie selbst noch Anfänger bzw. Anfängerin sind.[10] Sie sollten aber unbedingt rechts fahren. Die anderen ziehen dann einfach schnell vorbei. Später, mit zunehmender Erfahrung, können Sie auch schneller fahren. Insofern ist der Angsthasenfahrstil ein Übergangsfahrstil. Aber Sie haben in für Sie gefährlichen Situationen jederzeit die Möglichkeit, sich wieder darauf zurückziehen. Dann hilft Ihnen dieser Fahrstil, wieder sicher und gelassen zu fahren.

Vermeiden vermeiden

Schwierigkeiten schrittweise steigern

Bis jetzt haben Sie häufig oder immer belastende Situationen vermieden. Das brachte zwar kurzfristig ein bisschen Erleichterung, hat Ihnen aber auf Dauer nichts genützt, denn die Angst wurde möglicherweise immer größer, eventuell haben Sie mit dem Fahren ganz aufgehört. Vermeiden sie das Vermeidungsverhalten, lernen sie, dass Sie die Angst bewältigen können, und dass Ihre Angst dabei zurückgeht. Damit Ihre Belastung zu Anfang nicht zu groß wird, sollten Sie die Schwierigkeiten behutsam steigern und unsere SchaffenWir-Methode anwenden. Im Laufe dieser schrittweisen Mehrbelastung kann es übrigens plötzlich einmal ganz schnell gehen: Wenn die Betroffenen merken, dass sie mit der schrittweisen Belastung gut zurechtkommen, dann kann man zum Schluss auch einige große Schritte tun. Das Aufsuchen von belastenden Situationen, das Akzeptieren von anfänglichen Schwierigkeiten, das gezielte und bewusste Wahrnehmen der körperlichen Anspannung und die Erfahrung, dass die Angst dabei zurückgeht ist ein wesentliches Ziel, um Vermeidung zu vermeiden. Dass Sie sich wohlfühlen, ist zu Beginn kein eigenständiges Ziel. Das ruhige entspannte Gefühl beim Autofahren kommt vielmehr auf leisen Sohlen von alleine, aber gegen Ende.

Selbstständig fahren

Sie werden sich zu Beginn vielleicht Hilfe suchen – Therapie, Fahrschule, Begleitung durch einen Freund, eine Freundin. Das ist auch gut so, denn noch sind Sie vorsichtig und brauchen Schutz. Vergessen Sie aber nie, dass es Ihr wichtigstes Ziel bleibt, selbstständig zu fahren. Zur Vorbereitung gehört, dass Sie ihre Fortschritte bemerken und positiv erleben. Freuen Sie sich darüber, sagen Sie nicht »Ja, aber...«, sondern loben Sie sich selbst! In dieser Phase sollten Ihre Helfer Ihre Fortschritte bestätigen und Sie möglichst viel selbstständig erledigen lassen. Das Abnabeln von den Helfern kann manchmal zu erneuter Unsicherheit führen; doch gehört es dazu, diese Phase mit der Erfahrung vieler geglückter, eigenständiger Schritte durchzumachen. Erst so entsteht Selbstbewusstsein und die Neugier, noch mehr zu erproben.

> Zu Beginn ist Hilfe von Profis nötig

Wenn Sie in einer Fahrschule üben, dann besprechen Sie mit Ihrem Fahrlehrer Hausaufgaben und üben den Stoff mit dem eigenen Auto zu Hause. Üben Sie mit Ihrem Fahrlehrer nicht nur im Fahrschulauto, sondern auch mit Ihrem eigenen Auto, z. B. eine Strecke, die Sie voraussichtlich häufig fahren werden. Wenn Sie kein Auto besitzen, dann mieten Sie sich eines. Ihr Fahrlehrer sollte nicht nur neben Ihnen, sondern auch auf der Rückbank mitfahren (◘ Abb. 1.5). Nach der Fahrstunde fahren Sie die Strecke allein. Ungefähr so ähnlich verhält es sich, wenn Ihr Freund oder Ihre Freundin mitfährt.

> Nutzen Sie jede Chance, selbstständig zu fahren

Um sich die Sache leichter zu machen, achten Sie darauf, zu Anfang nur gut Bekanntes zu wiederholen, wenn Sie allein fahren. Bitte lassen Sie sich nicht entmutigen: Kleinere Unsicherheiten und auch Rückschläge sind normal, wenn Sie versuchen, selbstständig zu fahren. Behalten Sie Ihr Ziel im Auge, bleiben Sie zäh, auch wenn Sie zwischendurch wieder Hilfe brauchen. Am Schluss fahren Sie selbstständig, sicher und gelassen. Sie werden sich über Ihren Erfolg freuen, das wird Ihnen gut tun!

◪ **Abb. 1.5.** Fahren im eigenen Auto, auf der Autobahn.
Fahrlehrer fährt auf der Rückbank mit

**Auch einzelne Schritte
sind sinnvoll**

Von diesen sieben Schritten kommen in der Regel nicht immer alle
zum Einsatz. Stellen Sie sich die einzelnen Schritte der SchaffenWir-Methode wie Bauteile vor, die zu einem sinnvollen Werkstück zusammen-
gesetzt werden. Meistens braucht man alle Bauteile, manchmal nur ein
paar. Wer Autobahnangst hat, sonst aber gut fährt, z. B. im dichten Stadtverkehr zurechtkommt, der braucht den 4. Schritt (Auffrischung) nicht.
Dies ist der Normalfall beim Thema Autobahnangst. Sie finden zu Beginn der einzelnen Kapitel immer auch optisch angezeigt und kurz kommentiert, welche der sieben Schritte zum Einsatz kommen und welche
nicht. **Fett** markiert sind die Schritte, die wichtig für das Thema sind.

1.3.2 Sie können es schaffen!

*Frage: Ich glaube schon, dass an den sieben Schritten zum Angstabbau et-
was dran ist. Dennoch sind das viele Punkte. Was ist Ihr wichtigster Rat als
erfahrener Fahrlehrer?*

❶ **Frank Müller:** Mein wichtigster Rat lautet: Auch wenn Sie zu Anfang
Schutz und professionelle Hilfe brauchen, so nehmen Sie doch alle
Möglichkeiten wahr, selbstständig zu fahren und sich selbst weiter-
zuhelfen.

Lassen Sie sich von anderen nicht drängen, schneller zu fahren.[11] Sie
selbst wissen am besten, wie langsam Sie fahren müssen, um in Ruhe zu
schauen und zu entscheiden. Sie fahren sicher und werden selbstbewusst,
wenn Sie Ihren eigenen, für richtig erkannten Fahrstil beibehalten.
Integrieren Sie Ihre neu entdeckten Möglichkeiten zur Stressbewältigung in den Alltag, fahren Sie weiter und vermeiden sie das Vermeiden,
dann werden Sie feststellen, dass Sie Ihre unangenehmen Empfindungen
aushalten können: Auch wenn Sie sie ins Auto mitnehmen – Sie können

trotzdem fahren. Sollten sich Angstsymptome zeigen, dann sprechen Sie laut, um Ihre Gedanken konzentriert bei der Sache zu halten, und machen Sie Ihre Übungen zum ruhigen Atmen und zur Muskelentspannung. Sprechen oder murmeln Sie Ihre Zauberworte, die Sie dabei unterstützen, Probleme beim Fahren optimistisch und kompetent zu lösen. Sie schaffen es, ruhig zu bleiben, wenn Sie die sieben Schritte zur Angstbewältigung konsequent anwenden und so oft wiederholen, dass Sie es ganz beiläufig beherrschen.

Trainieren Sie die Angstbewältigung und entwickeln Sie Freude daran, dann werden Sie sicher und gelassen fahren.

Anmerkungen

1. Wenden Sie sich wegen weiterer Auskünfte über geeignete Fahrschulen an Ihren Landesfahrlehrerverband. Sie finden die Adressen aller Landesverbände auf der Homepage der »Bundesvereinigung der Fahrlehrerverbände«, Link im Adressenanhang. Schweizer und Österreicher Angsthasen finden im Anhang ebenfalls Links zu ihren Fahrlehrervereinigungen.

2. Ich selbst als Fahrlehrer war damals stumm vor Mitleid, der Prüfer sagte keinen Ton. Inzwischen hat sich über die Jahre doch einiges geändert: Der Prüfling würde – im Umgang mit seiner Angst vorgeschult – hoffentlich den Motor ausschalten, um sich zu entspannen und besinnen. Ich selbst als Fahrlehrer würde ihn eventuell an seine Übungen zur Angstbewältigung erinnern. Und auch unsere Prüfer sind mittlerweile besser für solche Fälle gewappnet. Sie würden wahrscheinlich darauf dringen, vor weiteren Aktionen eine kleine Pause einzulegen.

3. Der Name »Angsthäsinnen« für Frauen mit Fahrängsten stammt von einer Magdeburger Initiative, die in dieser Sache zum ersten Mal tätig geworden ist. Diese Initiative entstand aus einem Zusammenschluss von engagierten Menschen, die sich um Probleme angstgeplagter Fahrerinnen mit dem Auto und dem Straßenverkehr kümmern wollten. Diese Initiative wurde Mitte der 1990er-Jahre gegründet. Sie heißt heute »Autoclub der Angsthäsinnen« und ist inzwischen ein Projekt der »Beratungsstelle für Frauen und Familien in Sachsen-Anhalt«. Nähere Informationen ▸ Adressenanhang.

4. Shaw, E. (2004). *Der kleine Angsthase*. Berlin: Kinderbuch.

5. AutoBild (2005) 34, S. 20 und ADAC. Viele Schätzungen im Internet berufen sich auf den ADAC. Die Quelle des ADAC war leider nicht mehr herauszufinden.

6. Wir schauen dabei nicht auf die Ursachen, sondern wenden uns gleich den möglichen Lösungswegen zu. Menschen leiden unter unangemessenen Denkweisen oder falschen, nicht zielgerichteten Verhaltensweisen oder Gewohnheiten, die es zu beheben gilt. Bei der Methode zur Stressbewältigung stützen wir uns auf Kaluza. Die Stressbewältigung nach Kaluza wird von Krankenkassen gefördert.

7   Kraftfahrt-Bundesamt, www.kba.de.

8. Kaluza, G. (2007). *Gelassen und sicher im Stress*. Heidelberg: Springer.

9. Der Begriff der Vorsicht im Angsthasenfahrstil entspricht weitgehend dem der StVO, § 1, Abs. 1: »Die Teilnahme am Straßenverkehr erfordert ständige [!] Vorsicht und gegenseitige Rücksicht.« (Ausrufezeichen von F. M.). Von Verkehrsjuristen wird die Grundregel der ständigen Vorsicht allerdings etwas einschränkend ausgelegt, z. B. als defen-

sives Verhalten, wenn einem selbst oder anderen Fehler passieren, oder bei verkehrs-
schwachen Personen, z. B. Kindern und älteren Menschen.

10. Schurig, R. (2006). Kommentar zur Straßenverkehrs-Ordnung. Bonn: Kirschbaum Bonn.
    S. 38 ff. Zu Beginn des Kfz-Verkehrs, Ende des 19. und Anfang des 20. Jahrhunderts,
    wurde Vorsicht noch sehr viel strenger gedeutet. Dazu ein Zitat aus dem »Gesetz über
    den Verkehr mit Kraftfahrzeugen« (1909), § 18: »… innerhalb geschlossener Ort-
    schaften darf die Fahrgeschwindigkeit von 15 Kilometern in der Stunde nicht über-
    schritten werden…« In: Weißmann, W. (2008). *Chronik fahrlehrerrechtlicher Vorschriften
    seit 1909.* Hilgertshausen: Mobil-Verlag. Heute nähert man sich wieder den Verhältnis-
    sen in der Kaiserzeit. Ein Großteil unserer innerörtlichen Straßen liegt schon innerhalb
    von Tempo 30-Zonen. Und auch die übrig gebliebenen 50km/h-Straßen (meistens
    Vorfahrtstraßen) sind schon mit vielen Streckenverboten (max. 30 km/h) versehen.

11. Dazu § 3 StVO, Abs. 1: »Der Fahrzeugführer darf nur so schnell fahren, dass er sein
    Fahrzeug ständig beherrscht. Er hat seine Geschwindigkeit insbesondere den Straßen-,
    Verkehrs-, Sicht- und Wetterverhältnissen sowie seinen persönlichen Fähigkeiten [!]
    und den Eigenschaften von Fahrzeug und Ladung anzupassen …« (Ausrufezeichen
    von F. M.).

2 Seminare zur Stressbewältigung im Straßenverkehr: Freundliche, motivierende Gedanken suchen

»Ich weiß jetzt, ich bin nicht allein mit meiner Angst. Das tat mir gut.«

Die SchaffenWir-Methode:
1. Ängste akzeptieren,
2. körperliche Symptome benennen,
3. **Gedankenfalle überwinden,**
4. Autofahren auffrischen,
5. Angsthasenfahrstil üben,
6. **Vermeiden vermeiden,**
7. selbstständig fahren.

Im Mittelpunkt des Seminars zur Stressbewältigung steht der 3. Schritt unserer Methode – die Gedankenfalle überwinden. Dieser Schritt ist sehr wichtig. Ein Beispiel: Wenn Sie Angst vor der Autobahn haben, weil Sie glauben, dort seien nur Raser, Drängler und andere Bösewichte unterwegs, dann wird Sie niemand dazu bringen können, diese Situation aufzusuchen. Sie müssen die quälende Gedankenfalle überwinden durch die wirksame Strategie einer inneren Distanzierung. Wie das funktioniert, zeigt Ihnen das folgende Kapitel.

◼ **Abb. 2.1.** Seminar
Stressbewältigung

In den Seminaren zur Stressbewältigung (◼ Abb. 2.1) tauschen sich die Teilnehmer über ihre Stresserlebnisse im Straßenverkehr aus. Ziel ist es, durch gemeinsames Nachdenken die Gedankenfalle aufzulösen, die häufig die Tendenz zur Vermeidung verstärkt und so das Autofahren verhindert. Ohne »Bremse im Kopf« wird der Beginn der Praxis im Auto deutlich leichter und angenehmer. Wir empfehlen die Kombination von Seminaren und praktischen Übungen.

2.1   Hinweise aus der Praxis

2.1.1 Gespräche, um besser Auto zu fahren?

Sonnabend, 10 Uhr. Eine psychologische Praxis in Berlin. Sieben Menschen sitzen im Kreis und sprechen miteinander. Anwesend sind fünf Frauen mit Fahrängsten, daneben ein Psychologe (Seminarleiter) und ein Fahrlehrer. Eine Teilnehmerin beginnt, ihre Geschichte zu erzählen. Sie ist an einer Autobahnausfahrt verunglückt, seither fährt sie nicht mehr. Andere trauen sich nach dem Umzug von einer kleinen Gemeinde im brandenburgischen Land nach Berlin den Großstadtverkehr nicht zu. Sie berichten, dass sie sich vor dem dichten, schnellen Verkehr in dieser Stadt fürchten. Zwei haben noch keinen Führerschein, stehen vor der Fahrprüfung. Sie haben schon vor mehreren Jahren eine Fahrschule besucht, sind aber damals in der Prüfung gescheitert. Jetzt denken sie vor allem an die Prüfungsangst.

Stressbewältigungsseminare nach Kaluza sind für Menschen gedacht, die ihren Stress, ob in der Familie, im Beruf oder auch im Straßenverkehr, mithilfe psychologischer Methoden bewältigen wollen. Die Wirksamkeit einer Kursteilnahme wurde wissenschaftlich untersucht: Die Mehrzahl der Teilnehmer berichtete anschließend von einer deutlichen Steigerung des körperlichen und psychischen Wohlbefindens.[1] (Diese Seminare werden übrigens überall in Deutschland angeboten.)

Nach Kaluzas Methode führen wir unsere Seminar durch, mit denen wir folgende Ziele erreichen wollen:

1. Die Teilnehmerinnen sollen kompetenter in der Abwehr von Stressbelastung werden.
2. Sie denken gemeinsam nach über Wege aus der Gedankenfalle. Da solche Gedanken entscheidend sind für die Stärke der Stressreaktion, können die Teilnehmerinnen anschließend den Stress besser bewältigen.
3. Das wichtigste Ziel im Seminar ist es, gemeinsam und kreativ über die Lösung von Stressproblemen nachzudenken.
4. Alle Teilnehmerinnen sind gleichzeitig Fahrschülerinnen (mit oder ohne Führerschein). Durch viele Alltagsbeispiele und Beispiele aus der Fahrpraxis lernen sie, ihr Wissen kompetent in der Praxis anzuwenden. In unserer Fahrschule sind diese Seminare inzwischen eine wichtige Ergänzung der praktischen Ausbildung für fahrängstliche Menschen.

Die Frage zur Auswertung am Ende des Seminares »Was hat mir das Seminar gebracht?« haben die Teilnehmerinnen z. B. folgendermaßen beantwortet:

- »Ich habe bei den Gesprächen gemerkt, dass andere auch unter ihren Problemen leiden. Ich weiß jetzt, ich bin nicht allein mit meiner Angst. Das tat mir gut.«
- »Ich fand es hilfreich, dass wir über die Stressgedanken bei einer Parkübung gesprochen haben. Parken war für mich immer Horror. Ich habe mich beim Parken selbst unter Druck gesetzt.«
- »Es war gut, nicht nur zu fahren, sondern sich einmal in Ruhe zusammenzusetzen und über die Hintergründe der Belastungen zu reden. Es geht ja nicht nur um das Fahren, sondern auch um anderen Alltagsstress. Ich verstehe jetzt die Zusammenhänge besser.«
- »Ich habe im Seminar gelernt, wie ich mir bei meinen Problemen besser helfen kann.«

2.1.2 Bedingungen und Ablauf des Seminars

Die Teilnehmerinnen sollten die Organisation und der Ablauf des Seminars nachvollziehen können. In der Angsthasenfahrschule haben wir uns für das Seminarmodell nach Kaluza entschieden[2] (▶ Literatur im Anhang).

Es hat den großen Vorteil, langjährig erprobt und nachweislich im Hinblick auf das Ziel, mit Stress im Alltag kompetent umgehen zu können, erfolgreich zu sein.

Bedingungen des Seminars:

- Regelmäßige Sitzungen.
- Das Seminar wird von einem Trainer geleitet, der als Psychologe eine spezielle Ausbildung in Stressbewältigung absolviert hat. Da es hier zwar um Alltagsstress, aber auch um Stress im Straßenverkehr geht, ist es gut, wenn ein Fahrlehrer, der ebenfalls speziell geschult wurde, als Co-Trainer beteiligt ist.
- Üblich ist bei Seminaren dieser Art, dass alle Teilnehmer im Stuhlkreis sitzen. Die Kommunikation untereinander wird dadurch erleichtert.

Themen und Ablauf der Sitzungen:

- Das Seminar beruht auf festgelegten Elementen (Modulen):
  - gegenseitiges Kennenlernen,
  - Entspannungstraining,
  - Kognitionstraining (gedankliche Stressverstärker erkennen und verändern),
  - Problemlösetraining.
  - Je nach Diskussion und Interesse der Teilnehmer kann der Trainer Schwerpunkte setzen.
- Von diesen Modulen stehen das Kognitions- und Problemlösetraining im Zentrum. Davon handelt die folgende Seminarbeschreibung. Alle Teilnehmerinnen sollen im Seminar erfreuliche Rückmeldung erhalten, sie sollen erleben, dass sie in der Lage sind, ihre Stressprobleme im Alltag zu lösen.
- Die eigentliche Seminararbeit verläuft als Diskussion und Übung in kleinen Gruppen oder im Plenum. Ziel: Jeder Einzelne soll erkennen, wo sich bei ihm die Lösung verbirgt. Der Trainer präsentiert kurze Informationseinheiten, moderiert die Diskussionen, leitet die Übungen an und hält Ergebnisse auf dem Flipchart fest.
- Die Seminararbeit bezieht sich ausdrücklich auch auf die Alltagssituationen der Teilnehmer. Es soll nicht im Allgemeinen über Probleme gesprochen werden, sondern die Lösungen müssen sich im Alltag und in der Fahrpraxis tatsächlich bewähren.

Auch wenn wir es Ihnen empfehlen, müssen Sie kein Seminar besuchen, um Ihre Fahrangst zu überwinden. Dieses Buch wird Ihnen genau die einzelnen Schritte erklären, wie Sie ihr Ziel, wieder entspannt und sicher Auto zu fahren, erreichen.

2.1.3 Neles Geschichte: Ein Unfall und seine Folgen

Folgendes Beispiel erläutert, wie eine erfolgreiche Stressbewältigung verlaufen kann. Es geht dabei um die zu Anfang bereits erwähnte junge Frau, die in einer Autobahnausfahrt aus der Kurve geraten ist. Nennen wir sie Nele.

Nele erzählt ihre Geschichte: Sie fuhr nachts bei starkem Regen auf der Autobahn, was für sie anstrengend war, weil sie sehr müde war und möglichst schnell nach Hause wollte. Die Ausfahrt der Autobahn mündete in einer Rechtskurve, die immer enger wurde. Vor der Kurve verhielt sie sich falsch, denn sie fuhr zu schnell. Das führte dazu, dass das Fahrzeug nach links schleuderte und aus der Kurve getragen wurde. Glücklicherweise gab es keine Böschung, sodass das Auto auf einem Acker landete. Später kamen Polizei und Feuerwehr, um den Wagen von dem Acker zu ziehen. Bis auf den abgefallenen Auspuff war nichts geschehen.

Unfallfaktoren

Während des Unfalls war sie erschreckt, gelähmt und hilflos, dann war sie geschockt, als der Wagen quer über die Fahrbahn in den Acker schleuderte. Als der Wagen auf dem Acker zum Stehen gekommen war, saß sie erst einmal wie erstarrt im Auto, konnte sich minutenlang nicht rühren. Dann klopften Leute an das Autofenster, Feuerwehr und Polizei tauchten auf. Jetzt riss sie sich zusammen, stieg aus, wollte sogar ein bisschen helfen. Die Feuerwehrleute legten sie aber auf eine Liege, da sie vermuteten, dass Nele unter einem Schock stand.

Weil es Neles erster Unfall war, war es vielleicht besonders schlimm für sie. Nach dem Unfall ließ sie den Wagen reparieren und wollte wieder fahren. Doch dann merkte sie, dass etwas nicht mit ihr stimmte. Sie bekam Herzklopfen, zitterte, weil sie sich vor weiteren Unfällen fürchtete. »Einmal Unfall, immer wieder Unfall«, so geisterte es in ihrem Kopf herum. Und: »Du bist schlecht gefahren, hattest den Wagen nicht unter Kontrolle. Das nächste Mal wirst Du jemanden verletzen oder töten.« Und: »Warum bist Du nicht vernünftiger und vorsichtiger gefahren,

Unfallangst

◻ **Abb. 2.2.** Autobahnfahrt bei Regen

warum hast Du Dir nicht mehr Zeit genommen? Dann wäre das alles nicht passiert.«

Als sie versuchte, trotz ihrer Angst wieder zu fahren, schlug ihr Herz immer schneller, schließlich wurde ihr sogar schwindlig und sie musste umkehren. Erst, als sie den Wagen zurückgebracht hatte und ausgestiegen war, ging es ihr wieder besser. Sie versuchte es später noch einige Male, das Ergebnis war immer sehr entmutigend.

Fahrvermeidung

Später ließ sie das Fahren. Ihr Freund redete ihr gut zu: »Du hattest einen kleinen Unfall. Du musst doch nicht so übertreiben! Setz Dich ins Auto, probier's doch einfach wieder. Meinetwegen komme ich die ersten Male mit.« Widerwillig setzte sie sich trotz ihrer Angst mit ihm ans Steuer, um Streit zu vermeiden. Allerdings konnte sie nicht losfahren, als das Herzklopfen losging. Als er weiterdrängte und sie sich weigerte, reagierte der Freund ratlos, denn er verstand nicht, was in Nele vorging.

Seither ist das Thema für sie schwierig, es gibt manchmal mit ihrem Freund Streit, was sie belastet. Seit sieben Jahren fährt sie inzwischen nicht mehr, obwohl sie gern wieder fahren würde und auch für Ihren Arbeitsweg das Auto braucht.

Quälende Gedanken

Nele erlebt den Verkehr als sehr »bedrückend« – angesichts der Verkehrsfluten fühlt sie sich hilflos und ängstlich. Ihrer Ansicht nach sollte sie übervorsichtig und sehr langsam fahren. Dadurch würde sie, so ihre Vermutung, zu einem Hindernis und einer Gefahrenquelle für die Schnellfahrer. So schien es ihr wohl am einfachsten, mit dem Fahren ganz aufzuhören. Dieses Verhalten nennen wir Vermeidungsverhalten.

Tipp

Erzählen sie ihre Geschichte Ihrem Partner oder Freund und vermeiden sie dabei die Gedankenfalle, indem sie »auf« die Gedanken schauen, statt »von« ihnen aus. Hatten Sie z. B. einen kleinen Unfall, erzählen Sie statt »Gott, war ich panisch!« einfach: »Ich hatte das starke Empfinden von Angst und den Gedanken: Das war's.« Damit trennen sie den Gedanken von der Verknüpfung mit dem Gefühl. Das wird Ihnen gut tun, denn Sie werden das Ganze hinterher besser einordnen können.

2.1.4 Aufschreiben und zuordnen

Geschichten werden verständlicher, indem man sie aufschreibt. Während Nele ihre Geschichte erzählt und Fragen der anderen Teilnehmerinnen beantwortet, notiert der Seminarleiter Stichworte der Geschichte auf Kärtchen, die er später geordnet auf Flipchart-Papier klebt, sodass eine Art Wandzeitung entsteht.

Nun berichten die Teilnehmerinnen über ihre Erfahrungen mit Stress. Aus den Erzählungen wird schnell klar, dass Stress als besonders belastend erlebt wird, wenn man wie »gegen eine Wand« anrennt, keine Lösung in Aussicht ist, man sich hilflos fühlt. Stress wird dagegen als einigermaßen angenehm empfunden, wenn ein Problem erfolgreich gelöst wird.

Positiver und negativer Stress

Dazu muss man Stress verstehen. Man unterscheidet im Allgemeinen drei Ebenen des Stressgeschehens:
1. Äußere belastenden Situationen (Stressoren),
2. Gedanken, Einstellungen, Bewertungen, mit denen der Mensch die belastende Situation auffasst und beurteilt. Sie sind wichtig, weil durch sie Stresssituationen mehr oder weniger heftig oder gar negativ wahrgenommen werden (Stressverstärker),
3. körperliche Veränderungen und Anpassungen infolge der Belastung und das Verhalten in der Stresssituation (Stressreaktionen).

Angewendet auf Neles Beispiel heißt das: Die drei Ebenen des Stressgeschehens werden in eine Tabelle übertragen.

Die Belastungssituationen, die Nele erlebt hat, lassen sich nach ihrem zeitlichen Ablauf in drei Abschnitte einteilen:
1. Der Unfall und seine Folgen.
2. Die Versuche, weiter zu fahren, bis es nicht mehr ging.
3. Der wenig hilfreiche Freund.

Nach Neles Geschichte ordnet die Gruppe die Kärtchen den drei Ebenen des Stressgeschehens zu: Äußere Belastungssituation (Stressoren), Gedanken, körperliche Reaktion bzw. das dazu gehörige Verhalten. Alle Kärtchen finden Platz auf der Wandzeitung. Was geschieht bei einer solchen Zuordnung und den Diskussionen? Das Verständnis für das Stressgeschehen und die möglichen Lösungswege wird für Nele geschärft, und die anderen Teilnehmer der Gruppe finden Ansatzpunkte für ihre individuellen Situationen.

Einordnung des Stressgeschehens

Die Suche nach Lösungsmöglichkeiten verschieben sie auf später. Die Seminarteilnehmer führen zu Hause eine Art Tagebuch nach Art dieser Kärtchen. Sie notieren sich jeden Tag eine Belastungssituation und die entsprechende Stress-Antwort dazu (gedanklich, körperliche Reaktion sowie Verhalten).

Tagebuch

🚫 Wer sich selbst nach diesen Kriterien beobachtet und dies auch noch schriftlich aufzeichnet, lernt sich genauer kennen, kann auf die Gedanken schauen, statt von ihnen aus, und dadurch besser eine Lösung finden.

▣ Tab. 2.1. Ebenen des Stressgeschehens anhand Neles Beispiel

Äußere Belastungssituationen	Gedanken, persönliche Einstellungen	Körperliche Reaktion	Verhalten
1. Unfall			
Müde spät nach Hause nachts, Regen AB-Ausfahrt, Tempo zu schnell, Kurve zieht sich zu, in den Acker gefahren, von der Feuerwehr abtransportiert	Ausgeschaltet Leere	Schock Panik regungslos	Hilflos
2. Nach dem Unfall			
Wagenreparatur und erneute Fahrversuche	»Einmal Unfall, immer wieder Unfall.« »Du bist schlecht gefahren, hast den Wagen nicht unter Kontrolle. Das nächste Mal wirst Du jemanden verletzen oder töten.« »Wenn ich fahre, erlebe ich den Verkehr als sehr bedrückend. Angesichts der Verkehrsfluten fühle ich mich hilflos und ängstlich. Ich fühle mich als Hindernis.« »Eigentlich müsste ich wieder fahren.«	Herzklopfen Zittern Schwindel	Umkehr Vermeidung Ohne zu fahren geht es wieder besser
3. Streit mit dem Freund			
Er drängt, redet ihr gut zu. Widerwilliger Versuch, abgebrochen aus Angst Urlaubsfahrten	»Ich hätte gern Verständnis für meine Probleme.« »Streit belastet, Streit vermeiden, lieber nachgeben und geschickt organisieren.«	Unruhe bei Streit Herzklopfen bei Fahrversuch Schweißausbrüche	Streit vermeiden Fahren ist nicht möglich Urlaubsfahrten ohne Auto organisieren

Wenn Sie diese Idee in Eigenregie nutzen wollen, dann raten wir Ihnen: Führen Sie ein Tagebuch über belastende Situationen und gliedern Sie Ihre Notizen ebenfalls nach den gerade beschriebenen Gesichtspunkten: Ihre Stressbelastung, Ihre Gedanken sowie Ihre körperlichen Reaktionen und Ihr Verhalten. Ein Beispiel: »Heute endlich mal wieder aufgerafft, in die Stadt gefahren. Viel Hupen um mich herum, fühle mich als Hindernis. Etwas Gas gegeben, nicht mehr durchgeblickt. Angst gehabt, Herzklopfen. Dachte daran, aufzuhören.« Notieren Sie hinter Ihre Einträge ein B (= Belastungssituation), ein G (= Gedanke) oder ein K bzw. V (körperliche Reaktion bzw. Verhalten), um ihre Einträge zu ordnen.

◻ Tab. 2.2. Wirkung stressverschärfender Gedanken

Gedanke	Verschärfter Stress durch	Auswirkung
»Einmal Unfall, immer Unfall.«	Verallgemeinerung Denken in Katastrophen	Hoffnungslosigkeit Fahrvermeidung
»Du bist schlecht gefahren, hast den Wagen nicht unter Kontrolle. Das nächste Mal wirst Du jemanden verletzen oder töten«	Verallgemeinerung Überbewertung Denken in Katastrophen	Fahrvermeidung
»Warum bist Du nicht vernünftiger und vorsichtiger gefahren, warum hast Du Dir nicht mehr Zeit genommen? Dann wäre das alles nicht passiert.«	Selbstvorwürfe Grübeleien, die sich im Kreise drehen	Lähmung Hilflosigkeit Niedergeschlagenheit
»Wenn ich fahre, erlebe ich den Verkehr als sehr bedrückend. Angesichts der Verkehrsflut fühle ich mich hilflos und ängstlich.«	Verallgemeinerung verzerrte, einseitige Wahrnehmung mangelnde eigene Wertschätzung	Übervorsicht Ängstlichkeit Tunnelblick
»Wenn ich zu langsam fahre, werde ich zu einem Hindernis und einer Gefahrenquelle für die Schnellfahrer.«	**Verallgemeinerung Schwarz-Weiß-Denken**	**Fahrvermeidung Resignation**
»Es war wohl am besten, mit dem Fahren ganz aufzuhören.«	Schwarz-Weiß-Denken	Fahrvermeidung
»Streit belastet, Streit vermeiden.«	Vermeidung	Streit schwelt weiter

2.1.5 Suche nach Lösungsmöglichkeiten

Beim nächsten Treffen stellen die Teilnehmerinnen ihre Tagebuchnotizen vor und erzählen, wie sie mit dem Aufzeichnen ihrer Belastungssituationen zurechtgekommen sind. Nicht allen ist diese Aufgabe leicht gefallen.

Die Teilnehmerinnen schauen sich die Wirkung von Neles Gedanken und persönlichen Einstellungen an, um sich Klarheit über die Wirkung stressverschärfender Gedanken zu verschaffen. Der Seminarleiter hat eine Tabelle angelegt, in der in der linken Spalte Neles Gedanken stehen. In die mittlere Spalte tragen sie gemeinsam Vorschläge ein, welche Denkfehler hinter den Gedanken stecken könnten. In die rechte Spalte kommen weitere Vorschläge, wozu diese Gedanken führen (◻ Tab. 2.2). Mit dieser Methode entsteht eine angeregte Diskussion.

> Gedankenfalle überwinden

Am Beispiel der Gedanken »Wenn ich zu langsam fahre...« diskutieren sie weiter. Man wird vielleicht zu einem Hindernis, wenn man langsam fährt, zu einer Gefahrenquelle kaum. Die Vorteile des langsamen Fahrens – Übersicht und Ruhe – kommen in dem stressverschärfenden Gedanken überhaupt nicht vor.

Stressverschärfende Gedanken lähmen viele Menschen, machen sie oft hilflos, verhindern vielleicht sogar die Lösung der Probleme. Kennen Sie das Gefühl im Straßenverkehr: »Ich fühle mich als Hindernis?« Probieren

▼

Sie einmal in Gedanken aus, wie Sie das anders sehen könnten. Beispiel: »Ich fahre ruhiger, dann habe ich mehr Überblick über den Verkehr und kann sicher entscheiden. Und die anderen fahren einfach vorbei.«

Die Seminarteilnehmerinnen überlegen Lösungen für Neles Probleme. Sie können auf allen Ebenen des Stressgeschehens ansetzen, bei den äußeren Bedingungen, bei den Gedanken oder bei der körperlichen Stressreaktion. Die Vorschläge werden im Plenum vorgestellt und anschließend gemeinsam bewertet. Entscheidend ist allerdings die Einschätzung Neles, denn sie muss die Lösungen schließlich in ihrem Alltag umsetzen. Die Gruppe sammelt möglichst viele Lösungsvorschläge, auch solche, die zuerst etwas »daneben« erscheinen, weil sie schlecht umzusetzen sind. Die Lösungen werden in der Reihenfolge von Neles Geschichte (1. Unfall, 2. nach dem Unfall, 3. Konflikt mit dem Freund) auf einer Wandzeitung notiert (◻ Tab. 2.3).

Nachdem zahlreiche Lösungsvorschläge an der Wand stehen, bittet der Seminarleiter die Teilnehmerinnen, die Lösungen nicht gleich zu

◻ **Tab. 2.3.** Lösungsvorschläge zu Neles Problemen

1. Unfall	Vor der Kurve langsamer fahren
	Unfallsituation nachüben (Fahrschule)
	Nach der Regenfahrt Pause machen
	Schleuderkurs beim ADAC
	Früher und ausgeruht losfahren
	Fahrschulausbildung im Schnelldurchlauf wiederholen
	Kurven fahren üben
	Autobahn üben
2. Nach dem Unfall	Nach dem Unfall weiterfahren
	Therapie
	Stopp sagen, wenn Grübeleien kommen
	Positiv, optimistisch denken
	Ablenkung
	»Ich kann gut fahren!«
	»Ich baue in Zukunft keine Unfälle mehr!«
	»Ich fahre vorsichtig, ein kleines Risiko bleibt!«
	»Ich helfe anderen im Verkehr«
	Entspannungstraining
	Sport
	»Ich fahre ruhiger, habe mehr Überblick«
	»Viele Fahrer sind ganz nett«
	»Ich fahre vorsichtig, andere helfen mir«
3. Streit mit Freund	Mit dem Freund grundsätzlich reden
	Entspannungstraining
	Neuen Freund suchen
	Mit Freundin besprechen
	Lieb über den Freund denken
	Urlaub offen planen
	Arbeitsweg besser organisieren
	Freund zur Fahrschulausbildung einladen

bewerten, sondern zuerst mit ihm gemeinsam nach den drei Ebenen des Stressgeschehens zu sortieren. Dadurch werden sie die einzelnen Ebenen besser verstehen und anschaulich erleben, welche Eingriffsmöglichkeiten es gibt. Für die Kennzeichnung der Ebenen schlägt er Anfangsbuchstaben vor: S = Stressor, Belastungssituation, G = Gedanken, K = körperliche Reaktion und V = Verhalten. Es macht allen Spaß, die Tabelle nach diesen Kriterien durchzuarbeiten. Nicht immer ist die Zuordnung klar, aber bei der Diskussion darüber wird das Stressmodell konkreter.

Ergebnis: Die Schwerpunkte liegen bei den äußeren Belastungssituationen und bei den negativen Gedanken. Nele erkennt nun deutlicher, dass sie zur Bewältigung des Unfalls und der Beziehung mit dem Freund vor allem die äußere Belastungssituation ändern muss. Um die Situation nach dem Unfall zu lösen, sollte sie versuchen, die Gedankenfalle zu vermeiden.

> **Tipp**
>
> Wenn Sie einige Zeit Tagebuch Ihrer Stressbelastung geführt haben, gehen Sie einen Schritt weiter: Sammeln Sie allein oder mit Freunden Lösungsvorschläge für Ihre Probleme. Ordnen Sie diese nach den drei Ebenen des Stressgeschehens (äußere Situation, Gedanken, körperliche Reaktion bzw. Verhalten). Dadurch wird die weitere Vorgehensweise klarer.

2.1.6 Auswertung der Lösungsvorschläge

Da Nele die Lösungsvorschläge umsetzen soll, hat sie natürlich die erste Stimme, während die anderen Teilnehmer ihre Ansichten ergänzen. Der Seminarleiter schlägt vor, ein Kreuz hinter den Lösungsvorschlag zu machen, wenn Nele mit diesem Vorschlag einverstanden ist. Nicht angenommene Vorschläge sollen nicht etwa gestrichen, sondern einfach stehengelassen werden. Es kann ja sein, dass die Gruppe später noch einmal auf einen der Vorschläge zurückkommt. Außerdem ist es immer möglich, Vorschläge zu kombinieren oder neue Vorschläge einzubringen.

Beim ersten Punkt, dem Unfallgeschehen, hat Nele nur wenige Kreuzchen gemacht. Sie begründet das damit, dass das meiste ihr inzwischen klar und der Rest Sache der Fahrschule sei. Hinter »Therapie« hat sie ausdrücklich ein Fragezeichen gesetzt, weil sie darüber nachdenkt, eine Therapie zu beginnen, sich aber immer noch unschlüssig ist. Den Gedanken »Ich kann gut fahren« wählte sie nicht aus, weil sie das Fahren, zusammen mit ihrem Fahrlehrer erst wieder lernen will. Dafür hat sie folgende Antworten ausgewählt: »Ich fahre vorsichtig, ein kleines Risiko bleibt«, »Ich schaffe es« und »Ich helfe anderen im Verkehr«.

Auswahl der Lösungsvorschläge

Den Vorschlag »Sport«, um Stress abzubauen, findet sie an sich sehr gut. Sie betreibt schon jede Woche Sport im Fitness-Studio. Mit dem Freund möchte sie gerne grundsätzlich reden, die Beziehung sollte sich ändern. Es sollte zwischen ihnen mehr Offenheit und Verständnis herrschen.

❶ Wählen Sie Lösungsvorschläge aus, die Ihnen realistisch erscheinen und die sie gern umsetzen wollen. Streichen Sie die nicht angenommenen Lösungen nicht, vielleicht sind sie später noch zu gebrauchen.

2.1.7 Konkrete Schritte vorbereiten – den Alltag verändern

Nun liegt ein wichtiger Schritt vor Nele, nämlich konkrete Schritte zu planen, wie sie die Lösungsvorschläge im Alltag umsetzen möchte.

Bewertung der Lösungsvorschläge

Nele äußert sich zu den Lösungsvorschlägen. Den ersten Punkt (Unfall) möchte sie auslassen, denn die konkreten Schritte, die hier zu tun sind, wird sie mit der Fahrschule erledigen. Im nächsten Punkt (nach dem Unfall) geht es vor allem um eine gedankliche Neubewertung ihrer belastenden Situation. Nele sieht ein, dass sie einige Gedanken umbewerten muss, um deren negative Auswirkungen zu mindern. Denkt sie z. B. »Einmal Unfall, immer wieder Unfall«, dann spricht das für eine hoffnungslose Haltung und kann im ärgsten Fall einem möglichen Unfall Vorschub leisten. Dagegen ist der Lösungsgedanke, den sie angekreuzt hat »Ich fahre vorsichtig, ein kleines Risiko bleibt«, durchaus realistisch.

◘ Abb. 2.3. Teilnehmerinnen bei der Diskussion

Um Neles Umgang mit den neuen Gedanken zu stärken, übernimmt sie die Rolle einer Fahrerin in einem Rollenspiel, quasi eine mentale Übung: Nele bekommt ein Lenkrad auf den Schoß, links neben ihr ist ein Spiegel befestigt, und sie stellt sich vor, sie fährt entspannt im Verkehr. Sie möchte gern den Fahrstreifen wechseln, schaut und blinkt. Eine anderer Autofahrerin, eine Teilnehmerin, die links hinter ihr sitzt, verhält sich sehr nett, winkt, lässt sie in die Lücke hinein. Nele sagt dabei laut ihren oben erwähnten Gedanken »Ich schaffe es«, schaut, blinkt und zieht in die Lücke. Es funktioniert!

Rollenspiel und mentale Übung

> Schwierige Übungen im Verkehr fallen leichter durch gezielte Vorbereitung – d. h. durch Rollenspiel und mentales Training. Auch die Umsetzung neuer Gedanken gelingt dann besser. Versuchen Sie es selbst. Beim Rollenspiel können Sie sich hervorragend auf eine schwierige soziale Situation vorbereiten. Spielen Sie sich selbst, aber spielen Sie auch den anderen, um sich besser in ihn hineinzuversetzen.

2.1.8 Problemlösung im Alltag: Seminar-Bilanz

Inzwischen ist mehr als eine Seminarsitzung vergangen. Nele hat auch einige Male mit ihrem Freund gesprochen. Sie berichtet darüber im Plenum: Sie hat sein Versprechen, dass er sie künftig unterstützen wird, wenn sie das möchte. Bei der Ausbildung in der Fahrschule war er sogar zwei Mal mit dabei. Das entspannt Nele, und ein wichtiger äußerer Stressor entfällt damit.

Stressbelastung im Verkehr senken …

Nele hat mit ihrem Fahrlehrer beschlossen, wieder eine Ausbildungsstufe zurückzugehen und noch einmal im ruhigen, verkehrsarmen Gebiet zu üben. Jetzt bleibt ihr wegen der geringeren Stressbelastung mehr »Kopfenergie« frei, die neuen Gedanken beim Fahren auszuprobieren. Nele schlägt vor, dies als Lösungsvorschlag nachträglich in die Wandzeitung aufzunehmen.

… neue Gedanken ausprobieren

Tipp

> Wenn Sie die Stressbelastung im Verkehr verringern, lassen sich die neuen, freundlichen und motivierenden Gedanken besser umsetzen.

Zaubersprüche Nele hat sie sich zwei Gedanken ausgesucht, die ihr besonders hilfreich erscheinen, sie bei weiteren Fahrten zu unterstützen. Diese Art von hilfreichen Gedanken nennt der Fahrlehrer »Zaubersprüche«:

Zauberspruch

1. Ein Spruch aus den gemeinsamen Lösungsüberlegungen lautet: »Ich fahre vorsichtig, andere helfen mir.«
2. Ein neuer Spruch, der ihr nach den Autoübungen in einem verkehrsarmen Übungsgebiet eingefallen ist: »Ich mag das Auto gerne, ich gehe gut damit um.«

Der neue Spruch ist ihrer Situation angemessener als der alte Lösungsvorschlag »Ich kann gut fahren«. Darüber hinaus ermuntert er Nele, das Auto weiter kennenzulernen, ein bisschen damit zu experimentieren, locker damit umzugehen, sich zu freuen, wenn alles klappt. Der alte, negative Gedanke »Du hast den Wagen nicht unter Kontrolle«, der noch in ihrer Erzählung vorkam, verblasst dagegen immer mehr.

Nach vielen Gesprächen, Lösungsvorschlägen, Rollenspielen und dem Ausprobieren in der Praxis ist die Zeit gekommen, Bilanz zu ziehen:

Hat das Seminar etwas für das Fahren gebracht? Nele kann das aus ihrer Sicht bejahen. Sie fühlt sich nach dem Gespräch mit dem Freund befreit, weil sie weiß, dass er hinter ihr steht und sie ihre Gedanken und Sorgen aussprechen kann. Seither geht sie lieber zur Ausbildung in die Fahrschule. Nicht nur für die Fahrstunden im verkehrsarmen Gebiet hat das intensive mentale Training etwas gebracht. Sie ist jetzt fröhlicher und lockerer und freut sich auf die nächste Fahrstunde.

2.1.9 Macht der Gedanken

Neles Äußerungen und Befürchtungen in Zusammenhang mit dem Unfallgeschehen sind keine Ausnahme. Viele Menschen identifizieren sich mit ihren wenig hilfreichen Gedanken und stecken deshalb in der Gedankenfalle fest. Negative Gedanken wirken sich ungünstig sowohl auf ein konkretes Vorhaben im Straßenverkehr als auch möglicherweise auf ihre gesamte Lebensführung aus.

Beispielsätze aus Einpark-Situationen:
- Parken ist viel zu schwer für mich, ich weiß nicht, ob ich das jemals lerne. Ich bin wohl zu dumm dafür.
- Hier finde ich bestimmt keinen Parkplatz.
- Dass ich heute hier in diese Lücke rein gekommen bin, war reiner Zufall, das werde ich nie wieder schaffen.
- Es ist mir sehr peinlich, dass ich beim Parken den Motor abgewürgt habe.

Kommentar
Wer sich sagt »Hier finde ich bestimmt keinen Parkplatz«, wird angesichts der Fülle der geparkten Autos aufgeben, der Blick wird geradeaus gerich-

▼

tet und die tatsächlich vorhandenen Parkplätze werden womöglich übersehen. Noch schlimmer ist es, wenn sich jemand als »zu dumm« bezeichnet. Wenn das Parken von vornherein als »zu schwer« bezeichnet wird, dann bedeutet das, einen klaren, überschaubaren Vorgang in ein großes Problem zu verwandeln. Angesichts der Größe der Aufgabe bleibt dann nur noch Zweifel (»Ich weiß nicht, ob ich das lerne«). Wer gut in eine Lücke hinein gekommen ist und hinterher sagt »Das war reiner Zufall«, macht seine eigene Leistung schlecht. Darüber hinaus lässt die abwertende Äußerung es nicht zu, einen Bezug zur eigenen Leistung herzustellen, sie zu rekonstruieren, zu wiederholen und zu verbessern. Schließlich löst schon ein kleiner Fehler (Abwürgen des Motors) große Missempfindungen aus (»Es war mir sehr peinlich«).

◧ Abb. 2.4. Stress bei Parkversuchen im Rahmen des Seminars

Beispielsätze beim Fahrstreifenwechsel:
- Radfahrer sind gefährlich.
- Keiner lässt mich in eine Lücke wechseln.
- Ich habe es nur geschafft, weil der mal nett war. Was mache ich denn, wenn die üblichen Bösewichte kommen?

Kommentar
Bei diesem Fahrstreifenwechsel sollten Radfahrer überholt werden. In den Äußerungen wird die Rolle der anderen Verkehrsteilnehmer dramatisiert und verzerrt, sie werden als bedrohlich oder übelgesinnt eingeschätzt: Radfahrer sind alle gefährlich. Kein Autofahrer lässt sie, die Fahrschülerin, wechseln. Wenn sie mal wechseln konnte, dann nur, weil einer der wenigen freundlichen Fahrer hinter ihr war. Der Rest der fahrenden Menschheit besteht aus Bösewichten. Kein Wunder, dass der Fahrstreifenwechsel möglichst vermieden wird, oder wenn er schon stattfindet, unter erschwerten Bedingungen.

> **Übung**
> Betrachten sie vor ihrem inneren Auge die alten, quälenden Gedanken wie vorbeiziehende Wolken am blauen Sommerhimmel. Sie ziehen weiter und verschwinden. Praktizieren sie das immer wieder.

2.2   Was Sie selbst tun können

Wir empfehlen Ihnen, vor den praktischen Übungen zur Auffrischung und Angstbewältigung ein Seminar zur Stressbewältigung zu besuchen, da wir die Erfahrung gemacht haben, dass die praktischen Übungen dann leichter fallen und länger im Gedächtnis bleiben.[3] Sollten Sie keine auf solche Fälle spezialisierte Fahrschule oder Institute in der Nähe haben, besuchen sie ein Seminar in der Volkshochschule, die u. U. auch von Krankenkassen angeboten werden. Das grundsätzliche Vorgehen ist dabei das Gleiche. Darüber hinaus gibt es verschiedene Foren, in denen Sie sich unter fachkundiger Moderation mit anderen Betroffenen über Fahrängste austauschen können.

2.2.1   Was Sie tun können, wenn Sie von quälenden Gedanken geplagt werden

> **Tipp**
>
> **Selbsthilfetipps bei quälenden Gedanken**
> - **Tagebuch** Schreiben Sie Ihre quälenden Einfälle in einem Tagebuch auf, dadurch erreichen Sie eine gewisse Distanz zu Ihren Gedanken, die sich dann besser beurteilen lassen. Gliedern Sie Ihre Einträge nach Belastungssituation, Gedanken, körperlicher Reaktion, Verhalten und Lösung.
> - **Gedanken** Überlegen Sie für sich oder gemeinsam mit vertrauten Menschen darüber, ob es hilfreichere Gedanken gibt, die die Realität um Sie herum freundlicher darstellen und Ihre Fähigkeiten unterstreichen.
> - **Lösungen** Sammeln Sie diese Gedanken und überlegen Sie, wie Sie die Probleme, die Sie bedrücken, bewältigen können. Seien Sie in der Auswahl der Lösungen realistisch, ohne vorschnell vermeintlich unnütze Lösungen zu streichen. Vielleicht fällt Ihnen später noch etwas Gutes dazu ein.
>
> ▼

- **Rollenspiele** Um Ihnen die Umsetzung in die Praxis zu erleichtern, empfehlen sich mentale Übungen oder Rollenspiele. In einem Rollenspiel können Sie z. B. eine Situation im Verkehr üben, vor der Sie Angst haben. Vertauschen Sie beim Rollenspiel die Rollen (Fahrer – Beifahrer, Fahrer –Radfahrer, Fahrer – Drängler). Das wird Ihnen helfen, andere Verkehrsteilnehmer besser zu verstehen.
- **Alltag** Die Umsetzung Ihrer neuen Gedanken in den Alltag des Straßenverkehrs fällt Ihnen leichter, wenn Sie zu Anfang einfache, verkehrsarme Strecken wählen, auf denen Sie entspannt üben können.

2.2.2 Aufgabe: Tagebucheintrag

Können Sie sich noch an Tagebucheintrag von Nele erinnern (▶ Abschn. 2.1.5)? Er lautete: »Heute endlich mal wieder aufgerafft, in die Stadt gefahren. Viel Hupen um mich herum, fühle mich als Hindernis. Etwas Gas gegeben, nicht mehr durchgeblickt, Angst gehabt, Herzklopfen. Das war's, die nächste Zeit fahre ich nicht mehr.«

Welche Lösungen schlagen Sie vor, damit es nicht zur Fahrvermeidung kommt?

- Für die Belastungssituation (»Heute … aufgerafft, in die Stadt gefahren. Viel Hupen …«)
- Für die Gedanken (»fühle mich als Hindernis«)
- Für die körperliche Reaktion und das Verhalten (»Etwas Gas gegeben … Herzklopfen«)

Die Lösungen finden Sie am Ende des Buches.

Anmerkungen

1. Kaluza, G. (2007). *Gelassen und sicher im Stress. Das Stresskompetenz-Buch. Stress erkennen, verstehen, bewältigen*. Heidelberg: Springer.
2. Kaluza, G. (2004). *Stressbewältigung. Trainingsmanual zur psychologischen Gesundheitsförderung*. Heidelberg: Springer.
3. Beispielsweise bei www.friedenau-institut.de und www.schaffenwir.de.

3 Die Maschine Auto und der Großstadtverkehr: Zauberworte helfen und beflügeln

»Wenn ich schon ans Autofahren in der Großstadt denke, bekomme ich Herzklopfen.«

SchaffenWir-Methode:

1. **Ängste akzeptieren**
2. **körperliche Symptome benennen**
3. **Gedankenfalle überwinden**
4. **Autofahren auffrischen**
5. **Angsthasenfahrstil üben**
6. **Vermeiden vermeiden**
7. **selbstständig fahren**

Die Angst vor der Maschine Auto und vor dem Großstadtverkehr ist weit verbreitet. Der schnelle, chaotische Verkehr und der Druck durch die nachfolgenden Autofahrer steigern Unsicherheit und Ängste (◘ Abb. 3.1). Für die meisten unserer Leser und Leserinnen ist daher dieses Kapitel sehr wichtig. Sie möchten diese Ängste überwinden, gerne mit dem Auto umgehen und sicher und gelassen im Großstadtverkehr mitfahren. Alle Schritte der SchaffenWir-Methode werden angewendet. Eine wesentliche Rolle spielt aber der dritte Schritt – die Gedankenfalle überwinden.

□ Abb. 3.1. Großstadtverkehr

❯ »Ich steige schon lange in kein Auto mehr. Beim Gedanken daran wird
mir übel.« – »Ich traue mich nicht mehr, im dichten Verkehr der Großstadt zu fahren. Ich verliere in dem Gedränge völlig den Überblick und
bekomme Panik.« – »Beim Fahren verspüre ich überall Druck. Um mich
herum hupt es. Am liebsten würde ich mich verstecken.«

So beginnen viele Angsthasengeschichten. Hier erfahren Sie am Beispiel einer jungen Frau aus Brandenburg mit Führerschein, wie Sie mit
ihren Ängsten umgehen können, wieder Zutrauen zur Maschine Auto
gewinnen, und wie Sie sich vertrauensvoll, gelassen und sicher im dichten, schnellen Verkehr bewegen.

3.1   Hinweise aus der Praxis

3.1.1 Bin ich ein Angsthase?

Viele der Betroffenen, die sich bei uns melden, berichten von sehr ver-
wirrenden Gedanken. Sie fürchten sich vor dem Auto als Maschine oder
vor dem Autofahren im schnell flutenden Straßenverkehr, besonders in
der Großstadt. Daher haben sie das Fahren oft viele Jahre lang vermieden. Anschließend ist gar nicht klar, worum es eigentlich geht. Leide ich
eigentlich an richtiger Angst? Bin ich nur ein Angsthase? Wie kann ich
mir helfen?

Manchmal kommt alles zusammen: Angst vor der gefährlichen
Maschine, Angst vor dem durcheinanderflutenden Verkehr und vor den
Folgen, sollte der Fahrer die Übersicht verlieren. Oder es ist die Angst
vor den anderen, die Druck ausüben und vor denen man sich am liebsten
verstecken würde.

Definition

1. Angst vor dem Auto und der Maschine: Manche Menschen, auch diejenigen, die schon einen Führerschein gemacht haben, fürchten, das Auto nicht unter Kontrolle zu haben: Unversehens würgt der Motor ab oder der Wagen hüpft in Bocksprüngen los, beschleunigt plötzlich rasant oder bremst knallhart ab. Man sitzt im Auto, ist eingesperrt in der Maschine, die sich nicht dirigieren lässt, sondern ein verhängnisvolles Eigenleben führt. Eine Fahrschülerin hat es mal so ausgedrückt: »Das Auto ist tückisch, man fährt mit ihm wie in ein schwarzes Loch! Da lasse ich doch lieber die Finger davon.«

2. Angst vor schnell und durcheinander flutenden Verkehr: Die Fahrer fühlen sich unter Druck und bedroht. Ihre ständige Sorge ist es, in der Hektik etwas falsch zu machen und eine gefährliche Situation zu erzeugen. Weil sie den Überblick nicht haben, glauben sie, dass sie für andere eine Gefahr darstellen. An diesem Punkt angelangt, hören sie lieber mit dem Fahren auf. Besser, das gefährliche Autofahren einzustellen, als zu riskieren, dass irgendwann doch einmal ein Unfall passiert und andere Menschen durch sie zu Schaden kommen könnten. Dies wird mit anderen Menschen kaum besprochen, es bleibt ein Geheimnis. Die Fahrer erfinden Ausreden, um nicht fahren zu müssen und gewöhnen sich allmählich an diesen Zustand, wobei das beklemmende Gefühl bleibt.

Die Lösung für diese Dilemma lautet: Zuerst die Angst akzeptieren, dann die Gedankenfalle überwinden und schließlich üben, üben, üben.

Achten Sie auf folgende Beschwerden oder negative Gedanken. Sie können Ihnen Hinweise geben, ob Sie an Auto- oder Verkehrsangst leiden:

- Wenn ich ans Autofahren denke, bekomme ich Herzklopfen, meine Muskeln zittern, der Schweiß bricht aus, mir wird übel, ich muss dringend auf die Toilette.
- Ich fahre schon lange nicht mehr, denn ich beherrsche das Auto nicht, das Auto macht, was es will. Ich fürchte mich vor der Technik, die Technik ist mir feindlich.
- Ich habe das Gefühl, im schnellen, dichten Straßenverkehr kann ich nicht mehr ruhig denken. Ich treffe Panikentscheidungen, die womöglich falsch und gefährlich sind.
- Ich habe Angst vor Fahrstreifenwechsel, vor großen Kreuzungen, vor großen Kreisverkehren.

▼

- Wenn der Verkehr dicht und schnell ist, muss ich mit den anderen mithalten. Ich darf niemanden behindern.
- Die Öffentlichen Verkehrsmittel reichen doch eigentlich völlig aus, zur Not gibt es ja Taxis.
- Auf der Straße würde ich mich am liebsten vor den anderen verstecken.
- Mein Mann fährt immer.
- Die anderen Fahrer sind aggressiv. Es herrscht Krieg auf der Straße.
- Obwohl ich den Führerschein habe, steige ich schon lange in kein Auto mehr.

Almas Geschichte
Alma ist 40 Jahre alt, sie stammt aus einem kleinen Städtchen in Brandenburg. Dort arbeitet sie als Sekretärin in einem Möbelmarkt.

Sie hat Angst vor dem Autofahren und dem Straßenverkehr. Ihrem Gefühl nach war ihre Fahrschulausbildung damals in der DDR unzureichend. Dennoch versucht sie, unter den ländlichen, ruhigen Straßenbedingungen doch noch ein bisschen Erfahrung zu sammeln (◘ Abb. 3.2).

Aber die negativen Gedanken bleiben, sie habe das Fahren nicht im Griff, und es könne etwas passieren. Ihr Mann unterstützt sie bei ihren bescheidenen Fahrversuchen nicht, er fährt gerne und das reicht. Schließlich kommt die Wende und mit ihr eine Vervielfachung des Verkehrs, die sie vollends resignieren lässt. Es beginnt eine lange Phase der Autovermeidung, die insgesamt 15 Jahre andauert.

Später trennt sie sich von ihrem Mann. Ihre Freundin ermuntert sie und übt sogar mit ihr auf einsamen Parkplät-

◘ **Abb. 3.2.** Idyllisches Städtchen in Brandenburg

▼

zen, um ihr wieder Mut zu machen. Sie wollen zusammen mit dem Auto verreisen, Theater- und Musikveranstaltungen oder ihre weiter entfernten Freundinnen besuchen. Trotz ihrer großen Unsicherheit versucht Alma sich zu zwingen. Es ist ihr aber auch peinlich, keiner soll es wissen, dass sie nicht Auto fahren kann. Auch mit dem heimlichen Üben klappt es nicht.

Auf die Versuche, wieder Auto zu fahren, reagiert sie mit heftigen körperlichen Beschwerden: Sie bekommt schon vorher Kopfschmerzen, ihr wird übel und sie muss auf die Toilette. Im Auto hat sie heftiges Herzklopfen, zitternde Hände und Beine. Sie hat »das Gefühl, ich sollte nicht mehr fahren«. Endlich entschließt sie sich und macht den großen Schritt, eine Fahrschule zu finden, die ihr hilft.

3.1.2 Gemeinsame Überlegungen: Was können wir für sie tun?

Zwei Punkte sind zu Beginn der Ausbildung wichtig: Alma soll ihre Angst akzeptieren und wir versuchen, die äußere Be-

lastung so gering wie möglich zu halten, um den Stress zu verringern (◘ Abb. 3.3).

1 **Tagebuch führen** Mit dem Ziel, die Angst zu akzeptieren, führt sie eine Zeit lang ein Stress-Tagebuch. Darin notiert sie besondere Situationen und ihre Reaktionen darauf: Welche Gefühle hatte sie, welche Gedanken gingen ihr durch den Kopf? Was hat ihr am besten geholfen?

2. **Stressbelastung klein halten** Die ersten Fahrstunden finden möglichst abgeschirmt vor der Stressbelastung durch den Großstadtverkehr statt, sodass sie sich den Techniken des Autofahrens widmen kann. Auf diese Weise kann sie sich als Autofahrerin neu kennenlernen und mit dem Auto in Ruhe umgehen.

3. **Angsthasenfahrstil pflegen** Ziel des nächsten Schrittes ist es, dass Alma wieder Zutrauen zum Auto und seinen Funktionen fasst. Unter allen Fahrtechniken ist gekonntes, langsames, sehr vorsichtiges Fahren in seinen Varianten bedeutsam. Grund dafür ist, dass Anfänger und Fahrängstliche zuerst bewusst langsam fahren sollten, um die Fülle der Informationen in Ruhe verarbeiten zu können. Nur wenn sie gelernt haben, langsam und vor-

4 einfache Schritte

◘ **Abb. 3.3.** Verkehrsruhiges Gebiet, für ängstliche Anfänger gut geeignet

▼

Funktionsweise verstehen

sichtig zu fahren, entspannen sie sich, fassen Vertrauen in ihre Fähigkeiten und beginnen, die Abläufe zu automatisieren.

4. **Freundliche Gedanken gegenüber dem Auto** Almas Denken ist von der Angst vor dem Autofahren geprägt. Sie sieht sich nicht als Führerin des Autos, sondern wird ihrer Meinung nach von ihm beherrscht. Die Technik steht ihr feindlich gegenüber. Wir werden einige Gespräche führen, um diese Gedankenfalle zu überwinden.

3.1.3 Alma lernt, das Auto und seine Funktionen zu verstehen

Als Alma die ersten Meter fährt, verhält sie sich sehr unsicher. Sie lässt die Kupplung beim Anfahren eilig los, sodass das Auto mit einem Satz losschießt oder gleich mit einem Ruck stehen bleibt: Abgewürgt. Den Schalthebel reißt sie durch, manchmal kracht es im Getriebe, der Motor jault oder stottert. Zum An-

halten tritt sie sehr hart auf die Bremse, die Kupplung vergisst sie dabei meistens: Wieder wird der Motor abgewürgt (Abb. 3.4).

Auf die Frage, wie sie ihre Einstellung zum Auto einschätzt, antwortet sie: »Ich wollte es immer nur schnell hinter mich bringen. Ich weiß sowieso nicht genau, was da passiert. Die Autotechnik wirkt auf mich kalt und feindlich. Am liebsten würde ich das ganze Zeug gar nicht anfassen! Das jagt mir nur Angst ein!«

Das Auto verstehen und gerne bedienen Alma soll eine neue Einstellung gegenüber der Autotechnik und ihrer Anwendung entwickeln. Sie wird das Auto verstehen und dadurch gerne bedienen. Ich erkläre Alma genau die verschiedenen Funktionen der Kupplung. Indem ich Ihr erkläre, wie sie funktioniert, erscheint Alma die Kupplung in einem neuen Licht:»Sie ist ein wunderbares Instrument, denn Du kannst sie treten, dann wird der Motor von den Rädern getrennt, und der Wagen fährt immer langsamer. So schützt Dich die Kupplung davor, dass Du zu schnell fährst. Du kannst mit ihr sogar richtig langsam fahren!«

Alma ist verblüfft, dass sie mithilfe der Kupplung so langsam fahren kann,

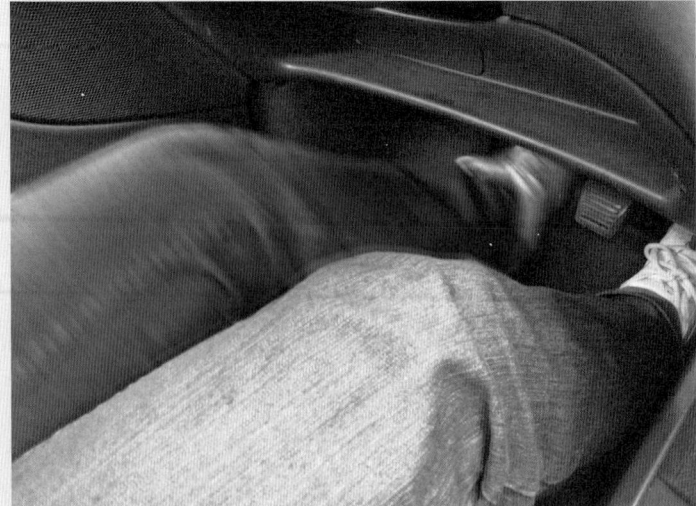

 Abb. 3.4. Vor Aufregung zitterndes linkes Bein bei der Kupplungsbedienung

▼

wie sie möchte. Darüber hinaus ist es bemerkenswert, dass sie dabei Gas gibt, etwa 1.500 Umdrehungen in der Minute.[1] Denn noch mehr als vor den anderen Bedieneinrichtungen hat sie vor dem Gaspedal große Angst, was verständlich ist, denn mit dem Gaspedal verbindet sie krasse Beschleunigung, Kontrollverlust, schlimmste Unfallgefahr. Bei der hier praktizierten Methode, unseres Angsthasenfahrstils, kann – und soll sie – allerdings Gas geben und trotzdem langsam fahren. Denn beim langsamen Fahren bestimmt allein die halb oder ganz getretene Kupplung das Tempo, nicht das Gas. Das Gas wird nur gebraucht, damit der Motor ein bisschen höher dreht und nicht abwürgt.

Jedenfalls kann Alma nun mithilfe ihrer neuen Kupplungsfähigkeiten regelrecht kriechen, in Ruhe und etappenweise einparken, sich vorsichtig in eine schwierige Kreuzung hineintasten oder langsam in einer Engstelle an einem anderen Auto vorbeifahren.

> **!** Die Fähigkeit, mit Kupplung und Gas sehr vorsichtig und langsam fahren zu können, ist wichtig für alle Autofahrer, gerade zu Beginn der Ausbildung. Sie ist ein wichtiger Teil unserer Methode als beruhigende und entspannende Maßnahme.

Das neue Verhalten muss geübt werden Es kann natürlich nicht bei der bloßen Neubewertung bleiben, denn das neue Verhalten muss zur Routine werden. Immer wieder, besonders im dichten Verkehr und bei Stress, drängen sich alte Verhaltensautomatismen in den Vordergrund: Die Kupplung wird vor Schreck los gelassen, anschließend würgt der Motor ab. Alma aber sorgt jetzt durch häufiges Üben dafür, dass sie das neue Verhalten selbstverständlich praktiziert: Kupplung gekonnt und weich schleifen lassen, wenn es die Situation erfordert. Natürlich üben wir dasselbe auch bergauf, was zuerst neue Aufregung verschafft. Aber Alma ist zum Glück auch hartnäckig und freut sich sehr, als sie den Wagen mit etwas Gas und genau dosierter Kupplung am Berg zum Anhalten bringt.

    Eine gekonnte, ruhige und gelöste Fahrzeugbedienung trägt nun selbst wieder zur Entspannung bei und schützt vor Stress. Man kann dies z. B. bei der Führung des Schalthebels beobachten. Wer den Schalthebel ruhig, locker, in Etappen, von einem Gang zum nächsten bewegt, beruhigt sich automatisch selbst damit.

    Alma lernt bei der weiteren Ausbildung alle Funktionen des Autos wieder kennen, aber unter neuem Vorzeichen, mit neuer Bewertung: »Ich verstehe das Auto in seiner Funktion und Bedienung. Was bringt mir diese Funktion? Wie kann ich sie gekonnt und entspannt umsetzen? Wie schützt sie mich oder andere?« Immer mehr ersetzt die neue, entspanntere Einstellung mit tieferem fachlichem Verständnis die alte, stressverschärfende, die hoffentlich schrittweise verblasst.

    Wie kommt Alma zu den neuen, positiveren Bewertungen, wie in der rechten Spalte dargestellt? Es gelingt ihr erstens durch viele erfolgreiche Übung und Erfahrung, aber auch durch die Tatsache, dass sie die Angst

Einüben neuer Verhaltensweisen

Tab. 3.1. Fahrzeugfunktionen und Fahrtechnik: Stressverschärfende vs. entspannende Bewertung

Fahrzeugteil, Funktion	stressverschärfend	entspannend
Bremse: Bremsen	Plötzlich merke ich, dass ich bremsen muss. Ich weiß nicht genau, wie das richtig klappt. Manchmal bremse ich zu heftig, dann wieder zu wenig, manchmal zu früh, meistens aber zu spät. Die Vorstellung macht mir Angst, es könnte etwas passieren.	Die Bremse ist mein wichtigster Schutz, damit niemandem etwas passiert. Ich übe das Voraus-schauen und das Bremsen, z. B. bremse ich früh, weich oder, wenn es sein muss, auch hart. Am wichtigsten ist mir aber, das Tempo zu kontrol-lieren und nicht zu schnell zu fahren.
Gaspedal: Gas geben oder langsamer fahren mit der Motorbremse	Der Motor jault und das Auto fährt plötzlich schnell und dann wieder ganz langsam, wenn ich das Gaspedal bediene. Ich habe große Angst davor. Es kann etwas Schreckli-ches geschehen, fürchte ich.	Mit dem Gaspedal kann ich schnell oder langsa-mer fahren, wie es gerade richtig ist. Ich fahre am liebsten im verbrauchsgünstigen Bereich, das ist auch angenehm für die Ohren. Lieber fahre ich nicht so schnell, sondern vorsichtig.
Schalthebel: Gänge schalten	Ich weiß gar nicht genau, wozu man schaltet. Wenn ich schalte, kracht es manchmal, der Motor jault plötzlich, oder er tuckert und rappelt, dass das ganze Auto zittert. Das macht mir Angst, daher schalte ich am bes-ten gar nicht. Oder ich nehme den Schalt-hebel kurz in die Faust und reiße ihn ganz schnell irgendwohin.	Durch das Schalten lasse ich den Motor ange-nehm summen, dann ist seine Drehzahl weder zu hoch noch zu niedrig. Ich liebe das Schalten, ich schalte weich, langsam, locker, in Etappen über den Leerlauf. Das Schalten ist für mich ein Genuss, es entspannt mich.
Rückwärtsgang: Rück-wärts fahren, parken	Rückwärts zu fahren ist peinigend. Manch-mal fährt das Auto viel zu schnell. Außerdem weiß ich gar nicht, wie ich das Lenkrad dre-hen und wohin ich schauen muss. Ich kom-me in keine Lücke, das ist hoffnungslos.	Ich mache mir das Rückwärtsfahren angenehm. Dabei drehe ich mich genügend um, fahre schön langsam und lenke dahin, wohin mein Auto fahren soll. Aber ich weiß schon, dass das Parken etwas anstrengend und gefährlich ist, weil man keine gute Übersicht hat. Wenn ich die Abstände nicht einschätzen kann, steige ich einfach kurz aus und schaue nach.

zuerst einmal akzeptiert hat und sich um eine Lösung bemüht. Damit fällt ein wesentlicher Stressfaktor weg, nämlich das ständige Vermeiden oder »So-tun-als-ob«. Indem sie bestimmte hilfreiche Sätze laut spricht, distanziert sie sich auf diese Weise von ihrem bisherigen Selbstbild einer beim Autofahren ängstlichen, unfähigen Frau. Jetzt sagt sie laut: »Ich mag die Kupplung gerne. Damit kann ich so schön langsam oder in Ruhe anfahren.« Das kommt zu Anfang oft nur zögernd über die Lippen. Aber es ist kein Theaterspiel. Das Gehirn ist bereit, den zustimmenden Ge-danken Taten folgen zu lassen.[2]

Zauberworte helfen Wir nennen die laut gesprochenen, ermunternden Formulierungen »**Zauberworte**«.[3] Sie werden in einer Situation gespro-chen, die ursprünglich als bedrohlich bewertet wurde und jetzt allmäh-lich entspannter gesehen wird. Zauberworte enthalten zwei wichtige Bestandteile: Sie werten das Gegenüber (Mensch oder in diesem Fall die Technik) freundlich (»Ich mag die Kupplung gerne«), und sie unterstrei-chen die eigene Kompetenz, die geplante Aktion sicher durchführen zu können (»Damit kann ich so schön langsam fahren«). Das wichtigste Zauberwort Almas im Zusammenhang mit der Autobedienung bezieht sich allerdings nicht auf die einzelnen Bedieneinrichtungen, wie in der Tabelle geschildert, sondern auf das ganze Auto: »Ich fahre gerne Auto. Ich kann das Auto gut bedienen.«

Damit die Zauberworte gut haften bleiben, schreibt Alma sie auf einen kleinen Zettel und steckt ihn in ihren Geldbeutel. Sie kann ihn dann im Laufe des Tages herausziehen und lesen.

Aus übertriebener Angst soll Vorsicht werden Wer die rechte Spalte aufmerksam liest, wird feststellen, dass dort nicht nur optimistische, sondern auch vorsichtige oder sogar selbstkritische Bewertungen auftreten. Wir bauen die extreme Angst ab durch freundlichere Einschätzungen; wir wollen außerdem vernünftige Vorsicht und Selbstkritik pflegen bzw. erhalten.

Aus Angst wird Vorsicht

3.1.4 Handschaltung oder Automatikgetriebe?

Im Laufe unserer Übungen fragt Alma ein paar Mal, ob es nicht besser sei, die Übungen auf einem Pkw mit Automatikgetriebe abzuhalten. Anfahren, langsames Fahren, Schalten – vieles würde leichter gehen, vieles könnten wir uns überhaupt ersparen. Rein technisch gesehen, stimmt das auch: Die Kupplung und das Schalten der einzelnen Gänge fällt bei einem Automatikgetriebe weg: Hat sie nun recht? Ja und nein. Pkw mit Automatikgetriebe fahren sich bequem und stressfrei. Es ist im besten Fall ein herrliches, entspanntes Dahingleiten, nichts lenkt ab vom Verkehrsgeschehen.

Auf der anderen Seite gilt aber auch: Alma hat bei ihrer Ausbildung einen Wagen mit Handschaltung benützt und ihre Ängste in einem ebensolchen Wagen erlebt. Sie kann sie nur bewältigen in einem Wagen mit Handschaltung. Das Üben mit einem Wagen mit Automatikgetriebe wäre eine Flucht, also Vermeidung: Vorübergehend wären die Ängste weg, langfristig würden sie bleiben oder sogar anwachsen. Zumindest wäre sie dann auf Automatik festgelegt, sie könnte nicht mehr zur (gefürchteten) Handschaltung zurückkehren.

Anders wäre es, wenn sie bei ihrer Ausbildung von vornherein nur mit Automatik gefahren wäre. Dann könnte sie so weitermachen. Wer einen solchen Wagen fährt, muss aber auch wissen, welche Nachteile bestehen.[4]

> ❗ Wenn Sie Ihre Ängste in einem Wagen mit Handschaltung erlebt haben, dann üben Sie zur Angstbewältigung wieder in einem solchen Wagen. Einen Wagen mit Automatikgetriebe zu fahren, würde Sie nicht von Ihren Ängsten befreien.

3.1.5 Parken in Ruhe

Der Vorgang des Ein- und Ausparkens ist für viele Fahrschüler, noch mehr aber für Angsthasen, mit großer Belastung verbunden. Einige beherrschen das langsame Fahren nicht, wieder andere drehen beim Fahren rückwärts das Lenkrad mal in die eine, dann in die andere Richtung, ohne genau zu wissen, warum. Das Gegenlenken nach jedem Rangierzug ist den meisten sowieso ein Rätsel. Und viele haben große Schwierigkeiten mit der Einschätzung des Raumes: Wie viel Platz habe ich nach vorne, nach hinten, nach rechts zum Bordstein?

Ängste beim Parken   Als Alma zum ersten Mal im verkehrsruhigen Gebiet das Fahren rückwärts und das Parken übt, ist sie sehr nervös. Sie hat Befürchtungen, die die das erfolgreiche Parken blockieren: Sie sorgt sich, sie käme in die Lücke nicht hinein, sie behindere dabei andere, sie werde bei ihren (vergeblichen) Versuchen beobachtet und schwitzt daher vor Aufregung und Angst. Daher fährt sie (in Gedanken) entnervt weiter, sucht stundenlang nach einer größeren und vor allem »einsamen« Lücke. Dort kommt sie wieder nicht hinein, parkt schließlich in dieser Lücke mehr oder weniger gewaltsam ein und kracht mit heftigem Knirschen auf das dahinterstehende Auto. Angesichts dieser Gedanken brechen wir die Übung schließlich ab. Ich bitte sie, künftig zu solchen Gedanken »Stopp!« zu sagen.

Bei einem weiteren Parkversuch ist sie ebenfalls sehr nervös. Sie möchte von mir ganz genau wissen, wie sie und wann sie beim Rückwärtsfahren lenken soll. Ich erkläre es ihr mithilfe eines kleinen Lenkautos, das ich zu diesem Zweck dabeihabe.[5] Mit dem Lenkauto kann ich anschaulich das Lenken in die Parklücke hinein und das nötige Gegenlenken demonstrieren. Zum besseren Verständnis bitte ich sie, meine Erklärungen in ein paar kurzen Skizzen zum Eigengebrauch festzuhalten. All diese Erklärungen beruhigen sie etwas, aber die Unsicherheit bleibt.

Folgende Punkte sind für die Stressentlastung beim Parken entscheidend:

Stress mildern   1. **Den Stress mildern:** Wir fahren nicht fließend, zügig in die Lücke, wie das ein geübter Autofahrer tun würde. Wir fahren vielmehr sehr, sehr langsam – das hat Alma inzwischen gelernt – und halten nach jeder wichtigen Etappe den Wagen an. In der kleinen Pause kann sie sich beruhigen, umher schauen, ihre Position einschätzen, überlegen, wie es weitergeht. Ja, sie kann sogar aussteigen und von außen nachschauen. Das wären also fürs Einparken ungefähr 5-mal kurze Besinnungspausen. Reicht das? Sie bejaht zögernd. Außerdem bitte ich sie, immer vor der nächsten Etappe laut zu sagen, was sie als Nächstes vorhat.

Mit Ängsten umgehen lernen   2. **Gedankenfalle vermeiden:** Ich bitte Alma, das Lenkauto auf dem mitgebrachten Parkbrett nach ihren Notizen selbst in die Lücke zu lenken. Nach einigen Korrekturen schafft sie es, worüber sie ganz erstaunt ist. »Ich schaffe zwar jetzt das Einparken, aber das ist ja nur die Spielerei mit einem Lenkauto, Parken mit dem Auto ist viel schwieriger.« Ich beruhige sie und erinnere sie an ihre Zauberworte. Sie spricht laut: »Ich denke, ich schaffe das und wenn es mit Korrekturen verbunden ist.«

3. **Ohne Stress, mit optimistischen Gedanken in die Lücke:** Und nun geht's los. Wir fahren ruckweise, mit einer Pause nach jedem Schritt in die Lücke hinein. In den Pausen schaut Alma auf ihre Notizen, überlegt laut, beobachtet und fährt schließlich ein bisschen weiter, bis zum nächsten Halt. Schließlich sind wir in der Lücke. Sie ist etwas verschwitzt im Gesicht, aber strahlend schaut sie mich an: Geschafft. Sie hat fünfmal angehalten, ist am Schluss zweimal ausgestiegen, um zu kontrollieren, dass sie nicht den hinteren oder vorderen Pkw berührt. Mehrere Male mussten wir korrigieren. Gesamtdauer des Parkvorgangs ungefähr zehn Minuten.[6]

4. **Und, was war mit der Angst?** »Hm«, überlegt sie, »irgendwie war sie gar nicht mehr da. Wozu auch?« Gleich kommt schon ihr Einwand: »Aber das geht nicht, ich kann doch nicht solange brauchen, um einzuparken!« Ich erkläre ihr, dass es schon geht, wir behindern die anderen ja kaum. Und später, mit zunehmender Übung wird sie ihr Tempo noch steigern. Aber das ist nicht so wichtig, denn jetzt hat sie erstmal die Angst überwunden.

> **Tipp**
>
> Sie kommen in die Parklücke mithilfe des Angsthasenfahrstils hinein (sehr stockendes, beobachtendes Fahren). Umgehen Sie die Gedankenfalle, trauen Sie sich etwas zu und denken Sie an die Lösung.

3.1.6 Fahren im Fließverkehr: Umgang mit Belastung

Nach dem letztlich entspannten Fahren im verkehrsruhigen Gebiet geht es nun immer mehr in leichte bis sogar schwierige Verkehrssituationen: große Kreuzungen mit Wartepflicht, Fahrstreifenwechsel, links abbiegen an Ampelkreuzungen – die Belastung steigt.

Dramatischer Vorfall beim Überholen Unsere Ausbildung wird leider noch etwas komplizierter, weil Alma zusätzlich zu Hause übt, meistens mit ihrer Freundin. Sie schildert mir nach ihren Tagebuch-Notizen einen dramatischen Vorfall, bei dem sie mit ihrer Freundin auf einer Landstraße fährt. Dabei stoßen sie auf einen Trecker, der gerade mal 25 km/h fährt. Alma traut sich nicht zu überholen. Schnell bildet sich eine lange Schlange hinter ihrem Auto, die Freundin wird nervös und drängt sie, zu überholen, als die Gegenrichtung frei ist. Alma fühlt sich unter Druck, zögert, will nicht, doch plötzlich schießt sie los. Erst im letzten Moment, auch weil der Nachfolgende hupt, merkt sie, dass sie gar nicht überholen kann, weil der andere hinter ihnen bereits dabei war zu überholen. Alma bekommt einen Riesenschreck, dann bleiben sie hinter dem Trecker.[7]

Wir sprechen über den Vorfall. Alma hatte Angst vor dem Überholen, fühlte sich gleichzeitig unter Druck zu überholen. Als sie schließlich doch versucht, zu überholen, kann sie in dem Moment nicht mehr klar denken und hat keinen Überblick mehr. Hier erscheint ein wichtiges Symptom bei Stressbelastung – die eingeschränkte Gehirntätigkeit infolge der heftigen körperlichen Alarmreaktion.

Stressbelastung erkennen und verstehen

Stressbelastung schränkt die Gehirntätigkeit ein Die eingeschränkte Gehirnreaktion unter Stressbelastung zu erkennen, zu verstehen und aufzuheben ist für einen von Fahrangst betroffenen Menschen sehr wichtig. Es ist gut für alle Beteiligten, dass die Einschränkung der Gehirnleistung meistens nicht sofort und sehr heftig erfolgt, sondern vorher noch zu bemerken ist. Viele klagen z. B. zuerst über Konzentrationsschwäche, Unruhe, Ablenkung. Dann kommt eine weitere Stufe: Mit der Einschränkung des klaren Denkens geht auch eine Art Tunnelblick (wie bei einem Betrunkenen) einher.

Alma soll sich nun bei unseren Übungen selbst beobachten und sofort melden, wenn sie spürt, dass sie ängstlich und unkonzentriert wird. Wir einigen uns auf eine Skala von 1 bis 10 (1 = friedlich, 10 = Panik). Wenn es zu schlimm wird, machen wir einfach eine Pause. Außerdem bitte ich sie, wenn die Anforderungen steigen, ihr Verhalten laut zu kommentieren (»Ich möchte nach links wechseln, schaue in die Spiegel, blinke. Da ist eine Lücke. Soll ich fahren?«). Das laute Sprechen hält die Konzentration aufrecht; außerdem dient es dem Vorbereiten der kommenden Aktion.

Um den äußeren Druck wegzunehmen, bitte ich sie, bei einem anstehenden Fahrstreifenwechsel wegen eines Fahrzeugs in 2. Reihe nicht zu wechseln, sondern auf jeden Fall stehen zu bleiben, bis auch das letzte Fahrzeug hinter ihr vorbei gezogen ist (◘ Abb. 3.5). Über diese Lösung ist sie verblüfft: Sie meint, wir dürften die anderen nicht behindern. Ich mache ihr daraufhin klar, dass das Fahrzeug in 2. Reihe ja sowieso behindert. Wenn wir kurz hinter dem stehen, passiert doch nicht viel Neues. Irgendwann kommt ihre Chance, wenn wirklich alles frei ist.

Nun legen wir los. Alma hat ihre Bedenken wegen der möglichen Behinderung zurückgestellt und »behindert« nun zusammen mit einem 2.-Reihe-Parker, bis alle nachfolgenden Fahrer weg sind. Dann fährt sie erst los, mit viel Spiegelbeobachtung, Blinken, Umsicht: Sie hat keinen Tunnelblick mehr, vielmehr schaut sie rundum und überlegt. Sie findet die Ruhe und

■ **Abb. 3.5.** Fahren im Fahrstreifen, dichter Verkehr: Angsthasen bleiben stehen

Sicherheit, die sich damit einstellen, ganz herrlich. Endlich hat sie die Kontrolle über die Situation und keine Angst mehr. Auch der nächste Schritt, das Wechseln in den anderen Fahrstreifen aus der Fahrbewegung, wenn die anderen noch sehr weit weg sind, fällt ihr schließlich leicht.

> **Tipp**
>
> Stehenbleiben, warten bis alle Nachfolgenden weg sind, in Ruhe schauen und dann selbst losfahren – das ist der Angsthasenfahrstil, mit dem Sie die Angst vor dem Fahrstreifenwechsel bewältigen und Erfolg haben.

3.1.7 Fahrstreifenwechsel mit Kommunikation: Ich traue den anderen

Alma traut sich noch nicht zu, bei einem Fahrstreifenwechsel mit den anderen Autofahrern zu kommunizieren: Dann sind andere schon sehr nah hinter uns, nehmen auf ein Blinkzeichen von uns aber dennoch das Tempo zurück, um uns in die Lücke wechseln zu lassen. Die Situation ist für sie zu beängstigend, sie traut auch den anderen nicht und fürchtet einen Unfall.

Wir sprechen über ihre Haltung den anderen gegenüber. Sie spürt nach wie vor Misstrauen, glaubt nicht wirklich, dass die anderen sie in die Lücke ziehen lassen wollen, sondern womöglich gleich Gas geben, mit einer katastrophalen Folge, einem schlimmen Crash.

Genaues Beobachten: Teamarbeit an der Engstelle

Beobachten, wie es abläuft. Kurz nach einer Baustelle mit verengter Fahrbahn parken wir ein. Ich bitte Alma, mit mir auszusteigen, um ihr in der Praxis zu zeigen, wie der Fahrstreifenwechsel funktioniert. Mein Ziel ist es, ihre negativen Bilder im Kopf aufzulockern. Wir beobachten nun, wie es läuft – ganz selbstverständlich: Etwas vor der Engstelle auf der rechten Seite blinken, die rechts ankommenden Fahrer blinken nach links und werden von den schon links befindlichen Fahrern in aller Ruhe in eine Lücke gelassen. Das gilt auch für die langsamen, stockenden, etwas unsicheren Fahrer. Jeder findet links sein Plätzchen, keiner muss vor der Engstelle stehenbleiben.[8]

Dieser Eindruck aus der Praxis passt nun überhaupt nicht zu Almas negativen Gedanken. Sie ringt sichtlich mit Worten und kann sich die Sache nur so erklären, die Leute hätten eben »einen guten Tag«. Immerhin, eine Bresche ist geschlagen. Ich verweise darauf, dass alle Beteiligten gerade keinen Unfall möchten, dass sie dagegen den Verkehrsfluss erhalten wollen, daher auch die Bereitschaft, andere herein zu lassen. Das Argument nimmt sie mit Staunen zur Kenntnis. Ich bitte sie, darüber nachzudenken.

Zauberworte helfen

Wir üben nun, eine Lücke zu suchen, gleichmäßig neben den anderen herzufahren, in Ruhe nach vorne und in die Spiegel zu schauen, zu blinken und laut zu sprechen: »Hier ist eine schöne Lücke, der andere hinter mir fährt langsam und gleichmäßig, der Abstand bleibt, der lässt mich, ich kann wechseln!« Lautes Sprechen soll das Denken auf das bevorstehende Verhalten konzentrieren. Immerhin wird Alma nun mutiger. Sie kann diese Situationen wenigstens aushalten. Die Worte »Der lässt mich, ich kann« bestärken sie in ihrem Verhalten.

Ein netter Zufall kommt ihr zuhilfe: Eine Autofahrerin hinter uns hat Almas Not erkannt und bemüht sich nach Kräften, für uns eine Lücke zu lassen. Sie fährt betont langsam, betätigt ein paar Mal die Lichthupe, wedelt mit den Händen, gibt einfach nicht nach – bis Alma dann doch ihren Zauberworten die Tat folgen lässt und hinüberzieht.

Stressentlastung, Zauberworte und eine günstige Gelegenheit – so funktioniert der Wechsel im dichten Verkehr zum ersten Mal.

Für die weitere Ausbildung und Angstbewältigung ist es wichtig, über die alten, stressverschärfenden Gedanken beim Fahrstreifenwechsel zu sprechen, ihre Ausweglosigkeit aufzuzeigen und stattdessen die neuen, hilfreichen und ermutigenden Gedanken zu betonen.

3.1.8 Stressbelastung verringern, Gedankenfalle vermeiden, Angsthasenfahrstil pflegen

Nach dem gekonnten Fahrstreifenwechsel war der Übergang zur Autobahn gar nicht mehr so schwer. Im Laufe unserer Fahrstreifenübungen haben wir auch Almas Freundin eingeladen, mit uns zu fahren. Sie ist eine kluge Beobachterin und bekommt eine Menge mit – von unseren

◼ **Tab. 3.2.** Fahrstreifenwechsel: Stressverschärfende vs. hilfreiche Gedanken und Einstellungen

belastende Situation	stressverschärfend	hilfreich
2.-Reihe-Parker taucht auf	Panik! Was soll ich bloß tun? Ich darf nicht stehenbleiben, darf nicht behindern, muss schnell fahren und irgendwie nach links ziehen. Ich habe keinen Überblick, ich habe Angst. Hoffentlich passiert nichts.	Na schön, da ist ein 2.-Reihe-Parker. Ich schaue nach vorne und in die Spiegel, blinke, versuche, ob die anderen mich in eine Lücke lassen. Zur Not fahre ich langsamer und bleibe stehen. Besser, als ohne Übersicht und gefährlich zu fahren. Ich bleibe ruhig.
Spiegel- und Verkehrsbeobachtung nötig	Ich traue den Spiegeln nicht. Ich will lieber direkt nach hinten schauen, drehe den Kopf stark nach hinten. Ich spüre, dass ich dabei den Überblick nach vorne verliere, hoffentlich passiert nichts.	Es ist gut, dass es die Spiegel gibt. Sie geben mir ein sicheres Gefühl. Ich schaue abwechselnd in die Spiegel und nach vorne, ich möchte die Übersicht behalten. Am Schluss kontrolliere ich noch den toten Winkel.
Blinken	Blinken ist aggressiv. Ich will nicht blinken, der andere könnte ja böse werden oder erschrecken und denken, ich fahre ihm in die Seite hinein. Aber wie kann ich mich dann bemerkbar machen?	Ich blinke und signalisiere damit eine Bitte. Während ich blinke, bleibe ich nach wie vor rechts. Die meisten reagieren sehr nett und lassen mich in eine Lücke.
Nachfolgender gibt Gas. Signal: »Ich ziehe vorbei.«	Typisch, keiner lässt mich ‚rein, so sind sie alle. Ich habe keine Chance, jemals den Fahrstreifen zu wechseln.	Vielleicht hatte der es eilig, oder er hat mich nicht gesehen. Ich probiere es einfach bei der nächsten Lücke.
Nachfolgender bremst, fährt verhalten, Abstand bleibt gleich. Signal: »Ich lasse Dich rein!«	Bloß nicht wechseln, ich traue dem gar nicht. Womöglich gibt er im letzten Moment Gas und es knallt. Dann hat der mich böse erwischt. Oder: Sofort in die Lücke wechseln, keine Sekunde überlegen, sonst gibt der wieder Gas.	Der Abstand bleibt gleich, der »steht« und möchte mich in die Lücke lassen. Die anderen helfen mir, ich vertraue ihnen. Jetzt schaffe ich es, ich wechsle. Ich beobachte dennoch weiter aus Vorsicht.
Körperlicher Stress beim Wechseln: Aufregung, Herzklopfen, Konzentrationsmängel	Ich schweige ängstlich, niemand darf es merken, dass es mir schlecht geht. Ich muss die Symptome irgendwie niederkämpfen.	Ich bin ein bisschen aufgeregt, das ist normal. Zur Not mache ich eine Pause und entspanne mich. Oder ich bleibe hinter dem Hindernis stehen. Während der Fahrt spreche ich laut über den anstehenden Wechsel.

ersten »Stehübungen« vor 2.-Reihe-Parkern bis zu den Autobahnfahrten am Schluss der Ausbildung. Sie hat im Laufe der Stunden viele verständige Hinweise beigesteuert.

Alma hat es im Grunde geschafft. Sie fährt nun auf dem Lande wie in der Großstadt, sie besucht mit dem Auto kulturelle Veranstaltungen in weit entfernten Kleinstädten und ihre Freundinnen in Berlin, so, wie sie es sich gewünscht hat. Sie muss allerdings an sich arbeiten und weiter mit dem Auto üben, um die Prinzipien der Angstbewältigung zu verinnerlichen. Ganz wichtig ist für sie, sich nicht durch Druck anderer treiben zu lassen, sondern ruhig und vernünftig zu bleiben.

3.2   Was Sie selbst tun können

Grundlage des Angsthasenfahrstils sind alle Übungen zum sehr vorsichtigen, langsamen Fahren: Das Auto rollen lassen, ohne Gas zu geben, im 2. und im 1. Gang, ohne oder mit Bremsbereitschaft, das »Schubsen«, d. h. das stoßweise, langsame Fortbewegen des Autos; und schließlich das »Kriechen«, das sehr langsame Bewegen mit Gas und geringer Schleifkupplung. Wir empfehlen Ihnen, sich für den Anfang die Hilfe einer Fahrschule mit kompetenten, freundlichen Fahrlehrern zu suchen. Wenn Sie diese Übungen anschließend beherrschen, dann spricht nichts dagegen, sie selbst in einem verkehrsruhigen Gebiet zu wiederholen.

> ❗ **Die verschiedenen Varianten des langsamen Fahrens sind ein wichtiger Bestandteil des Angsthasenfahrstils. Wer sie zum ersten Mal bewusst übt, sollte sich anfangs von Fahrlehrern helfen lassen.**

Was Sie in Selbsthilfe erledigen können, sind alle Übungen ohne Auto; dann die am stehenden Auto, ohne dass der Motor läuft und schließlich die Tankstellenübung:

3.2.1 Selbsthilfetipps für den Umgang mit der Maschine Auto

4 erste Schritte

1. **Tagebuch führen** Klären Sie zunächst für sich Ihre Situation. Führen Sie ein Tagebuch Ihrer Erlebnisse und tragen Sie Notizen ein über Situationen, in denen Sie beim Gedanken ans Autofahren Angst verspüren. Durch die Notizen werden Sie innere Distanz zu vielen ihrer kritischen automatischen Reaktionen bekommen und in der Lage sein, zu sagen: »Da und da müsste ich praktisch ansetzen, um etwas zu verändern.« Oder: »Das habe ich geschafft, herrlich, ich kann es immer besser!«

2. **Auto-Trockenübung** Setzen Sie sich zum Üben ins Auto eines Bekannten ans Steuer. Der Autobesitzer nimmt auf dem Beifahrersitz Platz. Sagen sie, z. B.: »Das Auto ist ganz o. k., ich lerne es jetzt kennen und bedienen.« Stellen Sie den Sitz bequem ein und drehen Sie die Spiegel auf Sicht. Lassen Sie den Motor nicht an, denn das kommt erst später. Bedienen Sie in Ruhe (!) alle Pedale, Kupplung, Bremse, Gas. Dann drücken Sie die Kupplung und führen den Schalthebel – langsam, mit Pause im Leerlauf. Lassen Sie sich dabei sehr viel Zeit.

3. **Beleuchtung bedienen** Drehen Sie den Zündschlüssel vorsichtig nach vorn auf Zündung, dann bewegen sich an der Armaturentafel einige Zeiger, und Lämpchen leuchten. Beim Einschalten der Zündung fließt nur Strom, der Motor geht nicht an! Zur Sicherheit, dass nichts passiert, drücken Sie beim Einschalten der Zündung die Kupp-

lung, lassen Sie die Handbremse angezogen. Jetzt können Sie üben: Blinker an und aus, Licht einschalten, Fernlicht, Hupe. Sagen Sie zwischendurch immer wieder: »Das Auto ist ganz o. k., ich lerne es jetzt kennen und bedienen.«

4. **Betriebs- und Verkehrssicherheit** Lassen Sie Ihren Bekannten das Auto auf eine Tankstelle fahren. Dort tanken Sie, kontrollieren die Betriebssicherheit im Motorraum (Öl, Bremsflüssigkeit) und den Reifenluftdruck. Der Bekannte soll Ihnen auch Warnblinklicht und Warndreieck zeigen. Wiederholen Sie: »Das Auto ist wirklich ganz o. k., ich lerne es kennen und bedienen.«

Auch für die nächsten Übungen (Verkehrsangst und Fahrstreifenwechsel) gilt – mit kleiner Ausnahme: Lassen Sie sich lieber zu Anfang von Profis helfen, versuchen Sie es nicht allein.

3.2.2 Selbsthilfetipps für den Großstadtverkehr (Fahrstreifenwechsel)

1. **Verkehr bewusst beobachten** Wenn Sie Angst vor dem Fahrstreifenwechsel haben, dann beobachten Sie in Ruhe den Verkehrsfluss. Begeben Sie sich an eine Stelle, wo im Berufsverkehr immer wieder gewechselt wird, z. B. eine Baustelle mit Fahrbahnverengung, und beobachten Sie, wie sich die Fahrer verhalten. Sie werden feststellen, dass sich die Fahrer gegenseitig helfen, dass dabei auch langsame, ängstliche Fahrer berücksichtigt werden. So bleibt der Verkehrsfluss erhalten und nichts passiert. Vergleichen Sie Ihre Beobachtungen mit Ihren Befürchtungen. Folgender Gedanke ist hilfreich: »Ich bin sehr vorsichtig. Das ist gut so. Aber die anderen sind oft auch freundlich und ebenfalls vorsichtig. Und ich schaffe den Wechsel.«

Genaues Beobachten

2. **Tunnelblick wegtrainieren links** Setzen Sie sich in ein Auto, das rechts am Rande einer großen, viel befahrenen Straße geparkt ist. Lassen Sie den Motor aus. Üben Sie das ruhige Schauen rundum – nach vorne, im Innenspiegel, im linken Außenspiegel nach hinten, vergessen Sie nicht den leichten Seitenblick nach links in den toten Winkel. Beobachten Sie im Innenspiegel und linken Außenspiegel, wie die Annäherung der Fahrzeuge verläuft. Schauen Sie zwischendurch immer wieder nach vorne. Atmen Sie bewusst ruhig ein und langsam wieder aus. Dieses Training im Rundum-Sehen wird Ihnen guttun; Sie verlieren damit allmählich ganz von alleine den Tunnelblick bei Stressbelastung.

3. **Tunnelblick wegtrainieren rechts** Setzen Sie sich in ein Auto, das Ihr Bekannter links in einer Einbahnstraße geparkt hat. Machen Sie auch hier die Übungen im Rundum-Sehen, beziehen Sie dieses Mal den rechten Außenspiegel und den stärkeren toten Winkel rechts mit ein.

Diese Übung ist besonders wichtig. Viele Angsthasen trauen sich nicht, den rechten Außenspiegel zu benutzen und einen deutlichen Schulterblick nach rechts zu werfen.

3.2.3 Fragen und Antworten

Die folgenden Fragen erhielten wir per E-Mail, oder sie wurden während des Vorgesprächs oder während der Ausbildung gestellt.

Frage: Als ich nach der Fahrprüfung zum ersten Mal allein Auto gefahren bin, habe ich pausenlos den Motor abgewürgt – beim Anfahren, vor Kreuzungen, beim Parken. Ich bin jetzt so verunsichert, dass ich mich kaum zu fahren traue und das Autofahren vermeide. Ein Freund hat mir erzählt, da ich vom Fahrlehrer mit einem Dieselauto ausgebildet worden sei, hätte ich nie gelernt, richtig anzufahren. Was soll ich jetzt tun?

Frank Müller: Ich kann Sie trösten, Sie werden das richtige Anfahren noch lernen. An Ihrer Geschichte ist leider etwas Wahres: Viele Fahrschulen setzen aus wirtschaftlichen Gründen Dieselautos ein. Ob das wirklich so wirtschaftlich ist, ist zweifelhaft. Wenn der Fahrlehrer bequem ist, kann er es sich mit dem Dieselauto ersparen, das richtige Anfahren zu üben. Der Dieselmotor hat viel Kraft im unteren Drehzahlbereich, daher fährt das Auto immer an, auch wenn Sie kein Gas beim Anfahren geben. Einen Benzinmotor müssen Sie dagegen feinfühlig mit etwas Gas anfahren, etwa im Drehzahlbereich von 1.500 Umdrehungen in der Minute. Sie sind schlecht ausgebildet worden, haben bei Ihren ersten Fahrten Misserfolge erlebt und leider Ängste aufgebaut. Suchen Sie sich eine Fahrschule mit kompetenten und freundlichen Fahrlehrern und wiederholen Sie dort mit ausdrücklichem Hinweis auf Ihre Schwierigkeiten den Anfangsteil Ihrer Ausbildung. Ich empfehle Ihnen auch Übungen im Verkehr, bei denen Sie bewusst abwürgen. Sie werden erleben, dass Sie gut damit umgehen können.

Frage: Ich habe Angst davor, in ein Parkhaus zu fahren. Ich fürchte, dass ich die vielen Engstellen und steilen Rampen nicht schaffe oder beim Parken an einer Säule hängenbleibe. Außerdem macht mir die Dunkelheit Angst. Können Sie mir ein paar Tipps geben?

Frank Müller: Vor dem Besuch eines Parkhauses sollten Sie alle Rangieraufgaben gut beherrschen (z. B. langsames Fahren, Parken, Engstellen, Anfahren am Berg). Wählen Sie für den Anfang ein hell beleuchtetes Parkhaus und nehmen Sie jemanden mit, der sich auskennt. Nun geht es los: Sie schalten das Licht an, fahren ab Einfahrt meistens eine kleine Rampe hoch, müssen dann möglichst links an einem Automaten halten, aus dem Sie Ihre Parkkarte ziehen. Anschließend öffnet sich die Schranke (◘ Abb. 3.6). Sie fahren weiter im 1. Stock, etwas im Kreis. Links und rechts sind Autos geparkt, meistens quer. Ist dort alles voll, dann sehen Sie Wegweiser für den 2. Stock oder noch höher. Nach wei-

◘ Abb. 3.6. Parkhaus, Rampen für Einfahrt und Ausfahrt

ter oben fahren Sie meistens im Halbkreis hoch, die Auffahrten sind meistens eng. Am besten fahren Sie langsam im 1. Gang, evtl. auch mit Schleifkupplung, in der Mitte der Fahrbahn. Zum Herunterfahren in ein niedrigeres Stockwerk suchen Sie das Schild »Ausgang«. Üben Sie auch das Parken auf den Stockwerken. Dort ist meistens wenig Platz zum Rangieren, Besuchen Sie zu Anfang nur gut beleuchtete Parkhäuser. Für Frauen gibt es manchmal in der Nähe der Ausgänge extra Frauenparkplätze.

Frage: *Ich fürchte mich vor großen Kreuzungen, an denen ich Vorfahrt gewähren muss. Ich traue mich einfach nicht herüberzufahren, fahre lieber große Umwege. Was soll ich tun?*

Frank Müller: Ihre Sorge ist berechtigt, denn wenn dort etwas passiert, kann es schon böse ausgehen. Andererseits ist die Sache gar nicht so schwer, wenn Sie sich Zeit nehmen. Die Lage ist eindeutig: Sie müssen Vorfahrt gewähren und können bei jeder Etappe der Überquerung kurz anhalten, in Ruhe schauen und wirklich nur fahren, wenn alles frei ist. Lassen Sie sich nicht von anderen unter Druck setzen, loszufahren, obwohl sie unsicher sind. Winken Sie diese lieber vorbei. Dies sind Ihre Etappen beim Überqueren der Kreuzung:

1. Gehweg
2. Radweg
3. geparkte Autos
4. Fahrstreifen der ersten Fahrbahn
5. Mittelinsel
6. zweite Fahrbahn
7. Radweg
8. Gehweg auf der anderen Seite.

**Vorfahrt gewähren:
8 Schritte**

Entscheidend ist das Hineintasten auf der Höhe der geparkten Autos (3.), bis Sie freie Sicht in die Fahrstreifen der ersten Fahrbahn haben (4.). Hier bekommen viele Anfänger Angst. Zwar bieten die geparkten Autos noch Schutz, doch jetzt müssen Sie sehr langsam (!) weiter vorziehen, um überhaupt Sicht auf den Verkehr der ersten Fahrbahn zu haben. Dabei schiebt sich unweigerlich die Motorhaube unseres Wagens in den ersten Fahrstreifen hinein. Anfänger fürchten einen Zusammenstoß. Vor Angst bleiben sie lieber weit davor stehen Doch das ist keine Alternative. Stattdessen tasten Sie sich Stück für Stück, cm für cm (!) in den noch verdeckten Fahrstreifen hinein, aber nur, wenn augenblicklich frei ist, und beugen Sie den Kopf am Lenkrad weit nach vorne. Keine Sorge, die Fahrer auf der Vorfahrtstraße wollen auch keinen Unfall, sie werden seitlich etwas ausweichen.

Frage: Ich fürchte mich vor einem großen Kreisverkehr. Lieber nehme ich jeden Tag auf dem Weg zur Arbeit einen großen Umweg in Kauf, als auf diesem Monsterkreisel zu fahren. Was raten Sie?

Frank Müller: Große Kreisverkehre hatten einst den Ruf, unfallträchtig zu sein. Inzwischen sind sie durch verkehrslenkende Maßnahmen entschärft worden und dienen, besser als große Kreuzungen, dem Verkehrsfluss und der Sicherheit. Die Unfallzahlen an großen Kreiseln sind mittlerweile zurückgegangen. Wenn es schon Unfälle gibt, dann eher leichte Blechschäden. Es wurden Ampeln installiert und die alte, konzentrische Kreisführung durch eine Spiralmarkierung ersetzt. Sie müssen sich das vorstellen wie eine Zuckerschnecke, die von innen nach außen aufgewickelt ist. Wenn Sie nun noch vor dem Kreis die vorhandenen Wegweiser beachten und sich im richtigen Fahrstreifen einordnen, dann kommen Sie automatisch rechts außen an der von Ihnen angestrebten Ausfahrt an. Suchen Sie sich eine gute Fahrschule und üben Sie mit dem Fahrlehrer, solche Kreise zu fahren. Sie werden staunen, wie leicht das geht. Üben Sie auch weitere Arten von Kreisverkehren, z. B. kleine, mittelgroße, auch solche mit konzentrischen Fahrstreifen. Kreisverkehre sind aus den eingangs erwähnten Gründen auf dem Vormarsch, denn sie unterstützen den Verkehrsfluss und gelten als sicher.

Frage: Ich überlege mir, ob ich mit einem Schild »Anfänger« an der Heckscheibe fahren soll. Meine Ausbildung ist schon einige Zeit her. Was halten Sie davon?

Frank Müller: Das empfehle ich Ihnen. Sie sind damit etwas entlastet und können in Ruhe langsamer fahren, wenn Sie das brauchen. Einige Autofahrer werden Sie vielleicht schneiden oder hupen, aber damit müssen Sie rechnen, doch die Mehrheit wird freundlich reagieren.

3.2.4 Aufgaben (Lösungen am Schluss des Buchs)

Vom Land in die Großstadt

Sabine ist vor mehreren Jahren aus einer kleinen Gemeinde in Niedersachsen nach Berlin gezogen. Als sie zum ersten Mal die Kinder mit dem Auto in den Kindergarten bzw. in die Schule fahren will, trifft es sie wie ein Schock: Sie fühlt sich dem Großstadtverkehr nicht gewachsen. Sie glaubt, in dem Gedränge den Überblick zu verlieren, fürchtet, dass sie mit den Kindern in einen Unfall gerät. Schließlich lässt sie das Auto stehen. Ihr Mann kann ihr Verhalten nicht verstehen und meckert: »Hab Dich doch nicht so wegen dem bisschen Verkehr!« Wegen dieser Bemerkung ist sie verletzt und vermeidet das Autofahren. Nach fünf Jahren konsequenter Fahrvermeidung hat sie endlich wieder Lust zu fahren.
Fragen:
1. Was sollte Sabine auf keinen Fall tun?
2. Wodurch kann sie ihre Ängste bewältigen?

Angstabbau durch Automatik-Auto?

Helen ist vom Fahrlehrer während der Ausbildung beschimpft und schlecht ausgebildet worden. Hinterher fuhr sie mit Angst und hatte nie das Gefühl, das Auto richtig zu beherrschen. Jetzt hatte sie leider einen Unfall an einer Rechts-vor-links-Kreuzung, an der sie nicht langsam gefahren, sondern zu schnell hineingehoppelt ist. Eine Bekannte rät ihr, in Zukunft doch mit einem Automatik-Auto zu fahren (◘ Abb. 3.7). Das würde alles leichter machen und ihre Angst würde verschwinden.
Fragen:
1. Wird Helen durch das Fahren mit Automatik-Auto über ihre Angst hinweg kommen?
2. Was sollte Helen tun?

◘ **Abb. 3.7.** Automatikgetriebe, Wahlhebel

Navigationsgerät zu empfehlen?

Viele Fahrschüler fragen mich am Ende der Ausbildung, ob ich ein Navigationsgerät empfehlen würde. Ich meine grundsätzlich mit Einschränkungen »ja«. Bitte zählen Sie einige Vor- bzw. Nachteile eines Navigationsgerätes auf.

Sprung ins kalte Wasser

Ihr Fahrlehrer lässt Sie ohne Vorbereitung gleich zu Anfang im Großstadtverkehr fahren. Sie schwitzen Blut und Wasser, bekommen nur die Hälfte mit und haben das Gefühl, das Auto spiele verrückt. Ihr Fahrlehrer schimpft darauf mit Ihnen. Als Sie ihm widersprechen, behauptet er, seine Methode sei gut, durch den »Sprung ins kalte Wasser« würden Sie am schnellsten lernen.

Fragen:

1. Stimmt die Behauptung des Fahrlehrers?
2. Was kann bei dieser Methode passieren?
3. Was unternehmen Sie?

Die Lösungen finden Sie am Ende des Buches.

Anmerkungen

1. Zum anfänglichen Üben ist ein Drehzahlmesser wichtig. Später, bei Gewöhnung, reicht auch das Gehör.

2. Die wissenschaftlich fundierte Praxis der Stressbewältigung darf auf keinen Fall mit dem »positiven Denken« verwechselt werden. Dieses Formeldenken produziert platte Leerformeln (z. B. »Heute gelingt mir alles, was ich anpacke.«) und hat mit seriöser psychologischer Tätigkeit nichts gemeinsam. Dagegen ist Angst im Sinne von Vorsicht im Straßenverkehr weiterzuentwickeln: Mut zur Angst ist hier hilfreich.

3. Der Begriff »Zauberwort« stammt von einer Angsthäsin, die ihn nach erfolgreichen Übungen beim Fahrstreifenwechsel vorschlug.

4. Die Nachteile des Automatikgetriebes sind folgende: Der Wagen ist in der Anschaffung sehr viel teurer (ca. 1.500 €), der Verbrauch etwas höher (0,5–1 l/100 km) und ein Abschleppen bei einer Panne per Seil ist nicht möglich, weil der Wagen dann auf einen Lkw geladen werden muss.

5. Zum richtigen Lenken beim Einparken längs am Bordstein gibt es unzählige Rezepte, die von vielen Fahrlehrern entwickelt wurden. Die meisten sind für sehr große Lücken berechnet, da die Prüfungsrichtlinie Kfz den Prüflingen große Lücken einräumt. Ich selbst bevorzuge ein Rezept, das ich mit vielen Angsthäsinnen zusammen ausprobiert habe und mit dem sie auch in kleine Lücken kommen:
   - Parallel neben dem vorderen Auto aufstellen, Spiegel an Spiegel.
   - Rückwärtsfahren, bis die C-Säule unseres Autos – das ist die dritte Dachsäule von vorn rechts – sich ungefähr am hinteren Ende des neben stehenden Pkws befindet.
   - Schauen, ob alles frei ist.
   - Langsam weiter fahren, gleichzeitig das Lenkrad energisch nach rechts drehen – solange, bis das hinten stehende Auto in unserem linken Außenspiegel auftaucht und schließlich dort in der Mitte des Spiegels ist.

- Langsam weiterfahren und das Lenkrad gerade drehen – bis wir uns mit dem Vorderteil unseres Autos (Motorhaube vorne links) auf Höhe der hinteren Stoßstange des vorderen Autos befinden (»Schnauze an Kante«).
- Wieder langsam weiterfahren, das Lenkrad dabei fest nach links drehen. Aufpassen, dass durch die Neigung der Fahrbahn zum Bordstein unser Auto nicht immer schneller wird. Sind wir etwa parallel zum Bordstein, das Lenkrad gerade drehen.
- Das Auto ein Stück vorziehen, im rechten Außenspiegel den Abstand zum Bordstein kontrollieren.

6. Ein geübter Autofahrer braucht zum Einparken weniger als 15 Sekunden, ein weniger geübter ein bisschen mehr als eine halbe Minute. Niederlich, R.: (2008). Juhu, ich kann einparken. Die lenkende Einparkhilfe von VW im Praxistest. In: *AutoBild* 27, 07, S. 24 ff. Almas erster Einparkversuch ist Angsthasenfahrstil; dabei kommt es auf Schnelligkeit gar nicht an, im Gegenteil.

7. Nach Almas Geschichte mit dem Trecker änderte ich die Angsthasenausbildung grundsätzlich: Die Ausbildung beginnt nun immer mit der Fahrschul-Ausbildung. Nach den ersten Fahrstunden darf noch nicht allein gefahren werden. Später vergebe ich klare Hausaufgaben für Übungen mit dem eigenen Auto. Nach dem jetzigen System hätte Alma nach ihrem Übungsstand nicht auf einer Landstraße fahren und dort Trecker überholen dürfen. Sie hätte höchstens auf einem großen, leeren Parkplatz mit ihrem Auto rangieren können.

8. Genau genommen, handelt es sich bei dem Wechsel vor einer Baustelle nicht um einen bloßen Fahrstreifenwechsel, sondern um einen Wechsel im Reißverschlussverfahren nach § 7 StVO, Abs. 4. Bei diesem sind die Fahrer ohne Hindernis verpflichtet, die anderen Fahrer mit Hindernis wechseln zu lassen. Dennoch sind dem »Gefühl nach« die Fahrer mit Hindernis immer noch mehr in der Pflicht, aufzupassen als die anderen Fahrer.

4 Mit dem Angsthasenfahrstil sicher auf die Autobahn

»Ich fürchte, ich bin ein rollendes Verkehrshindernis«

SchaffenWir-Methode:
1. Ängste akzeptieren
2. **Körperliche Symptome benennen**
3. **Gedankenfalle überwinden**
4. Autofahren auffrischen
5. **Angsthasenfahrstil pflegen**
6. **Vermeiden vermeiden**
7. Selbstständig fahren

Die Autobahnangst, so wie sie die Fahrschülerin Vera im folgenden Kapitel schildert und bewältigt, gehört zu den leichteren, gut einzugrenzenden Ängsten. Daher kommen nicht alle 7 Schritte der Angsthasenmethode zum Einsatz. Der wichtigste ist der 5. Schritt: Angsthasenfahrstil pflegen (◪ Abb. 4.1).

◻ Abb. 4.1. Autobahn-
einfahrt

> Wenn Sie an Autobahnangst leiden, fürchten Sie sich vor Einfahrten, vor
> dem rasend schnell heranrollenden Verkehr, vor Schleudern bei hohem
> Tempo oder vor schweren Unfällen. Die Autobahn erscheint Ihnen so
> gefährlich, dass Sie sie vielleicht jahrelang meiden. Stattdessen fahren
> Sie große Umwege oder verbringen viel Zeit auf Landstraßen, um sich
> diesen bedrohlichen Gefahren nicht aussetzen zu müssen. Sie wollen
> nicht Unfälle mit Verletzten oder gar Toten erleben und womöglich
> schuld am Leid der anderen sein. Doch auch das Fahren auf Landstraßen
> kann irgendwann für Sie sehr schwierig werden, wenn Sie nichts gegen
> ihre Angst unternehmen. Im folgenden Kapitel erhalten Sie Hinweise,
> Ihre Autobahnangst zu überwinden. Stellen Sie sich vor, Sie reisen mit
> Ihrem Partner in Ihrem Urlaub über die Autobahn, Sie sitzen am Steuer,
> es macht Ihnen Freude, und Sie fühlen sich sicher. Wäre das nicht ein
> lohnendes Ziel?

4.1 Hinweise aus der Praxis

Quälende Gedanken

Warum Vera die Autobahn meidet
Vera, 45 Jahre alt, hat den Führerschein vor 20 Jahren erworben. Sie ist seither kein einziges Mal selbst auf der Autobahn gefahren, nur als Beifahrerin. Vera verfolgt oft Berichte in der Zeitung oder im Fernsehen über furchtbare Unfälle auf der Autobahn, in denen die Rede von Massenkarambolagen, Geisterfahrern, Nebelunfällen, Baustellencrashs ist. Immer wieder wird von Verletzten und Toten berichtet. Sie hat auch von einer Bekannten erfahren, dass diese sich bei Regen auf der Autobahneinfahrt gedreht hat und gegen die Leitplanke gekracht ist. Zum Glück blieb es bei einem Blechschaden. Vera saugt solche Berichte regelrecht auf und bestätigt da-

▼

mit ihre quälenden Gedanken. Auf der anderen Seite weiß sie aber auch, dass dieses Verhalten ihr nicht guttut.

Die Vorstellung, hohes Tempo fahren zu müssen, jagt ihr Angst ein. Sie glaubt, den Wagen dann nicht mehr beherrschen zu können: Jeder kleine Lenkfehler führt so zu unkontrollierbarem Schleudern. Aber auch der Gedanke an das hohe Tempo der anderen macht ihr Angst. Sie möchte gerne zu ihrer Sicherheit ein wenig langsamer fahren, aber dann, so fürchtet sie, »bin ich wohl ein rollendes Verkehrshindernis«.

Vera hat Angst davor, bei der Einfahrt auf die Autobahn in den schnellen, dichten Verkehr zu geraten. Sie glaubt, dass die anderen sie nicht herein ließen. Beim Überwechseln droht ihrer Vorstellung nach beinahe zwangsläufig ein schlimmer Unfall. Einfach stehen zu bleiben bedeutet für sie, wahrscheinlich nie wieder wegzukommen. Außerdem, so nimmt sie an, sei es auf dem Beschleunigungsstreifen neben der Autobahn ohnehin verboten, anzuhalten.

Sie schildert ihre körperlichen Beschwerden so: »Wenn ich schon an die Autobahn denke, wird mit ganz blümerant. Ich bekomme Herzklopfen, schwitze, meine Hände werden feucht und verkrampfen. Ich glaube, ich würde vor Angst gar nichts mehr sehen und denken.« In letzter Zeit ängstigt sie sich auch auf Bundesstraßen. Wegen ihrer Vermeidungsstrategie muss sie oft Umwege und Verzögerungen in Kauf nehmen. Nur in der Großstadt fährt sie noch aktiv.

Bei Urlaubsfahrten übernimmt ihr Mann das Fahren. Doch wegen einer Gehbehinderung kann er das Auto inzwischen immer schlechter nutzen. Daher will sie nun endlich etwas unternehmen. Darüber hinaus fürchtet Vera, ihren Arbeitsplatz in einer Bank zu verlieren und zukünftig möglicherweise einen längeren Anfahrtsweg zu haben.

Vera steht jetzt in ihrem Leben an einem Scheideweg.. Jahrelang ging es ihr einigermaßen gut und die Autobahnvermeidung war nicht so wichtig. Nun weiß sie nicht, wie es in Zukunft weitergehen wird. Sie wird vielleicht bald arbeitslos und ist nur eingeschränkt mit dem Auto mobil. Die jahrelang verdrängte Autobahnangst ist plötzlich lästig oder gar bedrohlich geworden. Aber weit entfernt davon, zu jammern, beschließt sie, ihre Situation zu ändern.

Sie möchte mit dem Auto wieder mobil sein, ihren Mann z. B. zum Arzt oder in den Urlaub fahren können. Darüber hinaus nimmt sie sich vor, einen neuen Arbeitsplatz zu suchen. Sollte dieser über die Autobahn erreichbar sein, dann will sie sicher und gelassen dorthin fahren können.

Angst

Symptome

Das Problem anpacken

Definition

Die Autobahnangst gehört zu den Verkehrsängsten. Autobahnangst ist die Angst vor Fahrten auf Autobahnen (oder anderen Schnellstraßen) und ist in der Regel eine unangemessene und hinderliche Befürchtung. Die Betroffenen fürchten das Einfädeln in den schnellen Fließverkehr und das anschließende Fahren mit höherem Tempo. Ihrer ängstlichen Vermutung zufolge kann es dabei schlimmste Unfälle geben. Daher vermeiden sie das Fahren auf Autobahnen, obwohl diese eigentlich nicht sehr gefährlich sind.

Achten Sie auf folgende Symptome oder negative Gedanken. Diese können Ihnen darauf Hinweise geben, ob Sie an einer leichten oder mittleren Angst vor Autobahnen leiden:

1. Beim Gedanken an eine Fahrt auf der Autobahn bekomme ich Herzklopfen, zitternden Hände oder mir bricht der Schweiß aus.
2. Das hohe Tempo auf der Autobahn macht mir große Angst.
3. Ich fahre seit Jahren nicht mehr auf der Autobahn.
4. Ich glaube, auf der Autobahn passieren viele schreckliche Unfälle.
5. Wenn ich auf die Autobahn fahren will, lässt mich keiner der anderen Fahrer einfahren.
6. Ich glaube, wenn ich in die Autobahn einfahren will, werde ich Opfer eines schweren Unfalls.
7. Wenn ich auf der Autobahn einen kleinen Lenkfehler mache, schleudert mein Auto sofort, und ich gerate in einen schweren Unfall.
8. Ich muss auf der Autobahn hohes Tempo fahren, sonst behindere ich andere schwer und provoziere Unfälle.

4.1.1 Auf der Autobahn fahren wir sicher

Gegen die Gedankenfalle

Zuerst beschäftigen wir uns mit ein paar rechtlichen Fragen: Ich (F. M.) erkläre ihr: Die Autobahn gehört wegen ihrer Bauweise zu den sichersten Straßen in Deutschland.[1] Niemand muss auf der Autobahn hohes Tempo fahren, 100 km/h reichen völlig. Es gilt die Richtgeschwindigkeit von 130 km/h, die aber nur empfohlen ist. Viele Strecken sind außerdem von der Höchstgeschwindigkeit her stark begrenzt. Wenn jemand langsamer fahren möchte, z. B. im Tempo eines Lkw, dann ist es allerdings richtig, rechts zu fahren. Rechts fahren die Langsameren, links die Überholer und schnelleren Fahrer.

Vera ist es neu, dass die Autobahn die sicherste Straßenart ist (verglichen mit innerstädtischen und Bundesstraßen). Wir erstellen zusammen eine Liste, warum das so ist: Weder gibt es Gegenverkehr noch Kreuzungen, Kurven, Gefälle oder Steigungen sind nur sehr sanft. Damit fallen eine Menge Unfallgründe weg. Aber was ist mit Nebel, Baustellen, Geisterfahrern, schwierigen Einfahrten, Regen?

Ihre Einwände stimmen, aber in gefährlichen Situationen sollten wir immer ruhig und vorsichtig fahren. Damit kommen wir wieder zum Ausgangspunkt unserer Überlegungen: Vera darf auf der Autobahn, wenn es sein muss, auch vorsichtig und langsamer fahren. Das sieht sie theoretisch ein. Dennoch macht sie die Vorstellung, auf der Autobahn langsamer als andere zu fahren, unruhig. Wir stellen diesen Punkt erst mal zurück und verschieben die Diskussion auf die Zeit der praktischen Ausführung.

Wir können auf der Einfahrt warten Zu ihrem Problem mit den Einfahrten erkläre ich anhand einer Skizze Folgendes (◘ Abb. 4.2): Laut §18 StVO hat der Verkehr auf der durchgehenden Fahrbahn der Autobahn die Vorfahrt.[2] Demzufolge gilt: Wer auf dem Beschleunigungsstreifen fährt und nicht gefahrlos überwechseln kann, muss eben warten. Von einem Verbot, dort zu warten, kann also keine Rede sein.

Vera ist darüber erstaunt. Schnell kommt ihr nächster hinderlicher Einwand: »Und wie komme ich von da wieder weg?« Das ist ein Problem, aber bestimmt kein schwerwiegendes. Die Hauptsache, es passiert kein Unfall..

> Angstgedanken quälen und blockieren Sie. Informieren Sie sich, ob sie überhaupt richtig sind.

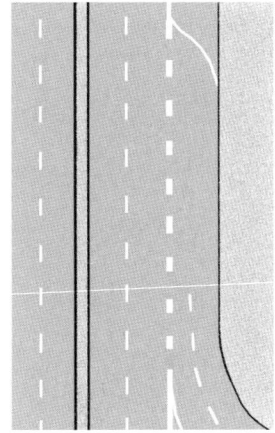

◘ **Abb. 4.2.** Skizze Autobahneinfahrt

4.1.2 Erste Übungen im Stadtverkehr: Vorgehensweise

Wir beginnen nicht auf der Autobahn, sondern eine Stufe davor Ich schlage Vera vor, zu Anfang nicht auf die Autobahn zu fahren, sondern im Stadtverkehr zu üben, so wird ihr der Druck genommen. Außerdem ist es wichtig, mit ihr zusammen zu schauen, ob sie den Fahrstreifenwechsel auf großen innerstädtischen Durchgangsstraßen gut beherrscht, weil dies eine wichtige Voraussetzung für die Autobahneinfahrt ist. Wenn sie damit Schwierigkeiten gehabt hätte, hätten wir diese Übungen nachholen müssen. Vera schafft den Fahrstreifenwechsel locker. Sie kann in Ruhe beobachten, blinken, einschätzen, ob der nachfolgende Verkehr eine Lücke lässt, und dann überwechseln. Damit ist sie schon ein großes Stück weiter.

Vera möchte gerne wissen, was ich nun vorhabe. Ich bespreche mit ihr einige wichtige Möglichkeiten, weiter vorzugehen:

1. Sie hat sich durch Presselektüre, Fernsendungen und Erzählungen von Bekannten bedrückende Gedanken und Einstellungen zur Autobahn zu eigen gemacht. Diese werden wir zusammen überprüfen und wenn nötig korrigieren und überwinden. Das gleiche Vorgehen haben wir zu Beginn gemacht, als wir zusammen etwas Fahrschul-Theorie zum Thema Autobahn wiederholt haben.

2. Um ihre Angstsymptome wieder zu normalisieren, zeige ich ihr ein paar Entspannungsübungen. Diese wird sie zuerst im Stand, später auch während einer Fahrpause oder sogar während der Fahrt einsetzen. Es ist ihr klar, dass sie nicht sicher fahren kann, wenn sie während der Fahrt Herzklopfen hat, zu schnell atmet, schwitzt oder mit Armen oder Händen zittert. Wir üben zuerst in der Fahrschule. Damit ich ungefähr über ihren Zustand im Bilde bin, gibt Vera mir den

Stand ihrer Nervosität an, in Zahlenwerten von 1–10 (1 = ganz ruhig, 10 = sehr nervös, Panik).

Mit dem Angsthasen-fahrstil beginnen

3. Wir werden bei allen folgenden Fahrübungen darauf achten, dass Vera nicht allzu schnell, sondern eher vorsichtig und zurückhaltend fährt. Nur so fährt sie in Ruhe, hat den nötigen Überblick und steht hinter ihren Entscheidungen. Zu langsam geht auch nicht, das wissen wir beide, ihre Geschwindigkeit muss schon im Rahmen bleiben. Aber etwas langsamer ist in Ordnung, schließlich fährt sie in einem Fahrschulauto. Ihre Bedenken, ob dann nicht andere Fahrer ungeduldig und wütend werden, wenn wir langsamer fahren, soll sie erst einmal zurückstellen und die anderen nur beobachten.

Vermeiden vermeiden

4. Wir beginnen mit praktischen Übungen auf der Autobahn. Vera begreift, dass sie ihre Gefühle aushalten kann. Damit der Stress für sie leichter zu ertragen ist, werde ich dafür sorgen, dass die Belastung anfangs gering ist. Wir werden die Schwierigkeiten erst später steigern, wenn Vera damit einverstanden ist. Zunächst erläutere ich die möglichen Schritte anhand von Zeichnungen und Bildern. Ich möchte dazu ihre Meinung hören. Abschließend einigen wir uns auf die Reihenfolge des Vorgehens.

> **Tipp**
>
> Planen Sie am Anfang Ihre Angstbewältigung. Beginnen Sie nicht gleich damit, sich in die belastende Situation zu begeben, sondern arbeiten Sie zuerst an Ihren stressverstärkenden Gedanken und an Ihren körperlichen Symptomen. Und überprüfen Sie vorher Ihre Fahrfähigkeiten!

Genaues Beobachten

Wir überwinden schädliche Gedanken Bei einer unserer Fahrten lasse ich sie auf einer Brücke über der Autobahn einparken. Hier steigen wir aus. Unter der Brücke befindet sich eine Autobahneinfahrt (◘ Abb. 4.3). Wir schauen uns die Einfahrvorgänge an und die Reaktionen der Fahrer auf der durchgehenden Fahrbahn. Sie beobachtet schnelle und flüssige Einfahrvorgänge. Aber es gibt auch Einfahrversuche von Fahrern, die sich nur sehr zögerlich verhalten.

Doch auch diese Fahrer schaffen es: Denn die anderen Fahrer auf der durchgehenden Fahrbahn helfen ihnen, indem sie langsamer fahren oder nach links ausweichen. Keiner der Einfahrenden muss stehen bleiben, alle werden schließlich vom Fließverkehr mitgenommen. Unsere Beobachtungen widersprechen völlig Veras Horrorbildern.

Ich frage Vera, wie sie sich das erklären kann. Sie sagt selbst, dass sie die Beobachtungen erstaunlich findet. Auf die richtige Antwort kommt sie schon: Da sitzen ja Menschen drin, die sich Gedanken machen und helfen, dass nichts passiert! Die Fahrer auf der durchgehenden Fahrbahn

haben Interesse daran zu helfen. Sie handeln schon im Vorfeld vorsichtig und einladend, damit der Verkehrsfluss trotz der einfahrenden, manchmal zögerlichen Fahrer einigermaßen erhalten bleibt, und damit es nicht durch unbedachte Entscheidungen dieser Fahrer zu gefährlichen Situationen oder gar Unfällen kommt. Umgekehrt besteht gegenüber den Einfahrenden die Erwartung, nichts Merkwürdiges zu tun, sondern einigermaßen mitzuhalten und sich in den Verkehrsfluss einzufädeln.

Zusammenarbeit

Den ersten Punkt (andere Fahrer helfen, niemand hat ein Interesse an Unfällen) nimmt sie gerne an, beim anderen Punkt (Erwartungen an die Einfahrenden mitzuhalten) hat sie natürlich Bedenken. Ich bitte sie, trotzdem weiter über die Beobachtungen nachzudenken.

> **Tipp**
>
> Überprüfen sie Ihre Angstgedanken von einer ruhigen Beobachterposition aus an der Realität. Ergebnis: Die Fahrer arbeiten zusammen, damit der Verkehrsfluss erhalten bleibt und keine gefährlichen Situationen entstehen. Auch ungeschickten Fahrern wird geholfen.

4.1.3 Einfahrversuche

Vera ist nun soweit, eine Autobahnfahrt zu versuchen. Ich möchte ihre zu Anfang geschilderten Befürchtungen (Angst vor Einfahrten und vor Geschwindigkeit) möglichst auseinanderhalten, um ihre Belastung erträglich zu machen. Zuerst widmen wir uns dem Autobahntempo.

Belastung behutsam steigern

Wir verabreden nun, zuerst ein besonders leichtes Stück Autobahn zu befahren. Es ist eine 5km lange Strecke, die hinter einer Ampelkreuzung beginnt (also ohne Einfahrt über einen Beschleunigungsstreifen),

Autobahn ohne Einfahrt

nur geradeaus weitergeht, mit wechselnden Zeichen für maximale Geschwindigkeit (40, 60, 80km/h) versehen ist und genauso wie begonnen endet, nämlich an einer Ampelkreuzung. Um Störungen durch anderen Verkehr möglichst gering zu halten, legen wir die erste Fahrt auf einen Samstagmorgen. Während der Fahrt soll Vera laut ihren Nervositätszustand benennen. Auf ihren Wunsch hin kann ich als Fahrlehrer die Kontrolle übernehmen und den Wagen über Gas, Bremse und Lenkradeingriff selbst zum Ende der Autobahn dirigieren. Die Übernahme haben wir schon einige Male vorher im Stadtverkehr trainiert. Der Gedanke daran beruhigt Vera sehr.

Um das Herzklopfen zu mildern, trainieren wir langsames Atmen im 3–4s-Rhythmus: Sie atmet über die Nase ein, zuerst in den Bauch, kleine Pause, dann atmet sie länger und gründlich aus über den Mund, kleine Pause. Gegen die feuchten Hände hat Vera sich bereits leichte Schwitzhandschuhe für Autofahrer besorgt.

Unter der Höchstgeschwindigkeit bleiben

Die verschiedenen Höchstgeschwindigkeiten soll sie einigermaßen einhalten, in der Tendenz aber eher darunterbleiben. Wir einigen uns auf etwa 35, 55 und 75 km/h. Vera darf sehr vorsichtig fahren. Während sie das Tempo unter der Höchstgeschwindigkeit hält, soll sie die Reaktion der anderen Fahrer beobachten.

Skalenwerte der Symptome beachten

Diese Abmachungen, vor allem die letzte, leuchten ihr ein. Wir beginnen die Fahrt mit Skalenwert 5. Tatsächlich verläuft der Stresspegel dann doch noch einigermaßen ruhig. Leichtes Schwitzen und ein bisschen schnellerer Atem, mehr Symptome zeigen sich nicht: Skalenwert 2–3. Wir bleiben, wie abgesprochen, immer etwas unter der Höchstgeschwindigkeit. Bei den nachfolgenden Fahrten üben wir dann das Hochdrehen des Motors und geringe Lenkbewegungen; schließlich gelingt ihr gar ein Fahrstreifenwechsel. Voilà – keine Anzeichen, zu schleudern. Eingreifen muss ich gar nicht, aber dass ich es könnte, erleichtert Vera die Fahrt. Über diese ermutigenden Erlebnisse ist sie sehr zufrieden.

Und die anderen Fahrer? Sie beobachtet, dass diese überholen und vorbeiflitzen, niemand meckert oder drängelt. Sie kann in Ruhe etwas langsamer fahren. Ihr Einwand: »Wir haben ja auch ein Fahrschulschild.« Das stimmt; ich kündige ihr allerdings an, dass wir später auch ohne Schild fahren werden. Am Ende zieht Vera das Fazit:

1. Die Autobahnangst ist zwar aufgeflackert, blieb aber dennoch im Rahmen.
   Wenn jemand Angst hat vor der Autobahn und fährt wieder Autobahn, dann steigt die Angst zu Beginn. Je länger er bzw. sie aber weiter fährt, umso mehr sinkt die Angst und wird schließlich ganz erträglich.
2. Wir können in Ruhe unseren vorsichtigen Angsthasenfahrstil pflegen und dabei die richtigen Entscheidungen treffen. Vorausgesetzt, wir fahren rechts. Die anderen Fahrer überholen uns einfach.

Für Vera ist es stressverschärfend, daran zu denken, auf einer normalen Autobahneinfahrt einzufahren, deren Beschleunigungsstreifen sehr bald am Seitenstreifen endet. Ich biete ihr nun an, den Stress zu mildern und die Autobahn über einen besonderen Fahrstreifen anzufahren, nämlich einen kombinierten Beschleunigungs- und Verzögerungsstreifen (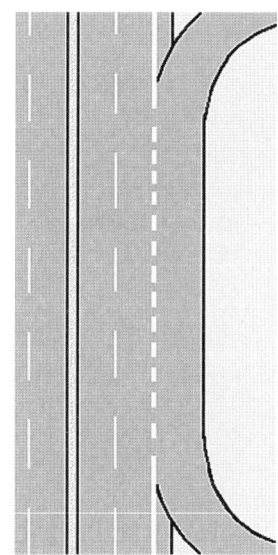 Abb. 4.4).

Diese Streifen gibt es im Großstadtverkehr, um Platz zu sparen. Für Vera bietet der kombinierte Fahrstreifen den Vorteil, dass sie vorher schon weiß, dass sie die Verkehrsvorgänge hinter und links neben ihr beobachten kann, aber nicht in die durchgehende Fahrbahn der Autobahn einfahren muss. Sie kann genauso gut auf dem Fahrstreifen rechts bleiben und via Verzögerungsstreifen die Autobahn wieder verlassen. Damit ist sie bei ihren ersten Versuchen etwas entlastet, sie braucht nur zu beobachten.

Auf einer Skizze erkläre ich ihr eingehend ihre Möglichkeiten und die rechtlichen Voraussetzungen.[3] Vorerst soll sie auf dem rechten Streifen bleiben, nicht links blinken, nur über die Spiegel beobachten, rechts blinken und wieder abfahren. Beim Beobachten wäre es gut, sich und mir laut zu schildern, wie sie die Lage sieht. Das laute Sprechen und Kommentieren ist günstig für den Atemfluss und lenkt die Aufmerksamkeit auf unsere konkreten Aufgaben.

Bei diesen reinen Beobachtungsfahrten stellt sich heraus, dass sie die Lage besonders günstig sieht, wenn ein hinter ihr auf der Hauptfahrbahn fahrender Pkw-Fahrer rechts blinkt und etwas verzögert, um nach rechts herauszufahren. Wir besprechen, dass sie beim nächsten Mal bei dieser Lage zwar links blinken, aber nicht einfahren, sondern nach wie vor nur beobachten, rechts bleiben und abfahren soll. Schließlich kommt der Moment, in dem sie selbst sagt: »Der blinkt rechts, jetzt könnte ich einfahren! Aber ich kann nicht!« Vera ist vorsichtig und wechselt nicht die Spur, Es ist gut, dass sie nicht gegen ihren Impuls gehandelt hat.

Nach den Fahrten bleiben wir oft in einer Parklücke stehen, um Entspannungstechniken einzuüben. Vera wiederholt die Atemübungen, trocknet sich ab, trinkt etwas. Darüber hinaus üben wir Progressive Muskelentspannung. Diese setzt sie auch in einer Fahrpause ein. Dabei spannt sie z. B. die krampfenden Armmuskeln am Lenkrad kräftig an, vielleicht 4–5 s lang und lässt danach schlagartig locker. Das löst die Muskeln wieder. Ich bitte sie, gerade bei den Einfahrten auf das ruhige Atmen zu achten.

Kombinierter Beschleunigungs- und Verzögerungsstreifen

Entspannung

Der Verstand sagt »ja«, die Angst »nein«

> **Tipp**
>
> Steigern Sie den Schwierigkeitsgrad nur ganz allmählich. Machen Sie zwischendurch immer wieder Entspannungsübungen. Unter Umständen kann es passieren, dass Sie an einer bestimmten Belastungsstufe feststecken und nicht weiterkommen. Dann helfen Geduld und intensives Üben; zwischendurch sollten Sie sich eine andere Übung im Verkehr vornehmen.

Abb. 4.4. Skizze kombinierter Einfahr- und Verzögerungsstreifen

4.1.4 Zauberworte helfen über die Klippe

Positive Gedanken

Ich erinnere Vera nun an unsere Brückenbeobachtungen, wonach die Fahrer auf der Hauptfahrbahn durchaus gewillt sind zu helfen. Und ich bitte sie, in solchen eindeutigen Fällen, wo ihrer Ansicht nach ein Überwechseln möglich ist, ein stützendes und motivierendes »Zauberwort« zu sagen: z. B. »Der fährt langsam, will mir helfen, der lässt mich!« Oder: »Der blinkt rechts, ich bin geschützt. Ich schaffe es, jetzt kann ich wechseln!« Mit den Zaubersätzen kommentiert sie die Lage günstig, schiebt die blockierenden Gedanken in den Hintergrund und betont ihre Kompetenz.

Doch so schnell klappt es nicht. Immer wieder üben wir an diesem Punkt. Ich biete ihr an, zwischendurch etwas anderes zu probieren, doch Vera will nicht und macht verbissen weiter. Wir hätten schon häufiger in die Hauptfahrbahn überwechseln können, die anderen Kraftfahrer überschlagen sich geradezu vor Hilfsbereitschaft. Doch sie traut sich nicht, bis sie sich dann doch nach einem Zauberwort und einer besonders günstigen Gelegenheit ein Herz fasst und etwas schlingernd in die Hauptfahrbahn hinüberfährt (◼ Abb. 4.5).

Wir wiederholen die Sache gleich noch mal, und ab da fällt es Vera leicht, der Knoten ist geplatzt. Danach fährt sie auf und von der Autobahn an allen möglichen, auch schwierigen, Stellen.

Der Erfolg an der Autobahneinfahrt stellt sich schließlich ein durch eine Kombination von Entspannung, intensivem Üben, dem intensiven Gebrauch der Zauberworte und dem Nutzen einer günstigen Gelegenheit.

Wir machen nun eine kleine Ausbildungspause. Vera fährt mit ihrem Mann in Kurzurlaub. Es ist inzwischen ziemlich sicher, dass ihre Bankfiliale geschlossen wird. Ich lobe sie für ihre Haltung, sich nicht von der drohenden Arbeitslosigkeit unterkriegen zu lassen und in Zukunft mehr Verantwortung für ihren gehbehinderten Mann zu übernehmen.

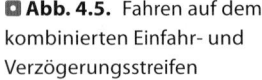

◼ **Abb. 4.5.** Fahren auf dem kombinierten Einfahr- und Verzögerungsstreifen

4.1.5 Kampf gegen Hektik und Angst

Vera ist zurück. Sie hat sich inzwischen nach anderen Arbeitsstellen um-
geschaut. Mögliche Arbeitsstellen könnte sie mit U- und S-Bahn oder
mit dem Auto erreichen, eventuell auch über die innerstädtische Autobahn, den Stadtring. Das wäre kein Muss, aber eine Möglichkeit. Damit
ist der Druck weggefallen, sie kann ihre Autobahnangst in Ruhe bewältigen.

Wir machen mit unseren Einfahrübungen in die Autobahn weiter.
Mir fällt dabei auf, dass Vera den Beschleunigungsstreifen in seiner
ganzen Länge gar nicht ausnützt, sondern schon nach dem ersten Drittel
mit einiger Hast nach links fährt. Sie schaut dabei extrem nach links
hinten, der ruhige Überblick über die Spiegel und die Sicht nach vorne
fehlt. Auf meine Frage, warum sie das tut, entgegnet Vera: »Ich will's
möglichst schnell hinter mich bringen.« Hier sind also immer noch blo-
ckierende Gedanken im Spiel, die zu gefährlicher Hektik führen können.
Ruhe und Zeitgewinn wären aber gerade hier nötig, um besser zu beobachten und mögliche Handlungsalternativen zu überlegen.

Angst führt zu Hektik

An einer großen, dichtbefahrenen Straße parkend, üben wir das Beobachten und den Blick rundum: Nach vorne, über die Spiegel und zur
Seite, in den toten Winkel. Ich lege Vera nahe, in Ruhe zu beobachten
und den Beschleunigungsstreifen auszunutzen, auch wenn die Hauptfahrbahn neben uns leer ist (❏ Abb. 4.6).

Bewusst ruhig fahren

Vera kann zur Not sogar ein paar Meter Seitenstreifen zu benutzen,
um weiteren Spielraum zu haben, wenn es mal ganz eng zugeht. Und nun
geht es los – Vera fährt weit vor. Auch wenn nachfolgende Fahrer noch
so sehr »betteln«, wir möchten doch endlich vor ihnen in die Hauptfahrbahn einfahren – sie tut es vorläufig nicht, sondern zwingt sich zur Ruhe,
übt das Beobachten und fährt vor bis zum Seitenstreifen. Sie merkt selbst,
dass sie sich dabei angenehmer fühlt und mehr Sicherheit gewinnt.

❏ **Abb. 4.6.** Beschleunigen bis zum Seitenstreifen

> ⓘ **Die SchaffenWir-Methode besagt: Wir können lernen, überall vorsichtig, ruhig und besonnen zu bleiben, den Überblick zu behalten und gelassen zu fahren – selbst auf dem Beschleunigungsstreifen der Autobahn.**

Test auf Selbstständigkeit

Diese Übungen absolviert sie mit Feuereifer. Zu den letzten beiden Fahrstunden kommt sie mit dem eigenen Wagen, ich bin nur noch Beifahrer. Dann möchte ich mich bei den Übungen mit ihrem Wagen auf die Rückbank setzen. Für mich ist das ein ganz wichtiger Test: Ist sie jetzt selbstständig und ruhig genug, die Autobahnfahrten ohne Hilfe durchzustehen? Vera meistert auch diese Fahrt.

4.1.6 Nach dem Intensivkurs frei von Autobahnangst

Hausaufgaben

Vera verspricht mir zum Schluss, die neu gewonnenen Fähigkeiten auch im Alltag einzusetzen. Ich schlage ihr folgende Hausaufgaben vor: Sie fährt Sonntag in der Frühe los, wenn die meisten Berliner noch gemütlich beim Frühstück sitzen, und wiederholt eine oder zwei der Autobahnstrecken, die wir schon zusammen geübt haben. Sie fährt diese erste Strecke vorläufig allein, ohne ihren Mann.

Vera ist bis zum Erreichen ihres Ziels, ohne Autobahnangst zu fahren, zwei Wochen lang jeden Tag in der Fahrschule gefahren. Dazu kam noch gelegentliches Mitfahren bei anderen Fahrschülern und Gespräche mit mir. Jetzt strahlt sie und fährt glücklich davon – sie ist keine Angsthäsin mehr (◻ Abb. 4.7).

◻ **Abb. 4.7.** Angsthäsin am Schluss der Angstbewältigung auf der Autobahn

Wir haben gemeinsam folgende Verfahren mit erfolgreich ausprobiert, um Veras Autobahnangst zu überwinden:

1. Zuerst ging es um Veras innere Katastrophenbilder (»Die anderen Fahrer sind Monster, sie zerquetschen mich beim Einfahren …«). Wir haben diese zuerst besprochen, dann an der Realität überprüft und sie schließlich zurechtgerückt. Vera kann jetzt wahrnehmen, dass auch die Fahrer auf der Autobahn normale, freundliche Menschen sind, sogar durchaus gewillt, zu helfen. Die Hilfe ist natürlich nicht ganz uneigennützig: Sie wollen die Einfahrenden hereinlassen, damit es nicht zu Staus, Durcheinander oder gar zu einem Unfall kommt.

   Gedankenfalle überwinden

2. Während der Fahrstunden haben wir Entspannungsübungen gegen Veras Nervosität gemacht: Atemtechnik des ruhigen Bauchatmens, Progressive Muskelentspannung, abtrocknen, etwas trinken. Eine wichtige Übung war lautes Sprechen und Kommentieren bei der Einfahrsituation, um ihr zu helfen, bei der Sache zu bleiben.

   Entspannungsübungen

3. Bei den ersten Autobahnversuchen sind wir bewusst unter dem Höchsttempo geblieben. Vera sollte erleben, dass sich eher vorsichtiges, gemächliches Fahren im Angsthasenfahrstil wohltätig auf ihre innere Ruhe und ihr Denkvermögen auswirkt und damit ihre Sicherheit befördert. Bei den praktischen Übungen auf den Einfahrten haben wir trainiert, die Hektik zurückzudrängen, um so zur Ruhe zu kommen und vorsichtig fahren zu können. Dies gelang durch absichtliches Ausfahren des Beschleunigungsstreifens bis zum Seitenstreifen. Schon durch das bisschen Zeit- und Raumgewinn hat das Gehirn mehr Möglichkeit, zu überlegen und die richtige Entscheidung zu treffen. So fahren wir letztlich sicher und gelassen.

   Angsthasenfahrstil pflegen, Stress mindern

4. Vera hat bei den zahlreichen Versuchen auf der Autobahneinfahrt erlebt, dass ihre Angst gar nicht so schlimm, sondern auszuhalten war. In der entscheidenden Phase haben wir uns sehr viel Zeit genommen. Trotz all der Methoden, die ich mit Vera zusammen eingesetzt habe, war es Veras Hauptleistung, zäh bei der Sache zu bleiben und sich, trotz der aufflackernden Angst, auf ihre Zauberworte zu besinnen und sich bei einer günstigen Gelegenheit schließlich ein Herz zu fassen und in die Autobahn einzufahren.

   Gefühle wahrnehmen und aushalten

Vera gab an, die nützlichsten Maßnahmen waren für sie die zahlreichen Gespräche über die Autobahnangst und die Beobachtungen von der Autobahnbrücke. Ganz wichtig waren die Übungen im Angsthasenfahrstil und die Zauberworte an der kombinierten Ein- und Ausfahrt, die letztlich den Erfolg brachten.

4.2 Was Sie selbst tun können, wenn Sie an Autobahnangst leiden

Wenn Sie an Autobahnangst leiden, empfehlen wir Ihnen, sich zumindest zu Anfang einer Fahrschule anzuvertrauen, in der die Fahrlehrer freundlich und gewillt sind, Ihre Ängste ernst zu nehmen. Bitte starten Sie nicht gleich zu Anfang eigene, übereilte Versuche auf der Autobahn, die Gefahr wäre bei fehlerhaftem Verhalten zu groß. Gehen Sie lieber in Gedanken noch einmal die SchaffenWir-Methode mit ihren 7 Schritten durch. Bei den folgenden Tipps gehen wir davon aus, dass Sie den Führerschein besitzen und – abgesehen von Ihrer Autobahnangst – einigermaßen fit im Verkehr sind.

4.2.1 Selbsthilfetipps bei Autobahnangst

Quälende Gedanken notieren

1. Versuchen Sie, Ihren quälenden Gedanken auf die Schliche zu kommen, schreiben Sie sie auf. Z. B.: »Ich glaube, wenn ich in die Autobahn einfahren will, machen mir die anderen keinen Platz. Dann muss ich plötzlich stehen bleiben, oder es gibt einen furchtbaren Unfall.« Oder: »Auf der Autobahn wird gerast, da herrscht Krieg. Da passieren schlimme Unfälle. Wenn ich so schnell fahre wie die anderen, schleudert mein Auto, dann gibt es einen Unfall.« Führen Sie vielleicht zwei oder drei Wochen in der Art Tagebuch. Auch wenn in der Zeitung mal über einen Unfall auf der Autobahn berichtet wird und Ihnen schlimme Gedanken durch den Kopf gehen – schreiben Sie sie auf.

Vergleich mit der Realität

2. Stellen Sie sich nun auf eine Brücke über einer Autobahneinfahrt und beobachten den Verkehr. Sie werden erstaunt sein, wie gut sich die beiden Verkehrsströme, der auf der Hauptfahrbahn und der auf der Einfahrt, zusammenfinden. Sogar langsame und ausgesprochen ängstliche Fahrer werden mitgenommen. Solche Beobachtungen widersprechen Ihren negativen Gedanken.

Alternativen überlegen

3. Überlegen Sie, was Sie tun können, wenn Sie wirklich niemand einfahren lässt: Stehenbleiben, ein paar Meter auf dem Seitenstreifen weiterfahren. Sie haben Alternativen, Sie müssen nicht in eine für Sie unüberschaubare Situation hineinfahren.

Im Stadtverkehr üben

4. Üben Sie im dichten Stadtverkehr den Fahrstreifenwechsel. Dazu gehört auch der ruhige Blick nach vorne, nach hinten über die Spiegel und zur Seite. Das ist eine wesentliche Voraussetzung, um sich auf der Autobahneinfahrt in Ruhe und mit Übersicht in den Verkehr der Hauptfahrbahn einfädeln zu können. Wenn Sie sich dazu nicht in der Lage fühlen, dann üben Sie das Fahren und Beobachten im Stadtverkehr mithilfe einer guten Fahrschule.

Entspannungstechniken

5. Trainieren Sie schon vorher einige Entspannungstechniken, um die körperlichen Symptome Ihrer Ängste zu mildern: ruhiges Atmen,

lautes Sprechen während der Fahrt, Progressive Muskelentspannung.

6. Die ersten Fahrten auf der Autobahn sollten Sie, wie gesagt, nicht allein wagen, sondern nur mithilfe einer geeigneten Fahrschule.

7. Wenn Sie sich dann sicherer fühlen, spricht einiges dafür, die Übungen allein oder im Beisein einer verständigen Freundin fortzusetzen. Allerdings sollten Sie sich mental auf diese Situation vorbereiten: Stellen Sie sich vor, Sie fahren auf dem Beschleunigungsstreifen, lassen es ruhig angehen, überblicken die Situation, andere helfen Ihnen, Sie finden eine schöne Lücke, blinken. Dann ziehen Sie gemächlich nach links. Suchen Sie sich für Ihre ersten Übungen allein eine ruhige Autobahn und eine verkehrsarme Zeit aus, z. B. Sonntag, Autobahnstrecke auf dem Land.

Zu Beginn Profihilfe nutzen

Mentale Übungen und Alleinfahren

4.2.2 Ratschläge und Tipps bei Autobahnangst. Fragen und Antworten

Frage: Ich stelle mir vor, dass ich in die Autobahn einfahren will, dort viele Lkw dicht hintereinander herfahren. Der Gedanke macht mir Albträume!
Antwort: Es kann tatsächlich eine solche Situation geben. Sie haben es zwar nicht gesagt, aber ich nehme an, Sie glauben, Sie werden von den Lkw zerquetscht. Aber denken Sie mal rational. Sie können auf dem Beschleunigungsstreifen anhalten und warten, bis die Lkw weg sind. Ich weiß, es ist mühsam, anschließend in die Autobahn hinein zu kommen, aber es geht. Oder fahren Sie neben den Lkw her, notfalls bis in den Seitenstreifen hinein, und bitten Sie einen der Fahrer durch Blinken, Ihnen Platz zu machen. Die Fahrer sind freundlich, zumindest wollen Sie keine Unfälle, sondern sie werden Ihnen helfen. Wenn Sie in dieser Situation das Gefühl haben, unter Hochspannung zu stehen, sollten Sie sich dabei von einem Fahrlehrer begleiten lassen.

Frage: Ich habe Angst davor, auf dem Beschleunigungsstreifen stehenzubleiben. Was soll ich in diesem Falle tun?
Antwort: Wenn Ihnen die Situation auf der Autobahn zu gefährlich erscheint, dann bleiben Sie ruhig stehen. Atmen Sie ruhig und gleichmäßig über den Bauch. Trocknen Sie sich ab, falls Sie schwitzen. Erzwingen Sie nichts, lassen Sie sich Zeit. Nur wenn Sie eine große Lücke sehen, fahren Sie los, jedoch nicht gleich Richtung Hauptfahrbahn, sondern beschleunigen zuerst auf dem Seitenstreifen. Die anderen Fahrer werden Ihre kleine Notlage sofort bemerken und Ihnen beim Überwechseln helfen.

Frage: Ein Bekannter hat mir erzählt, dass er an einer Autobahneinfahrt mit Baustelle ein Stopp-Zeichen gesehen hat. Es gab nicht einmal einen Beschleunigungsstreifen. Da kommt doch keiner mehr weg, das ist hoffnungslos.

Antwort: Es gibt keine hoffnungslosen Situationen. Irgendwo besteht immer ein Ausweg. Wenn es in diesem Fall eine Baustelle gab und ein Stopp-Zeichen zum Halten aufforderte, dann wird auch das Tempo auf der Hauptfahrbahn deutlich eingeschränkt sein, z. B. max. 60 oder 40 km/h. So haben Sie doch wieder die Chance, eine Lücke auszunützen.

Frage: Wenn ich auf der Autobahn fahre, dann würde ich den Fahrern an den Einfahrten gern helfen. Soll ich dabei nach links ausweichen?

Antwort: Es ist schön, dass Sie helfen wollen, weil dadurch das Klima zwischen den Verkehrsteilnehmern freundlicher wird. Das Ausweichen nach links kann allerdings gefährlich sein. Als einfache und ungefährliche Form der Hilfe bietet es sich an, kurz in den Spiegel zu schauen und die Geschwindigkeit zu drosseln.

Frage: Ich habe Angst, dass mir auf der Autobahn bei voller Fahrt ein Reifen platzt. Da kann doch ein grässlicher Unfall passieren!

Antwort: Ich weiß nicht, woran Sie denken, vielleicht an Schleudern oder Überschlagen. Beides wäre gefährlich, aber es muss gar nicht so schlimm kommen. Wichtig ist, dass sie überlegt und ruhig reagieren. Wenn der Reifen langsam Luftdruck verliert, dann merken Sie am Hoppeln oder an heftigen Vibrationen, dass etwas nicht stimmt. Wenn der Reifen plötzlich platzt, vielleicht am Laufstreifen oder an der Flanke, dann werden Sie durch den Knall erschrecken. In jedem Fall ist es wichtig, nicht zu bremsen, sondern das Lenkrad mit beiden Händen festzuhalten, die Kupplung zu drücken, das Warnblinklicht einzuschalten und den Wagen langsam in Richtung Seitenstreifen ausrollen zu lassen. Bereiten Sie sich auf diese Situationen mental zu Hause vor, dann werden Sie bei Gefahr ruhiger handeln. Die richtige Reaktion in gefährlichen Situationen können Sie üben, wenn Sie bei einem Sicherheitstraining eines Automobilverbandes mitmachen.

4.2.3 Aufgaben

In der Prüfung bitte nicht auf die Autobahn!

Eine ältere Fahrschülerin ist schon zweimal in der Prüfung durchgefallen, jedes Mal, weil sie Fehler auf der Autobahn gemacht hat. Sie hat Angst vor der Autobahn und sucht nach einem Ausweg, ihre Angst zu überwinden. Schließlich findet Sie einen Fahrlehrer, der ihr verspricht, er könne ihr helfen. Er versichert ihr, dass von seiner Fahrschule aus kein Prüfer auf die Autobahn fahre, denn das sei zu weit. Bei der Prüfung fährt der Prüfer aber ausgerechnet doch auf die Autobahn. Die Kandidatin ist so nervös, dass sie prompt einen schweren Fehler macht und viel zu dicht auf einen Lkw auffährt. Ihr Fahrlehrer muss bremsen, um die gefährliche Situation zu entschärfen.

Fragen
1. Was hat der Fahrlehrer falsch gemacht?
2. Was hätte die Fahrschülerin richtigerweise tun sollen?
3. Wie geht es jetzt weiter?

Beinahe ins Stauende gerast

Fredi hat als Fahrschüler vor der Autobahn immer Angst gehabt. In der Prüfung lässt ihn der Prüfer auf die Autobahn fahren. Fredi hat es mit Mühe geschafft, einzufahren. Er ist gleichzeitig erleichtert und verspannt und grübelt: »Was mag jetzt wohl Schlimmes kommen?« Danach fahren sie im Tunnel, vor ihnen leuchten Warnblinklichter rhythmisch – Staugefahr! Jetzt müsste er bremsen und selbst das Warnblinklicht einschalten. Er tut jedoch gar nichts, ist starr vor Angst und fährt weiter mit 80km/h auf das Stauende zu. Sowohl Fahrlehrer als auch Prüfer werden unruhig. Als nichts geschieht, bremst schließlich der Fahrlehrer selbst und klärt dadurch die Situation.

Fragen
1. Wie hätte Fredi die Situation retten und sich von seiner Panik befreien können?
2. Was sollte er nach der misslungenen Prüfung üben?

Die Lösungen finden Sie im Anhang.

Anmerkungen

1. Auf der Autobahn fährt etwa ein Drittel des gesamten Straßenverkehrs, dort geschehen aber nur 6,9% der gesamten Unfälle. S.: ADAC Motorwelt (2008). Ausgabe 05, S. 18.
2. »… (3) Der Verkehr auf der durchgehenden Fahrbahn hat die Vorfahrt.« §18 StVO Autobahnen und Kraftfahrstraßen, Abs. 3.
3. Rechtliche Hinweise bei einer Autobahnsituation mit kombiniertem Beschleunigungs- und Verzögerungsstreifen. Vier verschiedene Fälle sind denkbar:
    1. Fahrer Hauptfahrbahn (= Fahrer 1) und Fahrer Beschleunigungs- und Verzögerungsstreifen (= Fahrer 2) fahren parallel nebeneinander her, keiner wechselt: Harmloser Fall, kein Vorrangfall. So verhielt es sich bei Veras ersten Versuchen.
    2. Fahrer 2 möchte in die Hauptfahrbahn einfahren: Er muss die Vorfahrt von Fahrer 1 auf der durchgehenden Fahrbahn der Autobahn beachten. Das Einfahren war Veras erklärtes Ziel.
    3. Fahrer 1 möchte die Autobahn verlassen: Er verhält sich wie ein Rechtsabbieger, darf Fahrer 2 nicht gefährden.
    4. Fahrer 1 möchte die Autobahn verlassen, Fahrer 2 möchte einfahren: Beide müssen sich verständigen. In der Praxis ist es so, dass die beiden nicht gerade genau nebeneinander herfahren, sondern sich voneinander entfernen, bevor sie jeweils wechseln. Das war Veras günstige Gelegenheit (Fahrer 1 war hinter ihr, wollte die Autobahn verlassen, Vera war vor ihm, wollte einfahren).
    Schurig, R. (2006). *Kommentar zur Straßenverkehrs-Ordnung.* Bonn: Kirschbaum. S. 222.
    Bermerkung: Beschleunigungs- bzw. Verzögerungsstreifen heißen nach der neuesten Fassung der StVO vom 13.08.2009 »Einfädelungsstreifen« bzw. »Ausfädelungsstreifen« (§7a StVO).

5 Theorieprüfung: Klaren Kopf behalten, locker bleiben

»Alle meine Gedanken waren weg.«

SchaffenWir-Methode:

1. **Ängste akzeptieren**
2. **Körperliche Symptome benennen**
3. **Gedankenfalle überwinden**
4. Autofahren auffrischen
5. Angsthasenfahrstil pflegen
6. **Vermeiden vermeiden**
7. Selbstständig fahren

In diesem Kapitel sind die Schritte 1–3 und 6 entscheidend. Sehr wichtig ist der 3. Punkt, körperliche Symptome zu benennen., denn infolge seiner Ängste konnte der Fahrschüler, um den es hier geht, nicht mehr klar denken. Das musste sich ändern, um die Theorieprüfung bestehen zu können.

> Angst vor dem Fahren oder Angst vor der praktischen Prüfung ist ein typisches Problem vieler Fahrschüler. Aber es gibt auch Schüler, die sich vor der Theorieprüfung fürchten. Es geht dabei nicht so sehr um die Aneignung des Wissens, sondern um Lernschwierigkeiten und Nervosität in der Prüfung. In unserem Fallbeispiel erfahren Sie, wie Klaus seine Probleme gelöst hat. Weil vor der Theorieprüfung sowieso eigene Anstrengungen und Selbsthilfe gefragt sind, erhalten Sie ausführliche Tipps, was Sie tun können, um die Angst vor der Theorieprüfung zu bewältigen

5.1   Hinweise aus der Praxis

5.1.1 Was Männer lieben

Männer lieben Autos, Autofahren ist eine Domäne der Männer. Kaum denkbar, dass ein Mann Angst vor dem Autofahren hätte. In unserer Fahrschule waren häufige Fahrschüler, die mehr schlecht als recht Auto fuhren, aber im Brustton der Überzeugung von sich behaupteten: »Ich bin der beste Autofahrer Berlins!«

In diesem Spruch steckt eine unglaubliche Selbstsicherheit, von Zweifeln ist da keine Spur. Umgekehrt sind unsere Angsthasenseminare bevölkert von unsicheren, an sich selbst zweifelnden Frauen mit Fahrängsten. Wenn ich mit einem Fahrschüler unterwegs bin und ein Autofahrer hupt, dann weckt das vielleicht seinen Kampfgeist: »Was soll das?« Eine Angsthäsin würde beim Hupen zusammenzucken und sich automatisch fragen: »Was habe ich falsch gemacht?«

Dieses unterschiedliche Erleben desselben Vorgangs ist so frappierend, dass das Experiment naheliegt, Angsthäsin und Fahrschüler im Fahrschulauto zu kombinieren. Würden sie voneinander das jeweils Bessere lernen? Die Angsthäsin das naive, unbekümmerte Selbstbewusstsein, der Fahrschüler das Grübeln und das verantwortliche Denken?

Es gibt aber einen Bereich, in dem die Männer unserer Erfahrung nach schwächer sind und ihr Selbstbewusstsein nicht so stark herausstellen. Dort sind wiederum die meisten Frauen und auch die Angsthäsinnen fröhlich und selbstbewusst: Es ist das Theorielernen und die Theorieprüfung.[1]

Klaus lernt sehr gründlich und besteht trotzdem nicht

Klaus, 55 Jahre, verheiratet und schon Opa, von Beruf Gärtner, leider arbeitslos, kommt über eine Beschäftigungsgesellschaft zu uns. Er soll den Führer-

▼

schein neu erwerben, den er schon mal gehabt hatte. Für eine neue Stelle benötigt er den Führerschein.

Klaus fuhr vor einigen Jahren betrunken Auto und erhielt zwei Mal bei der MPU (= medizinisch-psychologische

Untersuchung) ein negatives Ergebnis. Mit unserer Hilfe arbeitet er seine Vergangenheit selbstkritisch auf, bereitet sich ordentlich auf die MPU vor und bekommt nun eine Empfehlung. Von der Behörde erhält er danach die Aufforderung, eine theoretische und praktische Prüfung abzulegen. Die erste Fahrstunde verläuft positiv, der Mann kann fahren.

Wir verabreden nun, weitere Fahrstunden zurückzustellen. Klaus muss sich erst einmal ausschließlich auf die Theorieprüfung konzentrieren. Diese Aufgabe geht er sehr, sehr gründlich an. Unaufgefordert besucht er den Theorieunterricht (was die Behörde eigentlich gar nicht verlangt hat). Dann deckt er sich mit Lernmaterialien ein: Lehrbuch, Fragebögen, CDs verschiedener Verlage. Wie wir von ihm hören, lernt er jeden Tag, eine Stunde oder gar zwei

Stunden. Schließlich legt er die ersten Vortests ab. Hier hätte man vielleicht stutzig werden können, denn die Ergebnisse streuen wild. Zwischen 3 und 25 Fehlerpunkten ist alles dabei. Klaus geht zur Prüfung, nachdem er beim letzten Vortest wenige Fehler gemacht hat. Aufgrund von 11 Fehlerpunkten fällt er bei der Theorieprüfung durch.

Nach der misslungenen Prüfung bitte ich ihn, das nächste Mal eine Serie von wirklich guten Vortests abzuwarten, bevor er wieder zur Prüfung geht. Diesen Rat ignoriert er und fällt auch bei der nächsten Prüfung mit 14 Fehlerpunkten durch.

Nach diesen Erfahrungen legt er mehrere Vortests mit gutem Ergebnis ab. Bei einer erneuten Prüfung fällt er wieder durch. Offensichtlich stimmt da etwas nicht.

Tipp

Wenn Sie mehrere Theorieprüfungen trotz guter Vortests nicht bestehen, liegen die Ursachen nicht nur am Lernen.

5.1.2 Schwarze Prüfungsgedanken

Im Gespräch berichtet Klaus Folgendes: Schon auf dem Weg zur Prüfstelle habe er ein mulmiges Gefühl. Die Atmosphäre im Theorieraum wirke bedrückend auf ihn. Als der Prüfer ihm den Fragebogen aushändigte[2], starrte er nur blind darauf. Er sei nervös und innerlich sehr unruhig gewesen, das Herz klopfte stark, die Hände zitterten, und er habe keinen klaren Gedanken fassen können

Schließlich habe er Antworten angekreuzt, die ihm hinterher völlig unlogisch und blödsinnig erschienen. Z. B. auf die Frage »*Mit welchem Verhalten von Kindern müssen Sie am Zebrastreifen rechnen?*«, habe er die folgende Antwort angekreuzt: »*Sie schätzen Geschwindigkeit und Entfernung herannahender Fahrzeuge immer richtig ein und warten am Fahrbahnrand*«. Nicht einmal 10 Minuten habe Klaus für das Ausfüllen des Testbogens gebraucht: «Ich habe die Sache kurzerhand beendet, ich wollte nur raus!«

Ich verstehe seine Aufregung immer noch nicht: »Du hast doch bis jetzt alle Hürden zum Führerschein geschafft. Auch die praktische Prüfung bestehst Du.« Klaus' Antwort offenbart seine negativen Gedanken: »Genau das ist ja das Schlimme. Alles kann ich schaffen. Aber die Theorieprüfung ragt wie ein riesiger Berg vor mir auf. Ich fürchte, ich werde sie nicht bestehen. Dann ist auch die Aussicht, endlich einen Job als Fahrer bei einer Behörde zu bekommen, dahin. Meine ganze Lebensplanung ist damit infrage gestellt. Ich werde wohl für immer arbeitslos bleiben!«

Warum Klaus gerade die Theorieprüfung und nicht die praktische Prüfung als so schlimm empfindet, erklärt er folgendermaßen: »Ich habe mein Leben lang praktisch gearbeitet. Schrift, Zeichnungen oder schriftliche Anweisungen erfordern logisches, abstraktes Denken. Das liegt mir nicht. Wenn ich ein Möbelstück aufbaue, dann lege ich Zeichnungen oder Gebrauchsanweisungen beiseite und schaffe das so, mit meinem Sinn für das Praktische Das heißt nicht, dass ich nicht richtig lesen und schreiben kann. Aber ich kann nach der Arbeit einfach nicht soweit abschalten, um mal ein Buch in die Hand zu nehmen. Dann gehe ich lieber angeln, da finde ich Entspannung. Wenn ich mal etwas lese, dann vielleicht die Anglerzeitung.«

5.1.3 Lernschwierigkeiten und Prüfungsangst: Lösungsweg

Nach dieser Bestandsaufnahme setzen wir uns häufiger zusammen, um über die Ursachen seiner Schwierigkeiten mit der Theorieprüfung zu sprechen. Wir kommen zum Ergebnis, dass es wahrscheinlich zwei Punkte gibt, bei denen wir ansetzen können: Einmal das von ihm genannte Unbehagen gegenüber schriftlichen, abstrakten Aussagen oder Zeichnungen. Das kann zu Lernschwierigkeiten führen, z. B. komplizierte Fragen oder Bilder von Vorfahrtsituationen zu verstehen. Darüber hinaus leidet Klaus unter Prüfungs- bzw. Theorieangst, die durch Lernschwierigkeiten ausgelöst wird und seine Angst, den Job nicht zu bekommen, begünstigt.

Ich mache ihm klar, dass er nach wie vor fleißig üben und Vortests bei uns machen soll, um eventuelle Wissenslücken abzubauen. Ich bitte ihn, sich auf jeden Fall eingehend mit den Vorfahrtbildern zu beschäftigen und dabei zu versuchen, sie in einer eigenen Zeichnung zu skizzieren. Die im Theorieraum der Fahrschule vorhandenen Magnetautos stehen ihm »zum Spielen« auf seiner Zeichnung zur Verfügung. Sollte er Schwierigkeiten mit den juristischen Begriffen in den Testbögen haben, kann er im Theorieunterricht nachfragen.

Jetzt kommt es aber vor allem darauf an, Wege zu finden, seine Prüfungsangst abzubauen. Ich skizziere ihm zu Beginn mögliche Vorgehensweisen:

1. Wir werden gemeinsam Schritte überlegen, um die Vorbereitung und den Ablauf der Theorieprüfung stressfreier zu gestalten.

2. Um seine Nervosität zu kontrollieren, nenne ich ihm verschiedene Entspannungsübungen, z. B. eine beruhigende Atemtechnik, die er in Zukunft ausprobieren kann. Prüfungssituationen sind extreme Stress-Situationen, in denen sich der Körper auf Flucht vorbereitet und das Gehirn quasi abgeschaltet ist, was in lebensgefährlichen Situationen sinnvoll sein kann. Doch in der Theorieprüfung wird das Gehirn gebraucht. Durch Entspannungsübungen können die körperlichen und geistigen Funktionen wieder normalisiert werden.

3. Wir sprechen über seine Gedanken, die die Theorieprüfung belasten. Diese werden wir zusammen in einem gesonderten Termin analysieren und relativieren.

4. In die von ihm gefürchtete Situation soll er Schritt für Schritt hineingehen und lernen, dass er die Angst aushalten und kontrollieren kann.

Definition

Die **Angst vor der Theorieprüfung** gehört zu den sozialen Ängsten. Wer Angst vor der Theorieprüfung hat, fürchtet, die geforderte Leistung nicht zu erbringen, d. h. zu viele Fehler bei der Beantwortung der Fragen zu produzieren und nicht zu bestehen. Dahinter steckt die damit verbundene Angst vor persönlicher und sozialer Abwertung. Insofern ist die Angst vor der Theorieprüfung unangemessen, übertriebene, und schädlich. Die Angst vor der Theorieprüfung tritt manchmal kombiniert mit Lernschwierigkeiten auf.

Achten Sie auf folgende Symptome oder negative Gedanken. Diese können Hinweise auf Angst vor der Theorieprüfung sein:

1. Beim Gedanken an die Theorieprüfung wird mir mulmig, ich bin nervös, zittere und bekomme Herzklopfen.
2. Obwohl ich jeden Tag lerne, habe ich nicht das Gefühl, ich würde bestehen.
3. Obwohl ich viel lerne, streuen die Ergebnisse meiner Vortests heftig.
4. Ich schaffe es überhaupt nicht, mir Zeit für die Vorbereitung zu nehmen.
5. Ich schiebe die Theorieprüfung vor mir her.
6. In der Prüfung kann ich mich nicht konzentrieren.
7. Ich mache in der Prüfung viele Fehler. Darunter sind auch völlig unlogische Antworten.
8. Ich schaffe es in der Prüfung nicht, meine Fehlerquote zu verbessern.

▼

9. Ich werde in der Prüfung durch die Anwesenheit von anderen Prüflingen stark abgelenkt.

10. Ich lasse mir in der Prüfung mit dem Ankreuzen der Fragen keine Zeit, sondern versuche, so schnell wie möglich den Test hinter mich zu bringen.

11. Ich habe ein übergeordnetes Problem, das die Theorieprüfung belastet. Ich glaube, ich könnte meinen Job verlieren oder ein Versager sein, wenn ich die Theorieprüfung nicht schaffe.

5.1.4 Spiel mit fehlerhaft ausgefüllten Fragebögen

Klaus bekommt nun nicht nur wie üblich nicht ausgefüllte Fragebögen vorgelegt, sondern auch fehlerhaft ausgefüllte. Die Bögen wurden von den Bürokräften wahllos mit Kreuzchen bedeckt. Er soll sie dann korrigieren, so wie ein Fahrlehrer oder Sekretärin teils richtig, teils falsch ausgefüllte Fragebögen durchliest und korrigiert. Die Sekretärin behilft sich dabei allerdings mit der Lösungsschablone, »Anhalter«. Ohne dieses Hilfsmittel muss Klaus sich mit Köpfchen und Beharrlichkeit durch den Wust der angekreuzten Antworten arbeiten.

Mit Fehlern umgehen lernen

Klaus lernt dabei, so die Idee, mit Fehlern normal und gekonnt umzugehen. Er soll sie erkennen und korrigieren. Denn das hat er in der Theorieprüfung bis jetzt nicht geschafft. Ihm hatte zwar gedämmert, dass mit seinen Kreuzchen etwas nicht stimmt. An die Korrektur aber hatte er sich nicht gemacht, sondern war einfach herausgerannt.

> **Tipp**
>
> Wenn Sie Prüfungsangst haben, versuchen Sie, bewusst Fehler zu machen und anschließend mit diesen Fehlern umzugehen. Das erhöht Ihren Mut, falsche Ergebnisse zu korrigieren.

5.1.5 Theorieraum: Atmosphäre aufnehmen und Gedankenstopp

Angstsituation aufsuchen und ...

Das Experiment mit den fehlerhaft ausgefüllten Bögen findet Klaus spannend. Es stellt eine Bereicherung seiner Lernmethoden dar. Aber eine andere Idee hilft ihm noch mehr: Da ihn die Atmosphäre im Theorieraum der Prüfstelle bedrückt, verabreden wir, dass er sich in den Theorieraum setzen kann, um dabei seine Gefühle zu steuern und zu normalisieren. Für dieses Vorhaben bekommen wir das Einverständnis der

Abb. 5.1. Theorieprü-
fungsraum (Dekra, Berlin)

Prüfstelle gern. Klaus setzt sich nun zweimal in den Theorieraum der Prüfstelle für jeweils etwa eine Stunde. Er liest eine Zeitschrift oder schaut sich um (■ Abb. 5.1).

Zu Beginn seiner Sitzung hat Klaus wieder das bedrückende Gefühl, bald zu versagen, das Herz klopft ihm bis zum Hals, die Gedanken driften ab, er kann nur noch wie im Nebel denken. Er hat inzwischen allerdings Entspannungstechniken gelernt und atmet mehrere Male ruhig durch die Nase in den Bauch hinein ein, durch den Mund sehr langsam wieder aus.

Tatsächlich verschwindet das bedrückende Gefühl. Klaus beruhigt und entspannt sich allmählich und kann wieder klar denken. Zwischendurch flackern allerdings immer wieder die belastenden Vorstellungen auf, er würde die Theorieprüfung nicht schaffen, versagen und seinen Job nicht bekommen.

Für den 2. Besuch des Theorieraums verabreden wir Folgendes: Sollten die quälenden Gedanken wiederkommen, sollte er sich innerlich ein deutliches Stopp zurufen und anstelle der belastenden Gedanken sich etwas Schönes vorstellen. Klaus nimmt sich vor, daran zu denken, wie er mit seiner Enkelin spielt.

Der 2. Aufenthalt im Theorieraum der Prüfstelle verläuft positiver. Klaus hat nun gelernt, seine Nervosität zu steuern und dafür zu sorgen, dass er auch unter Stress klar denken kann.

Je länger ein ängstlicher Theorieprüfling im Prüfungsraum sitzt und sich entspannt, umso geringer wird die anfangs noch aufflackernde Angst. (Klaus hielt sich einmal über zwei Stunden lang im Theorieraumauf.) Am Ende sinkt sie auf so ein niedriges Niveau, das sie nicht mehr stört.

Entspannungs- und Gedankenstopptechnik einsetzen

Nach einiger Zeit, in der Klaus familiär stark eingebunden ist, meldet er sich telefonisch: Er sei krank gewesen, im Übrigen fühle er sich gut vorbereitet, denn er hat jeden Tag zur selben Zeit eine Stunde lang gelernt und sich nicht ablenken lassen. Wann könne es endlich losgehen? Er wolle schon übermorgen zur Theorieprüfung! Wir verabreden ein abschließendes Gespräch und einen endgültigen Theorietest unter Prüfungsbedingungen.

5.1.6 Gespräch: Soll die Theorieprüfung den Job retten?

Theorieprüfung nicht überfrachten!

Im abschließenden Gespräch stellt sich heraus, dass sich Klaus immer noch mit belastenden Einstellungen herumquält. Die Erwartungen an die Theorieprüfung sind viel zu hoch. Sie ist für ihn nicht etwa nur ein Baustein auf dem Weg zum Führerschein, sondern soll ihm die Gewissheit bringen, dass er endgültig schafft, einen Job zu bekommen.

Umgekehrt muss er fürchten, dass seine Mühe vergebens war, wenn er die Theorieprüfung nicht besteht und weiterhin arbeitslos bleibt. Seine Befürchtungen laufen auf eine schwere Lebenskrise hinaus, falls er in der Prüfung schlecht abschneidet. Kein Wunder, dass er in der Prüfung mit Panik reagiert!

Schwarze Gedanken kommen ans Tageslicht

Gemeinsam sprechen wir über seine Katastrophengedanken und überlegen, wie er seine Probleme lösen kann. Wir besprechen, was wirklich passiert, wenn Klaus in der Prüfung wieder durchfällt. Es wird nichts geschehen, er muss höchstens zwei Wochen warten, um zu wiederholen. Was kann er tun, um seine Befürchtungen, er bekäme den Job nicht, zu entkräften? Klaus könnte dem künftigen Arbeitgeber mitteilen, dass es mit dem Führerschein eventuell noch dauert. Klaus hält das für eine Möglichkeit. Er kommt selbst auf die Idee, dem Arbeitgeber vorzuschlagen, zu Anfang nur »autofreie« Tätigkeiten zu verrichten. Klaus soll ja in erster Linie nicht als Kraftfahrer arbeiten, sondern als Hausmeister.

Befürchtungen nachgehen

»Und wenn der mich dann gar nicht mehr will?«, befürchtet Klaus. »Dann such dir halt einen anderen Job!« Begütigend kommentiere ich: »Ich weiß, wie schwer es ist, einen guten Job zu finden. Aber jetzt gilt es in erster Linie, den Druck zu mindern, der auf Dir lastet!«

Um ihn auf das Gespräch mit dem Arbeitgeber vorzubereiten, inszenieren wir ein Rollenspiel. Ich spiele Personalchef, Klaus vertritt sich selbst. Beim ersten Mal stottert und druckst er herum, es ist gar nicht klar, was er eigentlich will. Wir wiederholen die Übung dreimal, dann geht es besser. Beim vierten Mal spiele ich sogar einen ärgerlichen Personalchef. Danach vertauschen wir die Rollen. Insgesamt wirkt er danach zufrieden und weniger nervös.

> ❗ Im Rollenspiel können wir schwierige soziale Situationen vorwegnehmen und lernen, unangenehme Gefühle und Gedanken auszuhalten. Es ist wichtig, das Rollenspiel möglichst oft und mit verteilten Rollen zu machen, weil wir uns dabei besser in den anderen hineinversetzen können. Vielleicht ist er kein Bösewicht, sondern ein ganz normaler, netter Mensch?

Für Klaus war es ein schwerer Gang, aber er hat das Gespräch mit dem künftigen Arbeitgeber am darauffolgenden Tag tatsächlich geführt. Der Personalchef war sehr freundlich und sofort bereit, ihn einige Zeit lang »autofrei« zu beschäftigen. Damit hat sich Klaus' Hauptbefürchtung, die immer größer zu werden drohte, erledigt. Er kann nun in Ruhe in die Theorieprüfung gehen und sogar durchfallen, ohne Sorge um seinen künftigen Job haben zu müssen.

5.1.7 Hilfreiche Gedanken

Abends kommt Klaus noch einmal in der Fahrschule. Seine Befürchtungen sind zwar noch da, aber sie tun ihm, wie er sagt, »nicht mehr weh«. Klaus hat sich bis jetzt wacker geschlagen. Ich bitte ihn nun, sich ein paar positive Gedanken zu überlegen, aus denen er Hoffnung schöpft und ihm helfen, die Theorieprüfung zu bestehen. Diese »Zauberworte« haben den Zweck, dass er die Prüfung und auch seine Fähigkeiten freundlicher wahrnimmt.

Wir sollten nicht nur einen Blick auf die alten, quälenden Gedanken werfen und sie zerstreuen oder mindern, sondern auch neue, wirksame an deren Stelle setzen. Die Zauberworte werden ihm richtig Auftrieb geben! Ich schlage ihm vor, erst einmal solche neue Gedanken auf einem leeren Blatt Papier zu sammeln. Von all den Gedanken, die wir zusammentragen, bleiben am Schluss noch drei übrig: »Ich kann mit meiner Angst umgehen, ich habe ein gutes Gefühl wegen der Theorieprüfung.« »Ich schaffe die Theorieprüfung, egal, ob morgen oder später.« »Ich habe mein Problem mit dem Job gelöst!«

Zauberworte geben Auftrieb

Klaus schreibt diese Zauberworte auf und steckt sie ein. Wenn ihm spät abends oder morgens vor der Prüfung Zweifel kommen, dann soll er sie aus der Tasche ziehen und in Ruhe durchlesen.

> ❗ Zauberworte geben Ihren Gedanken eine neue Richtung. Sie betrachten dadurch Ihre Probleme in einem anderen Licht und merken, dass Sie sie lösen können.

5.1.8 Überlegungen zum Ablauf der Prüfung

Für die Prüfung besprechen wir folgende Schritte:

1. Klaus stellt sich dem Prüfer vor und erwähnt, dass er nervös ist. Klaus führt aus, dass er sich viel Zeit lassen wird, um sich zu beruhigen und die Fragen gründlich durchzulesen. Durch die Offenbarung vor dem Prüfer ist die »grausame« Angst benannt und daher nur noch halb so mächtig.

2. Er legt den Bogen erst mal zur Seite und nimmt nur die Atmosphäre aufmerksam auf, macht sich vertraut und beruhigt sich. Er macht seine Atemübungen und setzt die Gedankenstopptechnik ein, um seine Nervosität zu dämpfen und leistungsfähig zu bleiben.

3. Er liest alle Fragen zu Anfang nur durch, beantwortet keine davon, kreuzt nichts an. Erst wenn er relativ ruhig geworden ist, beginnt er, die Antworten anzukreuzen.

4. Er redet beim Lösen der Fragen ganz leise aber doch vernehmlich mit sich selbst (murmeln oder flüstern). Ohne die anderen Prüflinge zu stören, dient das Flüstern dazu, den Atem zu normalisieren und sich allein auf die Lösung der Aufgaben zu konzentrieren, und nicht etwa an Jobchancen zu denken.

5. Sollten doch quälende Gedanken oder gar Blackouts aus Angst um den Job auftreten, dann sagt Klaus innerlich laut »Stopp!«, atmet ganz bewusst ein paar Mal ein und aus und denkt anschließend an etwas Schönes (Spielen mit der Enkelin). Um sich Mut zu machen, denkt er auch seine Zauberworte.

6. Er liest alle Fragen und Lösungen durch und prüft die Antworten in Ruhe. Dazu lässt er sich mindestens eine Stunde Zeit.

5.1.9 Vortest: Möglichst realitätsnah

Wir führen dann im Theorieraum der Fahrschule einen realitätsnahen Vortest durch, bei dem ich der Prüfer bin. Klaus verhält sich so, wie abgemacht, beruhigt sich, lässt sich mit dem Ausfüllen des Bogens sehr viel Zeit. Nach etwa 40 Minuten gibt er den Bogen ab. Ich korrigiere. Das Ergebnis: 5 Fehlerpunkte, davon ein Wissensfehler und ein Flüchtigkeitsfehler. Eine Zahl von 5 Fehlern ist passabel.

Bevor Klaus geht, hat er noch eine Frage zu den technischen Fragen der Fragebögen, die ich selbst nicht beantworten kann. Denn ich bin Fahrlehrer, kein Kfz-Mechaniker. Er will wissen, wie man Bremsleitungen nach dem Wechsel der Bremsflüssigkeit richtig entlüftet. Ich rate ihm, diese Frage dem Prüfer gleich nach der Vorstellung zu stellen.

Ich bitte ihn, zu Hause noch einmal den Ablauf unseres Vortests Punkt für Punkt durchzugehen. Ich erkläre ihm, dass ihn diese mentale Vorbereitung sicherer macht. Das verspricht er mir und verabschiedet sich. Zwei Tage später ruft ein glücklicher Klaus an, der mit fünf Fehlerpunkten bestanden hat!

> **Tipp**
>
> Bereiten Sie sich möglichst realitätsnah auf die Prüfung vor, denken sie auch an Ihre Entspannungsübungen.

5.1.10 Bestanden!

Klaus berichtet, wie er morgens er seinen Zettel gelesen und an sein gutes Prüfungs-Gefühl gedacht habe. Dennoch seien ihm schon vor dem Betreten des Theorieraums die quälenden Gedanken gekommen. Er habe dann »Stopp!« gesagt, ruhig geatmet und sie damit vorerst abgeschaltet. Der Prüfer sei nach seiner Nervositätserklärung sehr nett gewesen. Er habe ihn beruhigt und ihm versichert, er könne sich sehr viel Zeit lassen. Er hätte ihm auch seine technische Frage sehr gern erklärt. Klaus habe zuerst nur ganz ruhig dagesessen und die Atmosphäre aufgenommen. Beim Ausfüllen der Fragebögen habe er leise gemurmelt. Zweimal musste er innerlich »Stopp!« sagen, als er wieder quälende Gedanken hatte, die blitzartig gekommen waren, weil er bei manchen Fragen nicht ganz sicher gewesen war. Dann habe er versucht, bewusst ruhig zu atmen und an seine Enkelin zu denken.

Ich lobe ihn für seine Reaktion und möchte wissen, welche Frage er falsch beantwortet habe. Es sei eine Vorfahrtfrage – abknickende Vorfahrt – gewesen. Dort habe er angekreuzt »Ich muss den roten Pkw durchfahren lassen« (◘ Abb. 5.2). Der Prüfer habe gelacht und gesagt, das sei ein alter Kraftfahrerfehler.

Ich frage ihn, ob er die Antwort wirklich nicht gewusst habe. Doch, das habe er irgendwie schon. Er habe diese Art von Vorfahrtfragen ausgiebig gelernt. Aber in dem Moment sei sein Kopf wieder von einer Art Lähmung befallen worden. Bei einer anderen, fehlerhaft angekreuzten Frage habe er die Sache allerdings im letzten Moment noch retten können. Er habe bei der Frage zum erhöhten Kraftstoffverbrauch bei höherer Geschwindigkeit zuerst die Antwort »Um bis zu 10%« markiert. Auf dem Weg zum Prüfer mit dem fertig ausgefüllten Fragebogen habe er darüber nachgegrübelt und gewusst, dass die Antwort falsch war. Dann habe er mit dem Prüfer darüber geredet und gebeten, die Antwort korrigieren zu dürfen. Er musste dann die Falschantwort mehrmals sauber durchstreichen, seine Unterschrift daneben

◘ Abb. 5.2. Fragebogen-
illustration zur abknickenden
Vorfahrt

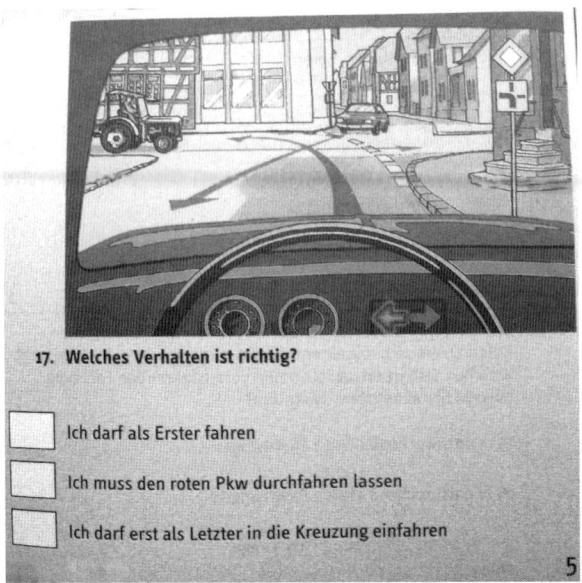

setzen und die richtige ankreuzen: »Um bis zu 35%«. Diese Antwort war
richtig.

5.1.11   Fazit: Trotz Lernschwierigkeiten
und Theorieangst erfolgreich

Für einen Außenstehenden ist es kaum vorstellbar, aber für Klaus war die
Theorieprüfung wirklich die große Hürde vor einem geordneten, gluck-
lichen Leben mit einem festen Job. Diese gedankliche Überfrachtung
einer bloßen Prüfung musste zunächst einmal aufgehoben werden. Dabei hat Klaus die Hauptarbeit übernommen, nämlich seine Probleme zu
erkennen, zum Arbeitgeber zu gehen und im Gespräch mit ihm die belastenden Befürchtungen zu zerstreuen.

Von allen Maßnahmen, die wir zusammen erprobt hatten, fand Klaus
das abschließende Gespräch über seine Ängste und das Gespräch mit
dem Personalchef am sinnvollsten. Am zweitbesten fand er die mehrma-
ligen Besuche im Theorieraum der Prüfstelle und die dazugehörigen
Entspannungstechniken (Atemtechnik, Stopptechnik). Danach gefielen
ihm das Korrigieren der fehlerhaft ausgefüllten Bögen und das Gespräch
mit dem Prüfer vor der Prüfung am besten.

Beim Abschied frage ich ihn, was sich jetzt für ihn geändert habe.
»Ich brauche mich nicht von komischen Ängsten unterkriegen zu lassen. Ich kann etwas dagegen unternehmen. Und nächsten Monat fange
ich mit dem neuen Job an. Bis dahin ist erst mal Entspannung angesagt.«

5.2 Was können Sie tun, um Ihre Theorieangst zu überwinden? (Tipps zur Selbsthilfe)

Wenn Sie an Theorieangst leiden, können Sie sich in vielen Punkten selbst helfen. Voraussetzung für Ihre Angstbewältigung ist, dass Sie den Stoff beherrschen, dass Sie z. B. bei eigenen Vortests oder solchen in der Fahrschule mit gutem Ergebnis abschneiden. Umgekehrt gilt aber auch: Wenn Sie von Ängsten geplagt werden, dann hilft Ihnen das noch so gute Wissen allein nicht weiter. Jetzt gilt es, die Ängste zu bewältigen!

Lernschwierigkeiten können die Ängste verschärfen und sollten gesondert angegangen werden. Dazu gehören Sprachschwierigkeiten bei ausländischen Fahrschülern oder Schwierigkeiten im Umgang mit Zeichnungen oder mit abstrakten Begriffen aus der Rechtssprache. Wenden Sie sich in diesen Fällen an Ihren Fahrlehrer.

5.2.1 Selbsthilfetipps bei Theorieangst

1. Führen Sie Tagebuch oder tragen Sie solche Notizen in Ihren Kalender ein: Es geht darum, quälende Gedanken oder Gefühle schriftlich festzuhalten, die sich im Laufe der Woche bei bestimmten Situationen einstellen. Damit werden Ihnen Ihre Gedanken und Reaktionen klarer und Sie können später in Ruhe über deren Bewältigung nachdenken. Tragen Sie auch eine Lösung ein, die Ihnen hilft, z. B.: »Foto vom Theorieraum der Prüfstelle an die Wand gepinnt. Nervös geworden. Entspannungsübungen gemacht. 5-mal hintereinander am PC Theorieprüfung durchgeführt, 4-mal geschafft.« **Tagebuch führen**

2. Setzen Sie sich bequem hin und denken Sie darüber nach, welche quälenden, negativen Gedanken in Ihrem Kopf herumgeistern, die die Prüfung überfrachten und den Prüfungserfolg gefährden, weil Ihre Konzentration schwindet. (»Wenn ich die Theorieprüfung nicht bestehe … werde ich arbeitslos und arm … bin ich ein Versager.) Versuchen Sie nun, wenn solche Gedanken kommen, sie durch ein lautes »Stopp« abzublocken. Denken Sie anschließend an etwas Schönes, z. B. den nächsten Urlaub. Entwickeln Sie Gedanken und Worte, die Ihnen Mut machen und zeigen, dass Sie kompetent sind, Ihre Prüfungsprobleme zu lösen (Zauberworte; »Ich bin gut vorbereitet. Ich habe den Stoff gelernt und kann auch mit meiner Angst umgehen. Ich schaffe die Prüfung, wenn nicht heute, dann nächstes Mal!«) Schreiben Sie diesen Gedanken auf einen Zettel und lesen sie ihn, wenn Sie nervös werden. **Negative Gedanken überwinden**

3. Sollte sich bei den Gesprächen über befürchtete Folgen herausstellen, dass bestimmte Probleme gelöst werden müssen, dann tun Sie das. Bereiten Sie sich gut darauf vor, etwa in einem Rollenspiel. Sie können z. B. mit Ihren Freunden üben, die Sie mit »nett« oder »hilfreich« **Probleme lösen**

gemeinten Bemerkungen unter Druck setzen, z. B.: »Du bist doch so gut in Theorie. Du schaffst das mit links!«

Entspannungstechniken

4. Trainieren Sie Entspannungstechniken, um die körperlichen und psychischen Folgen der Prüfungsangst zu mildern. Empfehlenswert sind ruhiges Bauchatmen, Progressive Muskelentspannung und leises Murmeln beim Ausfüllen der Bögen, um die Konzentration zu erhalten. Beim Murmeln werden bewusst, natürlich sehr leise, um niemanden zu stören, Lösungsgedanken über eine Frage geäußert. Z. B.: »Hier wird gefragt, wie ich mich verhalten soll, wenn ein Ball auf die Straße rollt: Gas geben? Blödsinn!«.

Ängstigende Situation aufsuchen

5. Üben Sie konkrete Schritte, um beängstigende Prüfungssituationen zu bewältigen, etwa mit wahllos und falsch ausgefüllten Fragebögen. Setzen Sie sich – nach Absprache – in den Theorieraum der Prüfstelle, um die Atmosphäre kennenzulernen und versuchen Sie, mit beängstigenden Gedanken umzugehen. Simulieren Sie in der Fahrschule oder woanders mit einem Freund als »Prüfer« genau die Prüfungssituation.

Stressfreier Ablauf der Prüfung

6. Klären Sie die äußeren Bedingungen des Prüfungsablaufs und organisieren Sie die Prüfung möglichst stressfrei. Lassen Sie sich viel Zeit. Lesen Sie die Fragen durch und lösen erst einmal nur diejenigen, deren Antworten völlig klar sind. Sie atmen zwischendurch ruhig und lassen die Blicke schweifen, um sich zu entspannen. Erst später lösen Sie die schwierigen Fragen. Aber bevor Sie den Bogen abgeben, entspannen Sie sich wieder und lassen den ausgefüllten Bogen liegen. Vielleicht fällt Ihnen noch eine Korrektur ein. Wenn Ihnen eine Frage etwas unklar oder zu schwierig erscheint, können Sie den Aufsicht führenden Prüfer um einen Notizzettel und einen Kuli bitten, und auf dem Zettel schreiben oder rechnen.

Mentale Vorbereitung

7. Gehen Sie den Ablauf und ihr Verhalten in der Prüfung wiederholt im Kopf noch einmal durch. Durch die mentale Vorbereitung fallen Ihnen die folgenden Handlungen in der Prüfung leichter und Sie werden sich – auch wenn etwas Panik aufkommt – besser konzentrieren können.

5.2.2 Ratschläge und Tipps bei Theorieangst

Die meisten der folgenden Tipps können Sie selbst umsetzen. Bei einigen brauchen Sie die Hilfe Ihrer Fahrschule (Fs) oder der Prüfstelle (Ps). Klären Sie rechtzeitig ab, ob Sie mit der Hilfe der beiden Stellen rechnen können.

Frage: Wie viel Zeit habe ich in der Theorieprüfung?

Antwort: Nehmen Sie sich so viel Zeit, wie Sie brauchen, denn so bauen Sie die Stressbelastung ab. Wenn Sie zwei Stunden brauchen, dann bleiben Sie ruhig zwei Stunden da. Kommen Sie allerdings nicht gerade vor

Feierabend in die Prüfstelle. Lesen Sie die Fragen und Antworten erst einmal in aller Ruhe durch, bevor Sie sie ankreuzen oder am PC anklicken. Machen Sie anschließend eine Pause und lesen Sie die Fragen und Antworten zur Kontrolle noch einmal durch.

Frage: *Obwohl ich den Stoff fleißig lerne, mache ich bei Vortests oft Fehler. Ich sitze wie gelähmt vor den Fragebögen und fühle mich nicht in der Lage, meine Fehler zu korrigieren.*

Antwort: Üben Sie nicht nur mit leeren Prüfbögen, sondern auch mit solchen, die wahllos mit Kreuzchen bedeckt sind, sodass sich richtige und falsche Antworten mischen. Es ist beinahe normal, dass Fehler gemacht werden. Wichtig ist, zu lernen, diese wieder zu korrigieren. Selbst im Moment der Abgabe des Prüfbogens beim Prüfer kann sich noch eine richtige Erkenntnis einstellen. Auch auf eine letztmögliche Korrektur sollten Sie sich vorbereiten. Sie können die Kreuzchen falsch angekreuzter Antworten wieder durchstreichen. Am besten erklären Sie Ihre Korrektur dem Prüfer vor der Abgabe. Wenn Sie die Bögen allerdings abgegeben haben ist die Sache entschieden. Das gilt auch für die Prüfung am PC.

Frage: *Die Atmosphäre des Raums, in dem ich schon mal saß, bedrückt mich sehr. Was kann ich dagegen tun?*

Antwort: Nach Rücksprache mit Ihrer Prüfstelle dürfen Sie sich bestimmt ein oder zweimal in den Raum für Theorieprüfungen setzen. Das ist ein gutes Mittel, um sich an die Atmosphäre zu gewöhnen und Nervosität abzubauen Sie können dort zur Beruhigung Atemübungen machen (Ps).

Frage: *Wenn ich mir vorstelle, gemeinsam mit vielen Fahrschülern im Raum für die Theorieprüfung zu sitzen, fühle ich mich bedrückt und beobachtet. Ich wäre am liebsten allein.*

Antwort: Bei ihren Probesitzungen sollten Sie sich auch an Situationen mit vielen Fahrschülern gewöhnen. Fragen Sie den Prüfer, wann es normalerweise leerer ist, und kommen Sie dann wieder. Setzen Sie sich hinten an die Wand, dort ist es leichter auszuhalten (Ps).

Frage: *Welche Möglichkeiten habe ich sonst noch, mich im Theorieraum zu entspannen?*

Antwort: Fragen Sie vorher den Prüfer, ob Sie zwischendurch aufstehen und vielleicht einmal ans Fenster treten dürfen. Die andere Tätigkeit und der veränderte Blick können Sie ablenken und belastende Gedanken verscheuchen. Falls Sie gerne malen, zeichnen oder schreiben, dann fragen Sie den Prüfer, ob Sie auf einem Blatt Papier Notizen machen dürfen. Er wird Ihnen einen hauseigenen Zettel mitgeben, den Sie hinterher wieder abgeben müssen (Ps).

Frage: *Vor der praktischen Prüfung habe ich keine Angst, aber vor der Theorieprüfung. Ich fürchte, dass von ihrem Gelingen so viel abhängt.*

Antwort: Eine Theorieprüfung ist lediglich ein Baustein auf dem Weg zum Führerschein. Aber sie ist nicht die Voraussetzung für Ihr weiteres

Lebensglück. Niemand möchte gerne in der Prüfung durchfallen, aber es muss möglich sein, durchzufallen, ohne dass dies eine Katastrophe bedeutet. Fahrschüler sind in Prüfungen durchgefallen, haben es nochmal versucht und dann geschafft. Auch Sie können es schaffen, wenn nicht sofort, dann eben beim nächsten Mal. Wichtig ist allein, dass Sie es wieder versuchen, dann funktioniert es.

Frage: Wie soll ich mich am Tag der Prüfung verhalten?

Antwort: Begrüßen Sie am Tag der Prüfung den Prüfer, sprechen Sie mit ihm über Ihre Nervosität, um ruhiger zu werden, nicht weil Sie sich Vorteile erhoffen. Außerdem können Sie dem Prüfer schildern, was Sie tun, um Ihre Nervosität in den Griff zu bekommen.

Frage: Was soll ich tun, wenn ich durchgefallen bin?

Antwort: Bleiben Sie standhaft, bereiten Sie sich weiter darauf vor, zu lernen und Ihre Ängste zu bewältigen, und versuchen Sie die Prüfung noch einmal. Sie werden sehen, am Schluss werden Sie die Theorieprüfung schaffen! Wenn Sie vom Unterricht noch andere Fahrschüler kennen, die ebenfalls Schwierigkeiten mit der Theorie haben, dann helfen Sie Ihnen und geben Sie Ihre guten Erfahrungen weiter – es wird Ihnen und den anderen guttun!

5.2.3 Aufgaben

Peter hat einen Pechtag

Peter hat sich gründlich auf die Theorieprüfung vorbereitet. Er hat dennoch Zweifel, ob er es schaffen wird. Auf dem Weg zur Prüfstelle wird er in der U-Bahn grob angerempelt. Im Theorieprüfungsraum der Prüfstelle begrüßt der Prüfer ihn nur flüchtig und bittet ihn, einen Augenblick vor der Tür zu warten, der Raum sei im Augenblick voll besetzt. Seufzend begibt sich Peter nach draußen auf den Flur: »Heute ist wirklich mein Pechtag. Ich glaube, ich setze auch die Prüfung in den Sand.«

Fragen

1. Welche Einstellung sollte Peter ändern?
2. Was sollte er konkret unternehmen?

Katrin wird von ihrer Nachbarin gestört

Katrin hat sich lange vorbereitet und viele Vortests bestanden. Jetzt sitzt sie im Theorieprüfungsraum, ängstlich, weil sie unsicher ist, ob sie ihre guten Ergebnisse im Vortest hier wiederholen kann. Sie fürchtet, ihre Konzentration würde vielleicht abnehmen, die Lösung vieler Fragen könnten ihr dann plötzlich entfallen. Während sie noch grübelt, wird sie von einer anderen Fahrschülerin vom rechten Tisch aus angeflüstert: »He, kannst Du mir bei einer Frage helfen?« Katrin erstarrt vor Schreck. Sie spürt, dass sie dadurch noch aufgeregter wird und ihre Konzentration tatsächlich dahinschwindet. Andererseits sieht sie sich in der Pflicht, der

Fahrschülerin zu helfen. Katrin bleibt starr, tut so, als ob sie nichts gehört hätte und hofft inständig, dass die andere sie in Ruhe lässt. Doch die Nachbarin bittet sie noch einmal um Hilfe, dieses Mal lauter und dringender. Der Prüfer wird kurz aufmerksam und schaut etwas irritiert in ihre Richtung. Katrin schwindelt es vor Aufregung. An das Lösen der Fragen ist jetzt überhaupt nicht mehr zu denken.

Fragen
1. Welche Einstellung sollte Katrin ändern?
2. Wie kann sich Katrin wieder entspannen?
3. Was kann sie konkret unternehmen, um den Stress zu verringern und sich wieder zu konzentrieren?

Die Lösungen finden Sie im Anhang.

Anmerkungen
1. Weder das Amt für Statistik Berlin-Brandenburg noch das Kraftfahrtbundesamt können Auskunft darüber geben, ob Männer oder Frauen die Theorieprüfung im Durchschnitt besser bestehen. Eigene Zählungen in der Fahrschule Schaffen Wir über mehrere Jahre hinweg ergaben jedoch ein eindeutiges Ergebnis: Frauen bestehen Theorieprüfung viel besser als Männer, Männer die praktische Prüfung ein bisschen besser als Frauen. Frank Wilcke, Leiter der Abteilung Fahrerlaubniswesen DEKRA, Berlin Tempelhof, stellte für uns vom 01.04.2009–17.04.2009 Daten über die Theorieprüfung zusammen: Es wurden in dieser Zeit 732 Theorieprüfungen abgenommen, die sich ungefähr gleichmäßig auf Männer und Frauen verteilten. Von diesen waren 459 (= 62%) bestanden, 273 (= 38%) nicht bestanden. Die 237 nicht bestandenen teilten sich wieder so auf: 164 (= ca. 60%) Männer, 109 (= ca. 40%) Frauen.
2. Inzwischen prüfen viele Bundesländer das Theoriewissen nur noch am PC. Der im Bild gezeigte Theorieraum entspricht dem aktuellen Standard.

6 Ängste akzeptieren, die praktische Prüfung bewältigen

Herzklopfen, Schwitzen, Zittern, Fehlergedanken, Blackout ...

SchaffenWir-Methode:

1. **Ängste akzeptieren**
2. **Körperliche Symptome benennen**
3. **Gedankenfalle überwinden**
4. Autofahren auffrischen
5. **Angsthasenfahrstil üben**
6. **Vermeiden vermeiden**
7. Selbstständig fahren

Alle Schritte der SchaffenWir-Methode, bis auf den mittleren und den letzten, sind hier fett, sie sind notwendig und werden im folgenden Kapitel behandelt. Autofahren aufzufrischen nach einer misslungenen Prüfung ist immer gut, aber nicht entscheidend für die Bewältigung der Prüfungsangst. Am wichtigsten sind der 1. Schritt und der 3. »Ängste akzeptieren« gilt für die Betroffenen, aber auch für Fahrlehrer oder Prüfer.

> Sie bereiten sich auf die praktische Prüfung vor. Je näher der Prüfungstag kommt, desto nervöser werden Sie. Sie denken an mögliche Fehler, an eine schlechte Bewertung durch den Prüfer und an herabsetzende Bemerkungen Ihrer Bekannten. Bei der Lektüre dieses Kapitels finden Sie heraus, was Ihnen guttut, wie Sie die Angst bewältigen und sich gelassener und sicher auf die Prüfung vorbereiten. Lesen Sie auch die Selbsthilfetipps am Schluss des Kapitels. Sie überwinden Ihre Angst am einfachsten, wenn Sie Eigeninitiative zeigen.

6.1　Hinweise aus der Praxis

6.1.1　Sozialer Druck und Prüfungsangst

Fast alle Fahrschüler sehen der Bewertung ihrer Leistung in der praktischen oder Fahrprüfung (kurz: Prüfung) aufgeregt und beklommen entgegen: »Kann ich die geforderte Leistung erbringen? Wird der Prüfer mich bestehen lassen und mir den Führerschein geben? Kann ich meinen Angehörigen oder Freunden hinterher die gute Nachricht verkünden, oder habe ich nur eine schlechte Botschaft für sie?« Diese Art von Angst ist normal. Wer vor der Prüfung deswegen etwas aufgeregt und nervös ist, wird davon sogar profitieren: Die Sinne sind hellwach, das Gehirn ist reaktionsschnell, die Muskeln sind in leichter Spannung und bereit, die Fahrtechnik im Straßenverkehr umzusetzen (◘ Abb. 6.1).

»Bin ich ein Versager?«

Leider überfrachten Menschen mit Prüfungsangst die Prüfung mit viel weitergehenden Befürchtungen. Sie zittern vor einer negativen Bewertung, weil sie als deren Folge eine persönliche und soziale Abwertung

◘ **Abb. 6.1.** Prüfungsangst bewältigt, Prüfung bestanden

befürchten. Die Gedanken kreisen um Misslingen und Minderwertigkeit: »Ich mache wahrscheinlich Fehler und falle durch. O je, dann ist es klar, ich tauge zu gar nichts, ich bin einfach nur blöd. Was sollen dann die anderen von mir glauben? Sie denken sicher schlecht von mir, der bringt ja gar nichts auf die Reihe, eine richtige Pfeife ist der.« Die Furcht davor, den Anforderungen nicht zu genügen und Furcht vor der persönlichen und sozialen Abwertung gipfeln in dem hässlichen Begriff »Versager«. So sehen sie sich selbst und so, meinen sie, sähe sie das soziale Umfeld im Falle eines Misslingens.

Wenn sie derart weitreichende Konsequenzen fürchten, müssen sie umso mehr darauf achten, zu bestehen, keine Fehler zu machen, um ja nicht durchzufallen. Manche meiden dann die Prüfung, damit die Katastrophe nicht erst eintreten kann.

Warum die Gedankenfalle so sehr auf Abwertung fixiert ist und das Selbstbewusstsein mindert, ist die oft gestellte Frage: Veranlagung, Erziehung, Schule, Einfluss der sozialen Umwelt? In diesem Kapitel geht es vor allem um die wichtigsten Möglichkeiten, Prüfungsangst zu kontrollieren und zu lindern.

> ❗ **Auch wenn Sie Fehler machen und die Prüfung nicht beim ersten Mal bestehen, werden Sie doch von ihren Freunden und ihrer Familie angenommen und geschätzt. Eine Prüfung ist eine Prüfung, mehr nicht.**

Prüfungsängstliche Menschen gehen mit extrem hohen Ansprüchen an sich selbst in die Prüfung (»Ich darf keine Fehler machen, ich muss perfekt fahren, sonst ist die Prüfung in Gefahr.«). Gleichzeitig gibt es in Prüfungen viele Ereignisse, die man schlecht voraussehen kann: Die Atmosphäre im Fahrschulauto, die Streckenwahl des Prüfers, die Verkehrsdichte, Fehler, die andere machen, die eigene Reaktion. Hier lauern viele Unbekannte. Natürlich kann man sich durch fleißiges Üben auf viele Varianten vorbereiten. Es fällt auf, dass gerade diese Perfektionisten sehr viel üben, aber am Ende die Prüfung scheuen. Sie rennen ihren eigenen hohen Ansprüchen hinterher. Perfekte Prüfungen finden praktisch nicht statt.[1]

Perfekte Prüfungen gibt es nicht

Definition ─────────────────────────

Die **Angst vor der Fahrprüfung** gehört zu den sozialen Ängsten. Wer Angst vor der Fahrprüfung hat, fürchtet, die geforderte Leistung im Straßenverkehr nicht zu erbringen. Er fürchtet sich davor, unsicher zu fahren, Fehler zu machen und nicht zu bestehen. Hinter der Angst vor der negativen Bewertung durch den Prüfer steckt die damit verbundene Angst vor persönlicher und sozialer Abwertung. Die Angst vor der Fahrprüfung ist bei normaler Vorbereitung eine übertriebene, unangemessene und schädliche Angst.

Achten Sie auf folgende Beschwerden oder negative Gedanken. Diese können Ihnen Hinweise geben, ob Sie Angst vor der Fahrprüfung haben:

1. Wenn ich an die Prüfung denke, werde ich sehr nervös.
2. Wenn ich an die Prüfung denke, spüre ich folgende Symptome:
   Herzklopfen
   Schwitzen
   Ich atme schneller.
   Meine Muskeln verkrampfen sich oder zittern.
   Ich fühle mich unkonzentriert, wie in Trance.
   Ich kann nur an mögliche Fehler denken.
3. Ich schiebe die praktische Prüfung lange vor mir her.
4. Ich darf niemandem sagen, wenn ich mich in der Prüfung schlecht fühle.
5. Ich darf in der Prüfung keine Fehler machen, sonst ist alles aus.
   Ich muss perfekt fahren.
6. Der Prüfer lauert darauf, dass ich Fehler mache.
7. Ich muss in der Prüfung mit den anderen Fahrern mithalten und mich ihnen anpassen, auch wenn ich lieber langsamer fahren möchte.
8. Es gibt dauernd unvorhergesehene Ereignisse bei den Prüfungsfahrten. Im Grunde ist es ein Glücksspiel, ob ich es schaffe.
9. Ich muss genau umsetzen, was mir der Prüfer vorgibt, sonst falle ich durch.
10. Fahrlehrer und Prüfer sind böse auf mich, wenn ich Fehler mache und nicht bestehe.
11. Wenn ich die Prüfung nicht bestehe, tauge ich nichts und bin ich ein Versager.
12. Dann ist meine berufliche Karriere gefährdet.
13. Dann reden meine Verwandten und Bekannten schlecht über mich.

6.1.2 Zweifelhafte Maßnahmen, um die Prüfungsangst zu mindern

Symptome der Prüfungsangst

Martin leidet unter übertriebener Prüfungsangst. Als er sich schließlich auf die Prüfung einlässt, ähnelt sie eher einem verbissenen Kampf: Kein Fehler darf ihm passieren. Mit der vorher geschilderten harmlosen, unterstützenden Variante des »Lampenfiebers« haben die Schwierigkeiten von Martin nichts gemeinsam. Schon bei der

▼

Abfahrt von der Prüfstelle fallen die Anzeichen seiner Prüfungsangst auf: Martin ist in sich gekehrt, schlecht ansprechbar, sein Gesicht wird abwechselnd rot und blass, die Muskeln erscheinen starr oder zitternd. Für Martin ist das Auftreten der Angstsymptome ein mehrfaches Desaster: Sie bringen Fehler im Umgang mit dem Auto mit sich (z. B. Bocksprünge des Autos wegen mangelhafter Kupplungsbedienung), und sie lassen die beiden anderen im Wagen, Fahrlehrer und Prüfer, seiner Ansicht nach bereits schlecht von ihm denken. Genau das will er aber gerade nicht!

Wenn der Prüfer erfahren ist, bemerkt er wahrscheinlich gleich, dass etwas nicht stimmt, und verhält sich freundlich zu Martin: »Fahren Sie doch so, wie Sie es gelernt haben. Entspannen Sie sich. Es wird nichts Besonderes erwartet von Ihnen.« Die wohlmeinende Ansprache tut Martin gut, er fängt sich wieder und bewältigt tatsächlich die nächsten zehn Minuten der Prüfungsfahrt einigermaßen fehlerfrei. Doch dann würgt er beim Anfahren an der grünen Ampel den Motor ab. »Schlimmer Fehler!« schießt es ihm durch den Kopf. Er ist nicht mehr fähig, klar zu denken. »Was habe ich bloß angestellt, warum konnte ich nicht richtig anfahren, der Prüfer hat es doch gut gemeint. Jetzt ist er enttäuscht von mir und wahrscheinlich sauer. Bloß keinen weiteren Fehler machen!« Mit großer Mühe kommt er wieder los.

Sie nähern sich einer Ampelkreuzung, und der Prüfer fordert ihn auf, nach links abzubiegen. Martin fährt bis zur Mitte und hält dort mit einem Ruck, als Gegenverkehr kommt. Schwitzend schaut er geradeaus, um eine Lücke zu entdecken, und fährt schließlich eilig los. In seiner Hast übersieht er aber einen Fußgänger, der gerade die Fahrbahn überquert. Sein Fahrlehrer muss bremsen. Damit ist die Prüfung zu Ende, Martin hat nicht bestanden!

Nach der Prüfung spricht sein Fahrlehrer noch ein paar Worte mit ihm. Er rät ihm, vor der nächsten Prüfung sehr intensiv das Abbiegen nach links zu üben, damit es dann wirklich fehlerfrei klappt. Außerdem bietet er ihm an, mit der Prüfstelle zu reden, damit Martin diesen freundlichen Prüfer wieder bekommt. Tröstend fügt er ein paar nette Sätze hinzu: »Du bekommst den netten Prüfer, und der fährt mit dir wahrscheinlich eine leichte Strecke. Der kennt dich inzwischen und wird dir helfen. Dann machst du keinen Fehler mehr und hast am Schluss den Führerschein in Händen.«

Doch Martin ist verzweifelt: »Bitte keine Prüfung mehr. Das wird ja noch schlimmer. Könnten wir nicht ein Video von einer guten Testfahrt anfertigen und das an die Prüfstelle schicken? Da sehen sie doch, dass ich gut fahren kann!«

Freundlicher Prüfer

Positive Formeln?

In der Geschichte werden mehrere Möglichkeiten abgewogen, Martins Prüfungsangst zu verringern: Freundlichkeit des Prüfers, Appell, sich zu

Prüfungsangst wird ausgeklammert

entspannen, intensives Lernen, positive Formeln. All diese Hilfen sind sicher gut gemeint und werden von Fahrlehrern und beteiligten Prüfern gerne angewandt. Das Ziel – die entscheidende Verringerung der Prüfungsangst – wird dadurch leider kaum erreicht, denn dabei wird die quälende Angst, unter der der Prüfling leidet, ausgeklammert. Das ist der entscheidende Schwachpunkt dieser Methoden: Sie gehen am Kern der Sache vorbei, Martins Ängste werden nicht ernst genommen. Martin, der ein feines Gespür hat, wie wenig ihm die vorgeschlagenen Maßnahmen wirklich helfen, möchte folgerichtig überhaupt keine Prüfung mehr machen. Daher kommt er auf die »Lösung« mit dem Testvideo.

> ❗ **Es ist gut, wenn für die Prüfung intensiv gelernt wird, wenn Prüfer freundlich sind, wenn der Prüfling positiv denkt. Doch können diese Herangehensweisen nicht das Hauptproblem lösen: Die Prüfungsangst muss vor allem ernst genommen werden.**

Einstiegsgespräch: Martin plant, seine Prüfungsangst zu steuern

Prüfungsangst ernst nehmen

Martin kommt zu uns von einer anderen Fahrschule. Sein Beispiel zeigt, was sich gegen Prüfungsangst unternehmen lässt. Es ist nicht sinnvoll, um die Angst herumzureden. Wir nehmen die Prüfungsangst ernst, ich höre ihm aufmerksam zu, welche Probleme ihn belasten. Er ist sehr nervös, denn er ist bereits drei Mal durch die Fahrprüfung gefallen. Beim Erstgespräch erzählt er, was in seinen drei Prüfungen alles passiert ist:

1. Prüfung: Er hat lange als Wartepflichtiger an einer Kreuzung gestanden, obwohl er eigentlich eine Lücke hätte ausnützen können. Der Prüfer mahnt ihn, an solchen Kreuzungen nicht zu lange herumzustehen. Er nimmt sich fest vor, den Fehler nicht wieder zu machen. Nun kommt er auf einer Straße mit einer Steigung an einer Ampel bei Rot zu stehen. Als die Ampel auf Grün umschaltet, löst er die Handbremse in der Aufregung zu früh, die Kupplung ist noch gedrückt. Martin rollt zurück und gibt bei weiter gedrückter Kupplung in seiner Angst Vollgas. Schließlich muss sein Fahrlehrer eingreifen, damit sie nicht auf das hintere Auto krachen.

2. Prüfung: Hier fährt er mal zu langsam, mal viel zu schnell. Der freundliche Prüfer lässt ihn Pause machen und redet ihm gut zu. Beim Abbiegen nach links übersieht er dann einen Fußgänger, der Fahrlehrer muss eingreifen.

3. Prüfung: Wieder hat er einen sehr netten Prüfer, der ihn am Anfang darauf hinweist, dass kleine Fehler normal sind. Er solle einfach nicht an Fehler denken, sondern sich auf das Nächstliegende konzentrieren. Beim Parken fährt Martin recht schief in die Lücke, weiß sich nicht zu helfen. Dann geht es auf die Autobahn. Auf der Autobahneinfahrt fährt er verzweifelt neben einem Lkw auf der Hauptfahrbahn her, auf der Suche nach einer Lücke. In der für ihn aussichtslosen Lage zieht er immer mehr nach links und hätte beinahe den Lkw gerammt, wenn der Fahrlehrer nicht eingegriffen hätte.

Die Fahrlehrer der alten Fahrschule haben mit ihm nach den misslungenen Prüfungen versucht, seine Fehler in einigen Fahrstunden zu korrigieren: Er hat geübt, am Berg anzufahren, zu parken, ist noch viele Male nach links abgebogen und in die Autobahn hinein gefahren. Das war erfolglos, denn seine Angst ist geblieben.

> ❗ **Lernen nach einer misslungenen Prüfung ist nicht verkehrt, aber es ist kein Allheilmittel. Sie müssen Ihre Prüfungsangst bewältigen, um Ihre innere Blockade zu durchbrechen. Erst dann ergibt das Lernen wieder Sinn.**

Martin klagt über quälende körperliche Symptome bei seinen Prüfungen. Er leidet unter Herzklopfen, Muskelzittern und Konzentrationsschwäche. Besonders plagen ihn Gedanken an mögliche Fehler in einer weiteren Prüfung. Er glaubt nicht, dass der Prüfer dann weiter freundlich bleibt, sondern im Gegenteil immer »saurer und grimmiger« werden wird. Martin nimmt seine Lage als hoffnungslos wahr.

Er fürchtet, er sei ein Versager, weil er schon mehrmals die Prüfung nicht bestanden hat. Seit seinem Abitur sind schon fünf Jahre vergangen, bisher hat er weder eine Berufsausbildung beendet noch gearbeitet. Mit seiner Freundin hat er einen kleinen Jungen. Seine Freundin ernährt die kleine Familie allein und mahnt ihn, durch eigenes Einkommen zum Unterhalt der Familie mitbeizutragen. Er äußert die Hoffnung, bei der nächsten Prüfung endlich zu bestehen. Damit sei doch ein Anfang gemacht, seinen »Charaktermangel« als Versager zu beseitigen.

Gedankenfalle: »Versager«

Ich frage ihn, ob er die Prüfungsangst schon früher in der Schule gehabt, oder ob das Elternhaus vielleicht eine Rolle gespielt habe. Seine Eltern seien freundlich, aber auch ehrgeizig gewesen, sie hätten immer große Pläne für ihn gehabt. Martin habe unter dem Druck gelitten, diese nicht erfüllen zu können und die Eltern zu enttäuschen. Ihm wäre viel lieber gewesen, die Eltern hätten nicht solche Ansprüche an ihn gestellt. Nach dem Abitur und nachdem er mit seiner Freundin zusammenzog, habe er eine Art »Auszeit« genommen Diese Ruhephase konnte er aber aufgrund des Druckes nicht genießen und empfand sich selbst als Versager.

> **Beim Erstgespräch legen wir einen vorläufigen Fahrplan fest, wie es weitergehen soll:**
> 1. Wir einigen uns, dass Martin alles, was in den Prüfungen schiefgegangen ist, noch einmal gründlich üben soll. Die Sicherheit, die er durch das Üben bekommt, wird zu seiner Entlastung beitragen.
>
> ▼

2. Ich schlage vor, den sehr vorsichtigen, ruhigen, eher bedächtigen Angsthasenfahrstil zu üben, um seine Belastung zu verringern: Im Zweifel soll Martin also lieber langsam oder gar stockend fahren, um die Übersicht zu behalten. Sofort kommt sein Einwand: »Dann behindere ich andere und falle wieder durch!« Diesen Einwand lasse ich gelten. Wir können bis zur Prüfung das Tempo ja noch steigern. Aber jetzt, das sieht er schließlich ein, braucht er das langsame Tempo und die große Vorsicht, um wieder Sicherheit zu gewinnen.Wir verabreden anschließend noch weitere Maßnahmen, um die Prüfungsangst zu kontrollieren und zu bewältigen:

Tagebuch führen

3. Martin führt ein Tage- oder Notizbuch. Darin trägt er besonders belastende Situationen und seine Reaktionen ein: Z. B.»Fahrstunde heute, viele Fehler. Musste pausenlos an die Prüfung denken – wenn mir das bei der Prüfungsfahrt passiert! Herzklopfen.« Er sollte aber auch eintragen, was ihm hilft und was er gut gemacht hat. Mit den Notizen verschafft er sich einen Überblick über seine Angstbewältigung.

Gedankenfalle überwinden

4. Wir reden über seine negativen Einstellungen, mit denen die Prüfung und sein Leben belastet sind, insbesondere über seine Selbsteinschätzung, er sei ein Versager. Wir sprechen auch darüber, wie er die Prüfer sieht, was er von Fehlern hält und wieso er glaubt, jeder Fehler sei eine Katastrophe. Darüber hinaus diskutieren wir über mögliche Folgen, wenn er wieder nicht bestehen sollte. Ziel ist es hierbei, ihm diese belastenden Gedanken bewusst zu machen, um sie in einem weiteren Schritt zu ändern.

Prüfungssituationen üben

5. Wir üben vor der Prüfung möglichst realistisch viele Prüfungssituationen. Dazu gehört auch der Umgang mit Fehlern. Bis jetzt ist es bei seinen Prüfungen so gewesen, dass einem kleineren Fehler große Aufregung und dann ein noch größerer, katastrophaler Fehler folgte. Diesen Teufelskreis werden wir unterbrechen.

Entspannungsübungen

6. Wir trainieren Entspannungsübungen, damit er sich bei übermäßigen Stressreaktionen erholen kann: Martin leidet insbesondere unter Muskelkrämpfen und Konzentrationsschwäche als Reaktion auf Stress.

6.1.3 Gespräche über Einstellungen: Ich bin kein Versager. Ich kann meine Probleme anpacken und lösen!

Die Prüfung ist für Martin keine bloße Prüfung mehr, sondern mit hohen Erwartungen überfrachtet. Er muss unbedingt bestehen, damit er kein Versager mehr ist und die anderen nicht schlecht von ihm denken. Den Prüfern traut er nicht, auch wenn sie anfangs freundlich sind. Er glaubt, er müsse perfekt fahren, jeder Fehler sei katastrophal.

Ich empfehle ihm, auf den Rat seiner Freundin zu hören und selbst etwas zum Einkommen der kleinen Familie beizutragen. Das wird seinem Selbstbewusstsein guttun. Die Idee passt ihm eigentlich nicht. Trotz seines Widerstandes lässt er sich schließlich darauf ein. Schließlich findet er einen Job als Hilfsarbeiter bei einem Garten- und Landschaftsbetrieb. Martin gefällt der Job sogar. Zwar macht er zu Anfang Fehler und wird kritisiert, weil er zu langsam arbeite. Doch von ein paar Kollegen, die ihm zeigen, wie er besser arbeiten kann, bekommt er Hilfe.

Selbstbewusstsein stärken

> **Tipp**
>
> Selbstbewusstsein lässt sich auch im familiären oder beruflichen Bereich stärken, wenn man Probleme anpackt und endlich löst.

Inzwischen ist er mit der Ausbildung weiterfortgeschritten. Wir beschließen nun, verstärkt auf Reaktionen der anderen Fahrer zu achten, wenn er einen Fehler gemacht hat. Manchmal geschehen die Fehler unabsichtlich, manchmal provozieren wir auch einen Fehler. Martins Voraussage ist, dass die meisten auf seine Fehler übel reagieren werden. Bei einer grünen Ampel würgt er den Motor ab. Die anderen Fahrer warten ruhig hinter uns, keiner meckert. Das überrascht Martin, er will es kaum wahrhaben. »Das kommt nur, weil wir ein Fahrschulschild haben.« Ich gehe darauf ein, wir entfernen das Schild.[2] Beim nächsten Mal warten wieder alle ruhig ab, bis auf einen Rollerfahrer, der links ausschwenkt und überholt.

Andere Fahrer verhalten sich freundlich

Seine Meinung wird beim nächsten Fahrstreifenwechsel herausgefordert. Wir blinken vor einem Hindernis links, er »traut« sich nicht, zu wechseln (so haben wir es ausgemacht) und bremst. Der nachfolgende Fahrer bemüht sich geradezu verzweifelt, uns herüber zu lassen, fährt langsam, betätigt die Lichthupe, wedelt mit den Händen. Schließlich fährt Martin doch notgedrungen auf die linke Spur. Etwas missmutig gibt er hinterher zu, dass sein Bild der anderen Kraftfahrer doch nicht stimmt.

Aber was ist mit den Prüfern? Werden sie grimmig reagieren, wenn er einen Fehler macht, und ihre anfängliche Freundlichkeit vergessen? Daran hält er immer noch fest, wenn auch nicht mehr ganz so vehement. Ich erinnere ihn an seine Erfahrungen im Verkehr. Vielleicht gibt es auch bei den Prüfern viele freundliche Menschen? Martin bleibt skeptisch. In der Prüfstelle ergeben sich manchmal kurze Begegnungen und Plaudereien mit den Prüfern, während Martin dabeisteht. Wird ihm das ein anderes Bild von den Prüfern geben?

Prüferbild überdenken

> **Tipp**
>
> Suchen Sie nach Anzeichen, dass die anderen Verkehrsteilnehmer freundlich sind und Sie schätzen, auch wenn Sie manchmal Fehler machen. Freuen Sie sich über eine nette Geste im Verkehrsgewühl, lassen Sie sich davon überzeugen, dass auch die Prüfer es gut mit Ihnen meinen. Suchen Sie den Kontakt mit lieben, verständnisvollen Fahrschülern.

Ich rate Martin, dem Prüfer vor der Prüfungsfahrt mitzuteilen, dass er Prüfungsangst hat. Seine Reaktion darauf ist heftig: »Ich weiß nicht, der wird denken, ich bin verrückt!« Für die Prüfer ist der Umgang mit ängstlichen Fahrschülern normal. Kein Prüfer wird wegen der Mitteilung denken, jemand sei »verrückt«.

Martin kann dem Prüfer gleichzeitig berichten, welche Maßnahmen er sich gegen seine Prüfungsangst überlegt hat. Damit wird seine Aussage wieder versachlicht, denn weder ist er verrückt noch will er um eine gute Bewertung bitten, weil er Angst hat.. Martin verhält sich so, wie wenn man mit einem verständigen Beifahrer bestimmte Bedingungen der folgenden Fahrt aushandelt. Der Prüfer wird diesen kleinen Vortrag eher wohlwollend zur Kenntnis nehmen.

> **Tipp**
>
> Wenn in Ihren Gedanken mehrere Prüferbilder existieren – ein positives, aber auch hartnäckige Reste eines negativen – dann verstärken sie das positive Bild. Schreiben Sie diese Gedanken auf. Üben Sie aber auch, mit dem negativen Prüfer in Ihrem Kopf umzugehen. Sie sollten trainieren, diese Gedanken in Ruhe zu überdenken und auf ihren Wahrheitsgehalt hin zu überprüfen.

Sich gegen negative Prüferbilder abschotten

In Martins Kopf existieren negative Prüferbilder. Da gibt es z. B. den »**Beobachter**«, der nicht freundlich vor sich hin oder aus dem Fenster schaut, sondern ihn unentwegt stumm mustert und sich permanent Notizen über ihn macht. Außerdem existiert in Martins Vorstellung der »**Antreiber**«, der ihn ermahnt, nicht lange herumzustehen, den Verkehr aufzuhalten, sondern schneller zu fahren. Der für ihn härteste Prüfertyp ist allerdings der »**Fehlervorhalter**«. Dieser Prüfer könnte z. B. auf der Autobahn vorwerfen: »Sie fahren ja auf dem falschen Fahrstreifen. Ich glaube, Sie sind völlig durcheinander. Da sehe ich nicht mehr lange zu!« Dieser Prüfertyp entspricht mit seinem Verhalten dem Fehlerdenken, das die Prüflinge häufig plagt.

In einem Rollenspiel spiele ich den schlimmen Prüfer und biete Martin an, sofort »Stopp!« zu sagen, wenn es ihm zu weit geht. Doch er nimmt es sportlich, lächelt mich an, wenn ich als Prüfer merkwürdige Vorwürfe mache oder ihn stumm und unheilschwanger beobachte und mir dabei demonstrativ Notizen mache. Schließlich nimmt er die Sache gleichmütig hin. Vielleicht spielt dabei eine Rolle, dass ich bei meinen Übertreibungen selbst lachen muss. Für uns beide ist jedenfalls erfreulich, dass er sich inzwischen gegen das irritierende Verhalten des von mir gespielten Prüfers ganz gut abschotten kann.

Rollenspiel »schlimmer Prüfer«

Bei vielen unserer Übungsfahrten begleiten ihn inzwischen andere Fahrschüler oder Angsthasen, die im Wagen hinten rechts sitzen, da wo später der Prüfer sitzen wird. Diese verhalten sich, wie es eben ihre Art ist, sehr warmherzig, leiden mit ihm, wenn er einen Fehler macht, loben ihn. Zwei der Mitfahrenden erzählen ihm, dass sie schon durchgefallen sind, aber weitermachen wollen, bis sie es geschafft haben.

Teilnahmsvolle Fahrschüler

Bei einer unserer Fahrten ist seine Freundin dabei. Wir reden über Martins ursprüngliche Befürchtungen. Seine Freundin versichert ihm, er brauche sich keine Sorgen zu machen. Sie wird zu ihm stehen, auch wenn es nicht gleich klappt, und ihn bei weiteren Prüfungsvorbereitungen unterstützen. Umgekehrt ist sie entlastet, seit er zum Familieneinkommen beträgt.

Freundin unterstützt

Martin hat inzwischen gelernt, dass ihn die Menschen um ihn herum schätzen, dass er nicht perfekt sein muss, sondern Fehler machen darf. Auch wenn ihm ein Fehler unterläuft, wird er nicht gleich grimmig angeschaut und abgestraft, sondern erhält sogar Hilfe. Durch die Rollenspiele hat er gelernt, sich gleichmütiger gegen Menschen zu verhalten, von denen er glaubt, sie seien wegen möglicher Fehler ihm gegenüber negativ eingestellt.

Gemeinsam entwickeln wir für Martin Zauberworte: Er nennt folgende Schlüsselsätze aus unseren Gesprächen: »Fehler können passieren, ich muss nicht perfekt sein. Andere sind freundlich zu mir. Ich packe mein Leben an. Ich schaffe den Führerschein, auch wenn ich jetzt nicht gleich bestehe.« Er schreibt die Zauberworte auf einen Zettel und steckt ihn in seine Brieftasche.

Hinsichtlich der bevorstehenden Prüfung ist es wichtig, dass wir alle negativen Gedanken, die den Prüfungserfolg gefährden, Schritt für Schritt durchgehen und gemeinsam nach hilfreichen und entlastenden Gedanken suchen.

Zauberwort

□ Tab. 6.1. Be- und entlastende Einstellungen in der praktischen Prüfung

1. Belastungssituation, Stressauslöser	2. Belastende Einstellungen, Stressverstärker	3. Hilfreiche, entlastende Einstellungen, Stressreduzierer
Einstiegsphase: Begrüßung, Ausweis zeigen, wie werden Anweisungen gesagt? Besondere Wünsche (Heizung, Lüftung, Sitzeinstellung, Nervosität)	O weh, Da kommt der Prüfer: Wie schaut er denn? Der macht ja ein steinernes Gesicht, was führt der im Schilde? Ich hätte so gern einen lieben Prüfer! Gleich geht es los, wie soll ich das bloß schaffen? Ich kann mich an nichts mehr erinnern.	Da kommt er, ich begrüße ihn freundlich. Ich freue mich auf die Fahrt und bin auch ein bisschen nervös. Ich spreche mit dem Prüfer, was ich mir dazu überlegt habe.
Abfahrt: Körperlicher Stress (Herz klopft, Muskeln sind etwas verkrampft, Konzentration ist nicht ganz da)	Oh Gott, mir geht's schlecht, ich bin total nervös, was soll aus der Prüfung werden? Und wenn der Prüfer meinen Zustand bemerkt? Der hält mich für bekloppt. Ich muss versuchen, meine Nervosität zu verheimlichen.	Stress in der Prüfung ist normal, letztlich hilft er sogar. Aber er belastet mich auch ein bisschen. Ich atme bewusst ruhig und spreche laut über mein konkretes Verhalten als Autofahrer, um meine Konzentration zu bewahren.
Fahren im dichten Verkehr: Durcheinander, Hektik, Tempo, Überflutung mit Informationen	Ich darf niemanden behindern, ich muss mit den anderen mithalten, sonst gibt es Riesenärger. Der Prüfer lässt mich dann durchfallen. Die vielen Informationen stecke ich irgendwie weg. In der Hektik entscheide ich oft in Not, ohne nachzudenken. Das geht nicht gut.	Behindern ist nicht schön, aber manchmal muss ich das, um Ruhe zu bewahren. Dann fahre ich sehr vorsichtig. So kann ich die Informationen richtig bewerten und in Ruhe entscheiden. Wenn es dann ungefährlich wird, fahre ich wieder schneller.
Sicheres Fahren, Fehler: Laut Ausbildung und Prüfungsrichtlinie wird sicheres Fahren verlangt. Es darf zu keinem erheblichen Fehler und zu keiner Häufung von einfachen Fehlern kommen.	Ich habe Angst vor Fehlern, ich darf mir auf keinen Fall einen Fehler erlauben, sonst sieht es schlecht aus. Ich muss alles richtig machen. Während der Prüfung grüble ich über vorausgegangene Fehler nach.	Fehler sollten möglichst nicht passieren. Ich habe gelernt, damit umzugehen. Während der Prüfung konzentriere ich mich auf die vor mir liegenden Fahraufgaben. Wenn Fehlergedanken auftauchen, sage ich innerlich »Stopp!«
Beobachtung: Der Prüfer beobachtet die Prüfungsfahrt, ob sie sicher abläuft oder ob der Prüfling Fehler macht (erhebliche oder leichtere). Fehler werden registriert und später im Schlussgespräch kommentiert.	Ich habe Angst vor dem Prüfer, der Prüfer belauert mich, ob ich Fehler mache. Wenn ich Fehler mache, wird er böse. Dann lässt er mich durchfallen. Der Prüfer wird mir Fallen stellen, ich muss misstrauisch sein. Andererseits muss ich die Anweisungen des Prüfers wortwörtlich umsetzen, sonst schimpft er, und ich bestehe nicht.	Ich weiß, der Prüfer beobachtet mein Verhalten. Das kann ich gut ausblenden. Er verhält sich mir gegenüber wohlwollend und sachlich. Er stellt mir keine Fallen, sondern benimmt sich wie ein verständiger Beifahrer. Ich kann mir vom Prüfer eine Anweisung erklären lassen. Im Zweifelsfall ist die Verkehrssicherheit wichtiger als die Anweisung des Prüfers.
Schluss der Prüfungsfahrt: Einparken, Auto sichern. Schlussgespräch mit Bewertung (bestanden, nicht bestanden). Führerschein bzw. Fehlerprotokoll überreichen	Das Ganze war ein einziges Desaster, jetzt ist es aus. In mir ist nur noch Erschöpfung und Leere. Ich weiß nicht, was der da erzählt. Es ist sowieso alles sinnlos. Ich höre ganz auf.	Ich bin erschöpft, erst mal durchatmen. Schön wäre natürlich, jetzt den Führerschein zu bekommen. Wenn nicht, bin ich etwas enttäuscht. Ich versuche, dem Prüfer genau zuzuhören, das ist eine Chance, etwas zu lernen. Ich bleibe dran. Irgendwann schaffe ich es schon.

6.1.4 Fehlertraining und Prüfungsvorbereitung: Angstsituationen aufsuchen

Martin hat in den vergangenen Prüfungen harmlose Fehler gemacht und sich furchtbar darüber aufgeregt. Aufgrund seiner Nervosität hat er anschließend noch schwerwiegendere Fehler gemacht. Gemeinsam arbeiten wir diese Situationen auf, in denen er Fehler gemacht hat, damit er lernt, damit umzugehen. Das Ziel ist, seine Idee aufzugeben, perfekt zu fahren, und seine Angst vor Fehlern zu überwinden.

Wir sprechen über seine Fehler, die er bis jetzt in Prüfungen gemacht hat, genau gesagt, über seine Erstfehler. In der 1. Prüfung stand er ein bisschen zu lang vor einer Kreuzung; in der 2. Prüfung fuhr er mal ein bisschen zu schnell, mal zu langsam und in der 3. Prüfung parkte er etwas schief ein. All seine Erstfehler sind im Grunde für sich genommen harmlose Fehler, die erst bei gewisser Häufung zum Nichtbestehen führen.[3] Kein Prüfer würde ihm diese einzelnen harmlosen Fehler ankreiden. Meine These ist: Wenn es ihm gelingt, Fehler gelassener zu sehen, dann wird es auch nicht zum befürchteten Aufschaukeln, dem Teufelskreis, kommen. Wir werden also üben, Fehler zu machen und mit ihnen gelassen umzugehen.

Harmlose Fehler überbewerten

> **Tipp**
>
> Lernen Sie, mit Fehlern gelassen umzugehen. Viele Fehler lassen sich an Ort und Stelle noch korrigieren. Andere, die Sie nicht mehr korrigieren können, sind vielleicht harmlos. Sicher gibt es auch schwere Fehler, die die Konsequenz nach sich ziehen, nicht zu bestehen. Dann versuchen Sie es eben in der nächsten Prüfung.

Martin wird durch folgende quälende Gedanken an Fehler irritiert:

»Ich stehe an einer Kreuzung, an der ich warten muss. Es entsteht Druck, endlich los zu fahren.«
Das war die Situation in den ersten beiden Prüfungen. Eigentlich ist der Fehler beim Warten erträglich, es entsteht nur eine Behinderung. Gefährlich kann es werden, wenn man sich selbst unter Druck setzt oder wenn andere Druck machen. Dann fährt man unbedacht los und macht vielleicht einen schwerwiegenden Fehler, wie es in der 2. Prüfung der Fall war, als Martin beim Abbiegen nach links beinahe den Fußgänger übersah. Wir üben zuerst das richtige Verhalten, Lücken auszunützen. Dann üben wir, stehen zu bleiben, Lücken nicht auszunutzen und den Druck auszuhalten. Martin sagt laut, wann er fahren könnte, aber er bleibt dennoch stehen. Manchmal wird hinter uns gehupt. Dann soll Martin möglichst reagieren, z. B. die wartenden Fahrer beruhigen oder sie nach vor-

Druck aushalten

ne winken. Manchmal spiele ich »ungeduldigen Prüfer«, erhöhe den Druck und sage laut: »Das dauert aber, wollen Sie den ganzen Verkehr aufhalten?« Auch darauf soll Martin angemessen reagieren, indem er dem Prüfer eine freundliche Antwort gibt (»Ich gebe mir Mühe«).

Die Übung tut ihm gut, denn sie zwingt ihn zur Ruhe, und fällt ihm gleichzeitig sehr schwer. Wie viele andere Anfänger auch, fühlt er sich im Verkehr sehr unter Druck gesetzt und kann oft nicht richtig einschätzen, was möglich ist und was nicht.

»Ich stehe am Berg vor einer Ampelkreuzung, bei Grün würge ich den Motor ab. Ich habe Panik.«

Mit harmlosem Fehler umgehen

Das ist die Situation in der 2. Prüfung, als Martin hektisch am Berg anfahren wollte und beinahe den hinter ihm stehenden Wagen gerammt hätte. Wir trainieren die Situation zuerst in einer ruhigen Straße. Dabei zeige ich ihm, wie man den Motor vorsätzlich abwürgt, aber ihn **nicht** gleich wieder anlässt und weiterfährt. Das tun alle aufgeregten Fahrschüler in der Prüfung und begehen dabei weitere Fehler. Wichtiger ist, Ruhe zu bewahren, den Wagen zu sichern, damit er nicht zurückrollt, und den Verkehr zu beobachten. Dann üben wir seinen Fehler: Er lässt die Handbremse los, lässt die Kupplung nicht kommen, der Wagen rollt zurück, er gibt heftig Gas, bis der Motor aufkreischt, dann bremst er. Jetzt hat er endlich verstanden, was damals passiert ist: Martin war hektisch, da er unter Druck stand, verhinderte seine Alarmreaktion die Koordination der Abläufe und verkrampfte seine Fußmuskeln bzw. ließ sie zucken.

Anschließend trainieren wir an einer belebten Ampelkreuzung bergauf, Martin würgt bei Grün den Motor bewusst ab. Es klappt, er bleibt einigermaßen ruhig und schließlich kommen wir gut weg. Dann üben wir Abwürgen mit fehlerhaftem Anfahren, sodass der Wagen ein paar Zentimeter zurückrollt. Die anderen Verkehrsteilnehmer bleiben ruhig, keiner hupt oder fährt hektisch los. Nach dieser Übung fühlt sich Martin besser.

»Ich schaffe es nicht, gerade einzuparken Dann kann ich die Prüfung vergessen.«

Gedankenstopp

Wir stellen den Fahrschul-Pkw also schräg in die Lücke und schauen, was sich tun lässt. Martin empfindet das Korrigieren schließlich als selbstverständlich. Zur Übung stellen wir den Wagen auch mal schräg in die Lücke und belassen es so. Martin fährt weiter und unterbindet seine aufkommenden Fehlergedanken durch Gedankenstopp. Anschließend kommentiert er laut die Fahrt, um an etwas anderes zu denken. Diese Übung erweist sich als sinnvoll, denn Martin fällt es schwer, sich mit der Schrägstellung des Wagens zufrieden zu geben, weiterzufahren und sich abzulenken.

»Ich soll in die Autobahn einfahren, ich komme nicht hinein und bekomme Panik.«

Das war die Situation in der 3. Prüfung, in der Martin einen schwerwiegenden Fehler gemacht hat, der ihn weiterhin beschäftigt. Nach dem harmlosen Fehler, schief in der Parklücke zu stehen, war er dermaßen aufgeregt, dass er den Fehler machte, beinahe einen nebenfahrenden Lkw zu rammen. Ich mache ihm klar, dass das »Liegenbleiben«, d. h. das Anhalten auf dem Beschleunigungsstreifen, laut StVO eigentlich erlaubt ist; denn dort heißt es klipp und klar, dass der Verkehr auf der durchgehenden Fahrbahn Vorfahrt hat.[4]

Den Umgang mit der gefürchteten Lkw-Kolonne besprechen wir zuerst am PC. Ich zeige ihm auf dem PC Bilder von Lkw und Lkw-Kolonnen auf der Autobahn neben dem Beschleunigungsstreifen. Das Foto mit dem großen Lkw hat es ihm angetan. Martin kommt selbst auf die Lösung: Ruhe bewahren, nicht beschleunigen, sondern zurückfallen lassen, hinter dem Lkw nach einer Lücke suchen (◘ Abb. 6.2).

Wir üben das Anhalten auf einer wenig befahrenen Brandenburger Autobahneinfahrt.

Ruhe bewahren, nach Alternativen suchen

Danach üben wir auf dem Stadtring. Martin soll auf dem Beschleunigungsstreifen neben einer Kolonne Pkw oder Lkw fahren, beobachten, hinten oder vorne nach einer Lücke suchen, zur Not auch noch auf dem Seitenstreifen weiter ziehen. Dabei stellt er fest, dass ihm Platz gemacht wird, den Seitenstreifen braucht er gar nicht in Anspruch zu nehmen. Zur Sicherheit üben wir aber noch ein paar Mal auf dem Beschleunigungsstreifen ein paar Meter weiter bis in den Seitenstreifen hinein zu fahren. Martin gewinnt mithilfe dieser Übungen Ruhe.

Dann üben wir die Prüfung, d. h. Martin durchläuft eine Serie von Testfahrten. Wir nehmen dazu auch Beifahrer (andere Fahrschüler) mit.

Realistische Testfahrten

◘ **Abb. 6.2.** Lkw neben dem Beschleunigungsstreifen

Zu Beginn der Fahrt teilt er seine Prüfungsangst und seinen Wunsch mit, er möge nicht so nervös sein. Nach der Testfahrt werten wir sie gemeinsam aus. Zuerst äußert Martin seine Beobachtungen über die Fahrt (gute Stellen und Fehler), dann die Beifahrer, dann ich als Fahrlehrer. Wenn er besteht, bekommt er von mir einen »Führerschein«. Besteht er nicht, gebe ich ihm Zeit, sich nach der schlechten Nachricht wieder aufzufangen. Ich fülle in seiner Gegenwart ein Fehlerprotokoll aus und überreiche es ihm. Dann fahren wir zur Prüfstelle und beobachten andere Fahrschulwagen, die gerade zu einer Prüffahrt starten oder zurückkommen.

Nach zahlreichen Testfahrten unter Prüfungsbedingungen ist er tatsächlich immer besser geworden. Nicht nur seine Leistungen sind besser, sondern Martin geht auch mit der Prüfungsangst lockerer um. Mein Lob ist eigentlich nicht nötig, denn mit seinen Fortschritten hat er auch an Selbstbewusstsein gewonnen.

> **Tipp**
>
> Je realistischer Sie sich auf die Prüfung vorbereiten, desto leichter fallen Ihnen später die Prüfungsfahrt und die Bewältigung Ihrer Nervosität.

Ich bitte Martin, sich zu Hause die Prüfungsfahrt, vor allem ihren Beginn, vorzustellen, und dabei auch an all seine Wünsche und Vorhaben zu denken. Er steht in Gedanken auf der Prüfstelle, ist gespannt, ein bisschen aufgeregt, freut sich aber auch auf die Prüfungsfahrt. Er und der Prüfer begrüßen sich freundlich, dann teilt er dem Prüfer mit, er sei aufgeregt und habe sich einiges deswegen überlegt. Sie fahren los, er fühlt sich zuerst etwas nervös, dann geht es ihm besser …

6.1.5 Umgang mit heftigen körperlichen Reaktionen: Entspannungsübungen

Bei einigen Übungsstunden, insbesondere wenn wir unter Prüfungsbedingungen üben, kommt der alte Stress wieder hoch. Martins Herz klopft stark, er zittert undschwitzt, er kann sich nicht mehr konzentrieren. Ich bitte ihn, diese Nervosität regelmäßig anzusagen auf einer Skala von 1 (gar nicht nervös) bis 10 (extrem nervös).

Nach vielen Testfahrten haben sich bei Martin folgende Maßnahmen bewährt, um seine körperlichen Reaktionen besser zu kontrollieren:

1. Speichelproduktion und Zucker fürs Gehirn
   Während der Prüfung lutscht er Bonbons. Sie sorgen für Speichelproduktion und versorgen auch das Gehirn kurzfristig mit Energie. Im Türfach liegt ein Fläschchen mit Apfelsaftschorle bereit.

2. Pause und Gymnastik zur Entspannung und Erholung
   In Situationen, wo die Belastungen zu groß werden und er spürt, dass seine Konzentration schwindet, legt er eine Pause ein. Diesen Wunsch äußert er laut. Da eine Pause im Straßenverkehr nicht immer möglich ist (auch andere Autofahrer müssen zu diesem Zweck einen geeigneten Platz ansteuern), lernt er, seinen Gefühlszustand zu beobachten und im Vorfeld schon auf Verschlechterungen zu achten.

3. Beifahrer schweigen, damit sich der Fahrer konzentrieren kann
   Auf meine Frage, ob ich mit dem Prüfer plaudern oder ob wir beide lieber schweigen sollen, äußert er den Wunsch, wir sollten lieber schweigen. So kann Martin sich am besten konzentrieren. Außerdem entfällt damit die immer mal wieder plötzlich auftretende peinliche Sprechpause, wenn er als Prüfling einen Fehler gemacht hat. Jede Sprechpause irritiert ihn, weil er dann sofort einen Fehler vermutet.

4. Lautes Sprechen und Kommentieren, um sich auf die konkreten Abläufe zu konzentrieren.

5. Um die Konzentration bei schwierigen Streckenabschnitten zu erhalten, übt er regelmäßig, sein Verhalten im Verkehr selbst zu kommentieren. (»Ich biege gleich nach rechts ab. Ich schaue, blinke und bremse, jetzt mache ich einen Schulterblick und beachte Radfahrer und Fußgänger.«) Durch das Reden bleibt er bei der Sache und denkt nicht an Fehler. Darüber hinaus werden durch das laute Sprechen die kommenden Abläufe vorbereitet.

Die Entspannungsübungen von 1. bis 4. trainieren wir nun bei weiteren Testfahrten, und Martin wird den Prüfer darüber informieren, dass er sie während der Prüfungsfahrt einsetzen wird.

Tipp

Beim Training körperlicher Entspannungstechniken spüren Sie sofort und unmittelbar Hilfe und Beruhigung. Diese Techniken sind Ihre persönliche »Feuerwehr«.

◘ Tab. 6.2. Was können Sie gegen übermäßige körperliche Reaktionen in der Prüfung tun?

Normale, angemessene körperliche Reaktionen	Heftige, übermäßige körperliche Reaktionen in der Prüfung	Kontrolle und Linderung der körperlichen Reaktionen
Atmung: Leicht erhöhte Frequenz, bessere Sauerstoff-Versorgung	Das Atmen wird schneller und flacher (Hyperventilation), bis zu 5-mal schneller als normal. Dabei wird viel Sauerstoff ein- und Kohlendioxid ausgeatmet. Folge: Kribbeln, Zittern, Muskelkrampf, Sehstörungen, Schwindelgefühl, Panik, Atemnot.	Kontrolle über die Atmung: Ruhiges, weniger tiefes Atmen: Einige Sekunden zuerst durch die Nase in den Bauch, dann in die Brust einatmen, kleine Pause, dann sehr langsam durch den Mund wieder ausatmen, kleine Pause.
Atmung: Zwischendurch verlangsamtes Atmen zur kurzzeitigen Konzentration	Sehr langsames Atmen, manche Prüflinge halten vor Anspannung den Atem einige Zeit lang an. Starke Ablenkung durch unterdrückten Atemreflex, Trance	Entspanntes, ruhiges Atmen, wie oben beschrieben. Einige Prüfer mahnen netterweise vor der Prüfung: »Und bitte, vergessen Sie das Atmen nicht!«
Herz-Kreislauf: Leicht erhöhte Pulsfrequenz, bessere Durchblutung von Herz, Gehirn und Muskeln	Starkes Herzklopfen, Aufregung, Zittern, starke Durchblutung des Kopfes, Panik	Kontrolle des Herzschlags: Ruhiges Atmen, wie zuvor beschrieben. Anhalten, aussteigen, Gymnastik machen und ein bisschen plaudern
Muskelspannung und Reaktion ist erhöht. Schnelles Bremsen, Gasgeben, Kuppeln	Starke Muskelanspannung, Muskelkrampf und -zittern, Gefühlvolle Pedalbedienung ist praktisch nicht mehr möglich.	Progressive Muskelentspannung: In einer Fahrpause Arm- oder Beinmuskeln bewusst kräftig anspannen, Spannung einige Sekunden halten, dann schlagartig entspannen.
Innerer Wärmehaushalt: Äußere Blutgefäße sind verengt, kühle Hände und Füße. Muskeln dagegen gut durchblutet. Bei erhöhtem Stress vermehrtes Schwitzen	Schweißausbrüche, »Angstschweiß«, Sehstörungen, feuchte Hände, Kopf wird immer heißer. Rücken ist schweißnass.	»Kühlen Kopf« behalten: Feuchtes Handtuch bereithalten und sich abtrocknen. Schweißband nutzen. Leichte Autofahrerhandschuhe tragen. Trinken (Mineralwasser, Fruchtsaftschorle). Leichte, luftige Kleidung. Auto belüften oder Klimaautomatik auf mäßig kühl stellen.
Magen, Verdauung: gehemmt	Übelkeit, flaues Gefühl im Magen, Speichel im Mund, plötzlicher Brechreiz	Das ist ein Notfall, d. h. rasch vorgehen: So schnell wie möglich rechts anhalten. Raus aus dem Auto, ruhig atmen. Wenn nötig, übergeben. Zur Magenberuhigung Ingwer- oder Fencheltee trinken.
Gehirn: überdreht, etwas verspannt, reaktionsschnell	Konzentrationsschwäche, Gedankenblockade, Abwesenheit, Wahrnehmungsstörungen, Fahren wie in Trance, Blackout, Abschalten des Großhirns, direkte Stressreaktion über das »Gefühlshirn« (das limbische System)	Vernunft und schnelle Reaktion erhalten: Traubenzucker lutschen oder Fruchtsaftschorle vor oder in der Prüfung trinken. Lautes Sprechen und Kommentieren des eigenen Fahrverhaltens in kritischen Situationen.

6.1.6 Martin besteht die Fahrprüfung

Martins Prüfung verläuft nun in etwa so, wie er es sich gewünscht hat. Er spricht mit dem Prüfer über seine Wünsche. Der ist mit allem einverstanden: »Der Fahrer sind Sie, Sie bestimmen …« Das Schweigen, das er sich vom Fahrlehrer und Prüfer erwünscht hat, ist leicht einzuhalten. Das laute Kommentieren seines jeweiligen Verhaltens ist sinnfällig, da er dem Prüfer die Gründe erläutert hat. Die ersten zehn Minuten der Prüfungsfahrt verlaufen zufriedenstellend.

Mit dem Prüfer sprechen

Auf einer breiten, viel befahrenen Straße macht Martin dann beinahe einen Fehler, als er vor einem Parker in zweiter Reihe ausweicht. In der Hektik rückt er nach links, sieht gerade noch einen neben ihm fahrenden Pkw, zieht wieder nach rechts und stoppt heftig. Martin wirkt unkonzentriert, durcheinander, er denkt jetzt sicher: »Ein Fehler ist passiert, wahrscheinlich alles aus?« Wenn unsere Übungen etwas gebracht haben, müsste er nun um eine Pause bitten. Er tut es. Der Prüfer schlägt ihm vor, diesen Wunsch noch ein bisschen zurückzustellen und lotst ihn auf einen nahegelegenen Parkplatz eines Baumarktes. Dort soll er einparken, was ihm zu Anfang nicht gelingt. Er lässt das Auto dann schräg stehen, steigt aus und macht seine Pause, dehnt sich ein bisschen, geht um das Auto herum. Anschließend schaut er sich die Position des Wagens an und parkt nach einigem Hin und Her richtig ein.

Pause rettet den Erfolg

Am Schluss der Fahrt stehen wir auf einer großen belebten Straße, in der Nähe einer Stadtautobahn. Martin hat sich in der Mitte eingeordnet, um nach links auf das Gelände der Prüfstelle abzubiegen. Beinahe unaufhörlich braust der Gegenverkehr auf uns zu, unterbrochen von Ampel-Phasen. Jedoch kommen anschließend immer wieder Abbieger aus der Querrichtung. Kaum eine Lücke im Strom des Gegenverkehrs ist zu sehen. Auf dem gegenüberliegenden Gehweg, unterbrochen von der Einfahrt zur Prüfstelle, gehen ab und an Fußgänger. Der Prüfer bleibt stumm. Martin wird langsam nervös. Dies ist die Schlüsselsituation der Prüfungsfahrt. Aber wir haben solche Situationen häufig geübt. Andererseits hat Martin aufgehört, seine Handlungen laut zu kommentieren.

Druck aushalten

Endlich kommt eine größere Lücke, doch Martin bleibt stehen! Schließlich fährt er doch etwas hektisch los, die Lage ist noch nicht gefährlich, aber er ist nun unnötig in Eile. Ich frage mich, ob er sich in seiner Hast um die Fußgänger auf dem Gehweg kümmern wird. Aber jetzt kommentiert er wieder: »Ich fahre langsamer, bremse, halte auf Höhe der geparkten Autos, lasse die beiden Fußgänger durch. Dann schalte ich in den ersten Gang …« Trotz seiner Eile hat er die Situation einigermaßen gemeistert (❑ Abb. 6.3).

Lautes Kommentieren

Allerdings würgte Martin an der Einfahrt zur Prüfstelle vor Aufregung den Motor beim Anfahren ab. Ruhig ist er dann einigermaßen gefasst bis zur Prüfstelle gehoppelt. Handbremse gezogen, Motor aus, tiefer Seufzer. Der Prüfer mahnt ihn, eine größere Lücke auch wirklich

■ **Abb. 6.3.** Fahrprüfung –
links abbiegen, abwarten
wegen Gegenverkehr

auszunutzen und keine Zeit verstreichen zu lassen, um unnötige Hektik zu vermeiden. Dann erhält Martin den Führerschein.

Martin erklärt die letzte Situation: »Ich habe Druck gespürt. Andererseits haben wir aber auch geübt, zu warten und nichts zu übereilen. Bei der größeren Lücke habe ich sofort gewusst, jetzt kannst Du fahren. Ich habe noch kurz anders überlegt und gesehen, dass da wieder viele Autos fuhren. Keine Chance auf eine neue Lücke. Also bin ich dann doch losgefahren, allerdings in Eile. Beim Losfahren habe ich gemerkt, dass mir die Sache ein bisschen aus dem Ruder lief. Ich habe den Gegenverkehr gesehen, hatte Angst und wollte nur noch weg. Also habe ich mich auf das laute Reden besonnen. Dann ging es wieder.«

Martin zählt die Übungen auf, die ihm am meisten bei seinen Problemen geholfen haben: das Gespräch mit seiner Freundin, in dem sie ihm ihre Unterstützung versicherte, die Fehlerübungen und schließlich das laute Sprechen beim Fahren.

Zum Schluss frage ich ihn, was sie jetzt vorhaben. Mit einem alten VW, den sie sich gekauft haben, wollen sie durch Frankreich und Spanien fahren. Dafür nehmen sie sich viel Zeit, vielleicht sogar zwei Monate. Seine Freundin sagte, sie hätten sich jetzt eine Auszeit verdient.

6.1.7 Hilfe, ich habe die Prüfung nicht bestanden! Was kann ich tun?

In Berlin kommen auf etwa zwei Drittel bestandener Fahrprüfungen der Klasse B ein Drittel nicht bestandener. In anderen Bundesländern sieht die Relation anders[6], zum Teil besser oder schlechter aus. Eine große Minderheit von Prüflingen besteht also die Prüfung nicht. Für viele dieser Menschen ist das Nichtbestehen eine persönliche Katastrophe: Sie haben das Gefühl, versagt zu haben, ihr Selbstwertgefühl leidet und die Angst vor der nächsten Prüfung steigt. Zudem entstehen erhebliche Mehrkosten.

Prüflinge, der Fahrlehrer und auch Prüfer wünschen einen Prüfungserfolg. Dennoch wird es Ihnen besser gehen, wenn Sie auch einen Misserfolg einkalkulieren.

> **Tipp**
>
> Wenn Sie nicht nur auf den Prüfungserfolg hinarbeiten, sondern sich auch auf die Vorstellung des Nichtbestehens einlassen, sind Sie wahrscheinlich entspannter und werden sogar eher bestehen.

Bereiten Sie sich auf das Bestehen in der Prüfung vor; aber auch auf das Nichtbestehen

Überlegen Sie sich, was wirklich passiert, wenn Sie die Prüfung nicht bestehen: Sie haben Zeit- und Geld investiert und müssen eine weitere Prüfungsfahrt hinter sich bringen. Das ist nicht schön, aber verkraftbar. Es gibt keinen Anlass, daraus eine Katastrophe zu machen.

Legen Sie etwas Geld zurück, planen Sie zusätzliche Zeit für eine Wiederholungsprüfung ein. Wenn Sie den Führerschein für Ihren Beruf brauchen und Ihr Arbeitgeber drängelt, dann sprechen Sie mit ihm, dass Sie die Prüfung bestehen, aber vielleicht nicht gleich.

Bereiten Sie sich in Testfahrten darauf vor, dass sie bestehen – oder eventuell nicht bestehen:

Fahren Sie mit Ihrem Lehrer zusammen möglichst realistische Testfahrten. Freuen Sie sich, wenn Sie eine gute Testfahrt geschafft haben. Fall sie nicht gelingt, wird der Fahrlehrer sich genauso verhalten, wie der Prüfer: Er teilt Ihnen mit, dass Sie nicht bestanden haben und warum und wartet Ihre Reaktion ab.. Dann kreuzt er in einem Fehlerprotokoll bzw. Prüfprotokoll[7] die entsprechenden Fehler an und bespricht Sie mit Ihnen (❑ Abb. 6.4). Üben Sie, in dieser Situation trotz Ihrer Enttäuschung genau zuzuhören und nachzufragen.

Suchen Sie sich eine Fahrschule, die professionell und wertschätzend mit Nichtbestehern umgeht:

Einige Fahrschulen sehen Fahrschüler, die mehrfach durch die Prüfung gefallen sind, nicht gern, weil es ihrem Ruf schaden könnte, wenn sich das herumspricht. Vielleicht spielt auch die Enttäuschung eine Rolle, die Fahrlehrer empfinden, wenn ihre Prüflinge nicht bestehen.

Die offiziell von der Bundesvereinigung der Fahrlehrerverbände verbreiteten AGB (Allgemeine Geschäftsbedingungen für Fahrschulen) bestätigen diesen Trend. Nach den AGB kann ein Ausbildungsvertrag gekündigt werden, wenn der Fahrschüler »den theoretischen oder praktischen Teil der Fahrerlaubnisprüfung nach jeweils zweimaliger Wiederholung nicht bestanden hat.[8]

■ **Abb. 6.4.** Fehler- bzw.
Prüfprotokoll

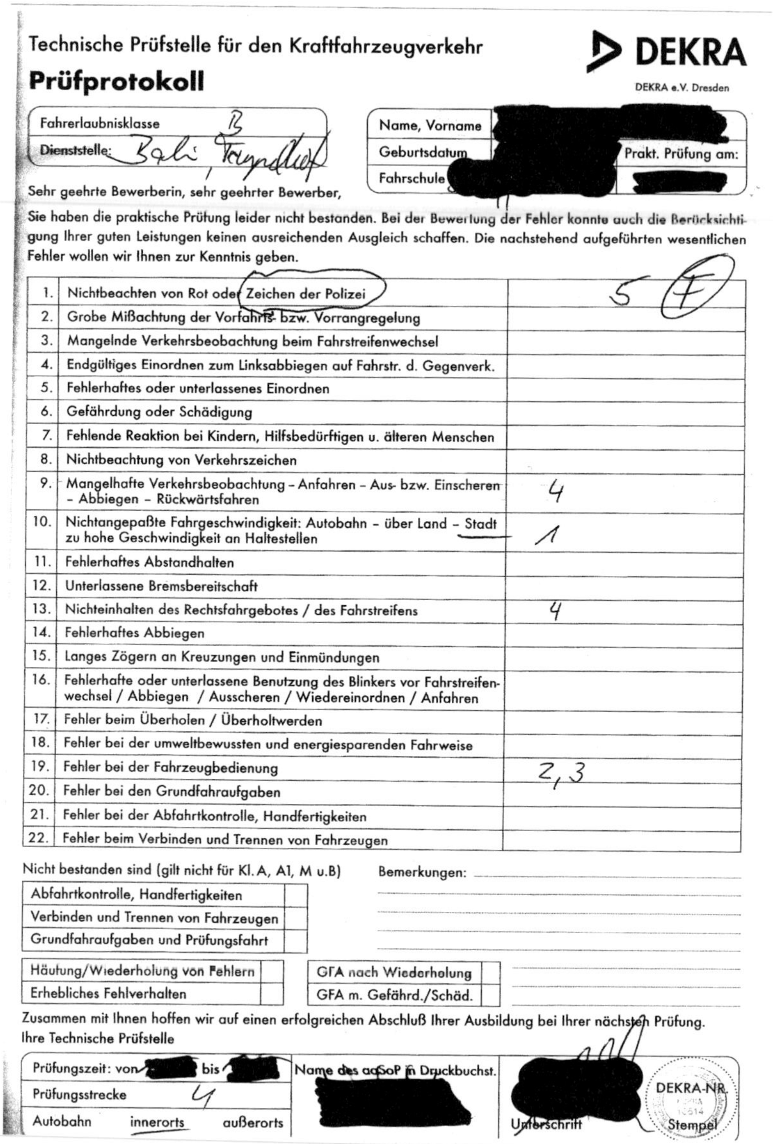

Technische Prüfstelle für den Kraftfahrzeugverkehr   ▷ **DEKRA**

Prüfprotokoll   DEKRA e.V. Dresden

Fahrerlaubnisklasse   *B*

Dienststelle: *Berlin Teynstr.*

Name, Vorname

Geburtsdatum

Fahrschule

Prakt. Prüfung am:

Sehr geehrte Bewerberin, sehr geehrter Bewerber,

Sie haben die praktische Prüfung leider nicht bestanden. Bei der Bewertung der Fehler konnte auch die Berücksichtigung Ihrer guten Leistungen keinen ausreichenden Ausgleich schaffen. Die nachstehend aufgeführten wesentlichen Fehler wollen wir Ihnen zur Kenntnis geben.

1.	Nichtbeachten von Rot oder Zeichen der Polizei	*5 F*
2.	Grobe Mißachtung der Vorfahrts- bzw. Vorrangregelung	
3.	Mangelnde Verkehrsbeobachtung beim Fahrstreifenwechsel	
4.	Endgültiges Einordnen zum Linksabbiegen auf Fahrstr. d. Gegenverk.	
5.	Fehlerhaftes oder unterlassenes Einordnen	
6.	Gefährdung oder Schädigung	
7.	Fehlende Reaktion bei Kindern, Hilfsbedürftigen u. älteren Menschen	
8.	Nichtbeachtung von Verkehrszeichen	
9.	Mangelhafte Verkehrsbeobachtung – Anfahren – Aus- bzw. Einscheren – Abbiegen – Rückwärtsfahren	*4*
10.	Nichtangepaßte Fahrgeschwindigkeit: Autobahn – über Land – Stadt zu hohe Geschwindigkeit an Haltestellen	*1*
11.	Fehlerhaftes Abstandhalten	
12.	Unterlassene Bremsbereitschaft	
13.	Nichteinhalten des Rechtsfahrgebotes / des Fahrstreifens	*4*
14.	Fehlerhaftes Abbiegen	
15.	Langes Zögern an Kreuzungen und Einmündungen	
16.	Fehlerhafte oder unterlassene Benutzung des Blinkers vor Fahrstreifenwechsel / Abbiegen / Ausscheren / Wiedereinordnen / Anfahren	
17.	Fehler beim Überholen / Überholtwerden	
18.	Fehler bei der umweltbewussten und energiesparenden Fahrweise	
19.	Fehler bei der Fahrzeugbedienung	*2,3*
20.	Fehler bei den Grundfahraufgaben	
21.	Fehler bei der Abfahrtkontrolle, Handfertigkeiten	
22.	Fehler beim Verbinden und Trennen von Fahrzeugen	

Nicht bestanden sind (gilt nicht für Kl. A, A1, M u.B)   Bemerkungen:

Abfahrtkontrolle, Handfertigkeiten	
Verbinden und Trennen von Fahrzeugen	
Grundfahraufgaben und Prüfungsfahrt	

Häufung/Wiederholung von Fehlern		GFA nach Wiederholung	
Erhebliches Fehlverhalten		GFA m. Gefährd./Schäd.	

Zusammen mit Ihnen hoffen wir auf einen erfolgreichen Abschluß Ihrer Ausbildung bei Ihrer nächsten Prüfung. Ihre Technische Prüfstelle

Prüfungszeit: von   bis   Name des aaSoP in Druckbuchst.

Prüfungsstrecke   *4*

Autobahn   innerorts   außerorts

Unterschrift

DEKRA-NR.
Stempel

Überwinden Sie bei einem Misserfolg den Zwang zu grübeln, sitzen Sie nicht über sich zu Gericht

Trotz bester Vorbereitung kann Ihnen in der Prüfung ein erheblicher Fehler passieren, Ihr Fahrlehrer musste eingreifen, Sie haben nicht bestanden. Viele Fahrschüler quälen sich in dieser Situation mit Selbstvorwürfen, was die Sache nur schlimmer macht. Üben Sie mit Ihrem Fahrlehrer diese Situation, nicht nur die Korrektur des Fehlers, sondern auch ruhiges Verhalten trotz aller Hektik.

Bleiben Sie gegenüber Ihrem Führerscheinwunsch locker

In unserer Gesellschaft ist der Führerschein wichtig, weil man ihn braucht, um mobil zu sein: beruflich, in der Familie oder in der Freizeit. Dennoch sind Sie kein Versager oder Außenseiter, wenn Sie ihn nicht haben. Deswegen verlieren Sie nicht Ihre Arbeitsstelle oder verarmen. Der Führerschein ist eine schöne, zusätzliche Berechtigung, die aber nicht lebenswichtig für Sie ist. Sie können andere Verkehrsmittel nutzen oder bei anderen im Auto mitfahren. Für viele Berufe wird der Führerschein nicht benötigt. Wenn Sie die Prüfung nicht auf Anhieb bestehen, machen Sie eben (später) weiter. Auch ohne Führerschein sind Sie ein vollwertiger Mensch!

6.2 Was können Sie tun, wenn Sie an Prüfungsangst leiden? (Tipps zur Selbsthilfe)

Wenn Sie sich auf die Fahrprüfung vorbereiten, sind Sie darauf angewiesen, dass Ihr Fahrlehrer Sie ausbildet und begleitet. Dennoch gibt es viele Möglichkeiten, wie Sie sich selbst helfen können. Gewinnen Sie mehr Klarheit über die Art und die Steuerung Ihrer Ängste, und werden Sie dadurch selbstbewusster. Sprechen Sie aber auf jeden Fall mit Ihrem Fahrlehrer, wenn Sie das Gefühl haben, dass Ihre Ausbildung Ihren Wünschen nicht gerecht wird.Ihr Fahrlehrer sollte Sie bei Ihren Bemühungen, Ihre Angst abzubauen, unterstützen.

6.2.1 Selbsthilfetipps bei Prüfungsangst

1. Führen Sie ein Tagebuch, in das Sie belastende Situationen und Ihre körperlichen Reaktionen, Gedanken und Gefühle eintragen. Das wird Ihnen helfen, Klarheit und Übersicht über Ihre Ängste zu bekommen und zu überlegen, wo Sie ansetzen können, um Ihre Ängste zu bewältigen. Loben Sie sich im Tagebuch, wenn es Ihnen gelingt, die Zauberworte anzuwenden und Ihre Gedankenfalle zu vermeiden.

   Tagebuch führen

2. Trainieren Sie nach den ersten Fahrstunden auf einem Verkehrsübungsplatz, um sicherer und selbstbewusster zu werden (◘ Abb. 6.5). Dabei ist es Pflicht, einen Begleiter mit Führerschein dabei zu haben. Nach den ersten Fahrstunden in der Fahrschule haben Sie gelernt, richtig mit dem Auto umzugehen und einfache Verkehrssituationen zu beherrschen. Nun können Sie auf dem Verkehrsübungsplatz das Richtige nochmals üben, aber auch Fehler machen und diese korrigieren, z. B. falsch einparken, beim Anfahren den Motor abwürgen, den falschen Gang einlegen, das Lenkrad heftig bewegen, mit gezogener Handbremse losfahren, schnell und hart auf die Bremse treten ohne zu kuppeln. Bei diesen Experimenten werden Sie die Angst vor Fehlern verlieren.

   Auf einem Verkehrsübungsplatz trainieren

Abb. 6.5. Verkehrsübungsplatz für Pkw

Gedankenfalle überwinden

3. Nehmen Sie sich die quälenden Gedanken vor, die Sie belasten, z. B.: »Was sagen meine Freunde dazu, wenn ich die Prüfung nicht bestehe? Sie werden ein bisschen komisch gucken und mich vielleicht verachten. Oder wollen Sie gar nichts mehr mit mir zu tun haben?« Denken Sie über diese Gedanken nach: Sind sie denn realistisch oder furchtbar übertrieben? Wie sieht die Wirklichkeit aus? Sprechen Sie mit Ihren Freunden über Ihre Ängste. Ihre Bekannten werden Ihnen wahrscheinlich versichern, dass die Freundschaft nicht von einer (bestandenen bzw. nicht bestandenen) Prüfung abhängt. Wenn die Gedanken dennoch wiederkehren, dann trainieren Sie die Stopptechnik: Sie sagen »laut« in Gedanken »Stopp!« oder stellen sie sich ein Stoppschild vor und denken anschließend an etwas Schönes, z. B. einen Urlaub am Meer.

Entspannungstechniken

4. Eignen Sie sich Entspannungstechniken an, um die Auswirkungen von körperlichen Alarmreaktionen zu mildern. Diese Techniken wiederholen Sie bei Ausbildungs- und Testfahrten, damit Sie Ihnen geläufig werden. Dazu gehört auch, dass Sie rechtzeitig um eine Pause bitten, wenn Sie spüren, dass Ihre Alarmreaktionen zu heftig sind

Fehlertraining

5. Bereiten Sie sich auf ängstigende Situationen in der Prüfung vor, die Ihre Aufregung verstärken und Fehler provozieren. Schlagen Sie Ihrem Fahrlehrer solche Situationen zur Übung vor: Abwürgen des Motors, Zurückrollen am Berg, schiefes Einparken, Hektik und Druck an Kreuzungen, wo Sie wartepflichtig sind. Üben Sie diese Situationen während der Ausbildung, aber auch, Fehler zu machen und sie auszugleichen. Die Verkehrssicherheit geht dabei vor, dafür ist letztlich Ihr Fahrlehrer verantwortlich. So mildern Sie Ihre Fehlerangst.

6. Bereiten Sie sich realistisch auf die Prüfung vor: Nehmen Sie bei bei Testfahrten jemand anderen mit, z. B. eine Freundin mit Führerschein, die hinten sitzen und ein bisschen mitbeurteilen kann. Fahren Sie aber auch bei anderen Fahrschülern mit, um zu erkennen, wie die Prüfer beobachten. Lernen Sie auf der Prüfstelle mithilfe Ihres Fahrlehrers Prüfer kennen; beobachten Sie Fahrschulfahrzeuge, wie Sie zur Prüfung losfahren und ankommen. Üben Sie bei den Testfahrten all Ihre Maßnahmen: Sie sprechen mit dem »Prüfer« (= Fahrlehrer) über Ihre Aufregung, schildern ihm Ihre Pläne. Sie schlagen vor, eventuell Pause zu machen und machen sie tatsächlich während der Fahrt.

Realistische Testfahrten

7. Überlassen Sie die abschließende Einschätzung nach den Testfahrten, insbesondere die Fehlerauswertung, nicht allein dem Fahrlehrer. Dieser sollte Sie unterstützen, die Auswertung übernehmen Sie. Wenn Sie die Fehler selbst auswerten, ist es Ihnen gelungen, sich ein Stück von Ihren Ängsten zu distanzieren. Sie haben Ihre Fehler erkannt, akzeptiert und unternehmen nun etwas dagegen.

Fehlerauswertung üben

8. Sie stellen sich zu Hause im bequemen Sessel die Prüfung vor: Sie sind gespannt und freuen sich auf die Fahrt, denn Sie können nun zeigen, was Sie gelernt haben. Vor möglichen Fehlern haben Sie keine Angst mehr, denn sie haben geübt, mit Ihnen umzugehen. Dann erscheint der Prüfer. Sie begrüßen sich freundlich, zeigen Ihren Ausweis. Sagen Sie ihm, dass Sie aufgeregt sind und sich deswegen einige Gegenmaßnahmen ausgedacht haben, z. B. Pause zu machen, in schwierigen Situationen laut zu sprechen. Er wird vielleicht etwas verdutzt sein, dann aber nett reagieren. Dann fahren Sie los …

Mentale Vorbereitung

9. Klären Sie die äußeren, auch zeitlichen, Bedingungen der Prüfungsfahrt, um sie möglichst stressfrei für Sie zu halten. Am Tag der Prüfung sollten Sie sich frei nehmen. Versuchen Sie, ausreichend zu schlafen, ausreichend zu frühstücken, denken Sie an leichte Kleidung, an geeignete Schuhe und an Ihre Brille bzw. Ihre Kontaktlinsen. Legen Sie den Ausweis bereit und ggf. Geld für die Prüfung. Bitten Sie den Fahrlehrer, vor der Prüfungsfahrt noch ein bisschen zu üben, aber die Übung rechtzeitig zu beenden, sodass Sie auf der Prüfstelle noch etwas Zeit haben, um zur Ruhe zu kommen. Klären Sie mit ihm, ob Sie Pause machen dürfen, wenn es sein muss. Besprechen Sie auch, ob Fahrlehrer und -prüfer sich während er Fahrt unterhalten sollten oder nicht.

Stressfreier Ablauf der Prüfung

6.2.2 Informationen und Tipps zur Fahrprüfung und zum Nichtbestehen der Prüfung

Frage: Wie lange dauert eine Prüfung (Klasse B)?

Antwort: 45 Minuten. Zu Anfang und zum Schluss spricht der Prüfer mit dem Prüfling, sodass die reine Fahrzeit kürzer ist Sie beträgt amtlich 25 Minuten.

Frage: Kann der Prüfer eigentlich länger mit mir fahren?

Antwort: Ja, in der »Prüfungsrichtlinie Kfz« ist die Rede von »Mindestfahrzeit«[9]. Längere Fahrten kommen in der Praxis kaum vor, da jeder Prüfer einen Dienstplan hat.

Frage: Ich glaube, mein Prüfer hatte schlechte Laune. Bekomme ich bei der nächsten Prüfung einen anderen Prüfer?

Antwort: Versuchen Sie, damit umzugehen, dass der Prüfer Launen hat. Sie werden vielleicht später auch einen Beifahrer mit schlechter Laune ertragen müssen. Die Prüfer sind gehalten, freundlich und sachlich zu bleiben. Ob Sie einen anderen Prüfer bekommen, ist durchaus möglich, aber nicht zwingend.

Frage: Was ist, wenn ich mehrmals nicht bestehe?

Antwort: Sie können alle 14 Tage eine neue Prüfung machen. Ist aber ein Jahr seit der Theorieprüfung vergangen, erlischt Ihr Antrag auf Prüfung und Sie müssen einen neuen stellen. Damit ist auch die alte Theorieprüfung ungültig geworden und muss neu abgelegt werden.

Frage: Wenn ich viele Male nicht bestehe, muss ich dann zum Idiotentest?

Antwort: Der Idiotentest heißt amtlich MPU (medizinisch-psychologische Untersuchung). Nein, deswegen muss kein Prüfling zur MPU.

Frage: Bei jeder neuen Prüfung bin ich noch aufgeregter. Berücksichtigt das mein Prüfer eigentlich?

Antwort: Jeder Prüfer sollte dem Prüfling sachlich und freundlich gegenüber treten. Natürlich kennen die Prüfer die Akten. Wenn Sie dem Prüfer Ihr persönliches Programm zur Kontrolle Ihrer Nervosität vorschlagen, wird er gerne darauf eingehen. Sie dürfen aber nicht erwarten, dass der Prüfer Ihnen wegen Ihrer Nervosität »hilft«. Schließlich geht es bei den Prüfungen darum, verkehrssicheres Fahren zu zeigen. Wenn Sie einen Blackout vor einer Rechts-vor-links-Kreuzung bekommen und die Kreuzung wie in Trance überqueren, dann sind Sie eine Gefahr für andere Verkehrsteilnehmer, wofür es zu Recht keinen Führerschein gibt. Wenn Sie den Blackout aber durch lautes Kommentieren Ihres Fahrverhaltens kontrollieren und abwenden und den Überblick auf der Kreuzung behalten, dann haben Sie es richtig gemacht.

Frage: Kann ich bei der Prüfung eine Pause machen, wenn ich nervös bin?

Antwort: Ja, das ist gerade bei Nervosität sinnvoll. Teilen Sie Ihren Wunsch vorher dem Prüfer mit, um sich mit ihm einigen zu können, wann und wo die Pause gemacht wird. Das Einhalten einer Pause sollte schon in der Ausbildung geübt werden. Eine Pause sollten Sie immer ansagen, wenn Sie in eine belastende Situation geraten sind und das Gefühl haben, sehr nervös zu sein.

Frage: Was geschieht, wenn ich auch nach der Pause sehr nervös bin?

Antwort: Wenn Sie nach einer Pause nicht mehr weiterfahren können, dann sagen Sie das deutlich, z. B. so: »Nach meinem Gefühl kann ich nicht mehr weiterfahren. Ich bin sehr nervös!« Dann wird der Prüfer die Prüfung abbrechen.

Frage: Kann der Prüfer eine Prüfung auch von sich aus abbrechen?

Antwort: Ja, wenn er feststellt, dass der Prüfling sehr nervös und eine Leistungsbeurteilung nicht mehr möglich ist.

Frage: Was ist der Unterschied zwischen Nichtbestehen und Abbrechen der Prüfung?

Antwort: Das Abbrechen erfolgt, weil Ihre Fahrtüchtigkeit wegen Nervosität eingeschränkt oder nicht mehr vorhanden ist, sodass eine Leistungsbeurteilung nicht möglich ist. Nichtbestehen bedeutet, dass Sie nicht sicher gefahren sind und Fehler gemacht haben. Wenn die Prüfung abgebrochen wird, dann kann sie theoretisch schon am nächsten Tag wiederholt werden. Wichtig ist aber auch, noch einmal zu üben. Die abgebrochene Prüfung muss vom Prüfling bezahlt werden.

Frage: Ich bin sehr nervös und würde vor der Prüfung gern Beruhigungsmittel nehmen. Was halten Sie davon?

Antwort: Tun Sie das nicht, Sie schaden sich und anderen damit. Nehmen Sie keine Beruhigungsmittel, damit handeln Sie sich schwere Einschränkungen Ihrer Fahrtüchtigkeit ein: Ihre Wahrnehmung stumpft ab, die Reaktionsfähigkeit sinkt dramatisch, Sie werden schläfrig. Im Beipackzettel wird darauf hingewiesen, dass solche Mittel nicht genommen werden dürfen, wenn Maschinen im Straßenverkehr geführt werden. Selbst Baldrian zu nehmen ist ein bequemer, gleichzeitig aber gefährlicher Weg und kein Ausweg. Führen Sie stattdessen die Übungen gegen Ihre Nervosität durch. Sie geben Ihnen Selbstsicherheit und schaden Ihnen nicht.

Frage: Ich habe Angst davor, in der Prüfung Fehler zu machen. Dann falle ich durch. Was kann ich dagegen tun?

Antwort: Wenn Sie sich in der Familie, in den Schulen, im Beruf umschauen, sind überall Fehler unerwünscht. Während der Fahrschulausbildung ist Ihnen eingebläut worden, dass Fehler etwas Schreckliches sind. Auch die Prüfer achten während der Prüfungsfahrt auf mögliche Mängel. Dazu kommt die Hektik im Straßenverkehr, in der Sie manchmal schnell Entscheidungen treffen müssen, die fehleranfällig sind. Wenn Sie Angst vor Fehlern haben und während der Prüfung bemerken, dass Sie einen gemacht haben, geraten Sie leicht in eine gefährliche Gedankenblockade. Statt sich auf die nächste konkrete Aufgaben zu konzentrieren, grübeln Sie verzweifelt über den Fehler nach. Dann passieren weitere Fehler schnell. Sagen Sie »Stopp!« zu Ihren Fehlergrübeleien und sprechen Sie laut über Ihr konkretes Verhalten, damit Sie sich weiterhin konzentrieren. Wichtig ist auch, schon während der Ausbildung den Umgang mit Fehlern zu üben. Achten Sie dabei darauf, in allen Situationen Ruhe zu bewahren.

Frage: *Der ganze Aufwand, mit der Prüfungsangst umzugehen, ist doch zu groß. Später nützt mir das sowieso nichts mehr.*

Antwort: Prüfungsangst gehört zu den sozialen Ängsten. Wenn Sie gelernt haben, damit umzugehen, werden Sie auch später davon profitieren. Denken Sie an einen Beifahrer, den sie fürchten, weil er Ihre Fahrweise kritisiert, oder an Fehler im Beruf, die jedem passieren. Wie gehen Sie damit um? All das können Sie bei der Auseinandersetzung mit Ihrer Prüfungsangst lernen.

6.2.3 Aufgaben

Michael hat Sorgen

Michael war lange arbeitslos und hat sich um einen Job bei einer Malerfirma beworben. Beim Vorstellungsgespräch wurde ihm bedeutet, er bräuchte schnell den Führerschein. Jetzt hat er Angst davor, seinen Job nicht zu bekommen, wenn er die Fahrprüfung nicht besteht.

Fragen
1. Was kann Michael vor der Prüfung unternehmen, um sich zu beruhigen?
2. Was sollte er in der Prüfung tun, wenn die Sorgen wieder kommen?
3. Wie geht es weiter, wenn er eventuell die Prüfung doch nicht besteht?

Einer hupt immer

Stefan, ein nervöser Prüfling, befindet sich in der Prüfungsfahrt, etwa im letzten Drittel. Er hat sich auf einer großen Straße zum Abbiegen nach links eingeordnet. Trotz des starken Gegenverkehrs tut sich schließlich eine große Lücke auf. Nur ein Auto kommt ihm noch entgegen, allerdings ist es weit weg. Stefan überlegt, ob er fahren soll oder nicht, entscheidet sich dafür, stehen zu bleiben. Der Autofahrer hinter ihm hupt lang. Im Spiegel sieht Stefan, dass der Prüfer irritiert schaut. Stefan wird augenblicklich unsicher.

Fragen
1. Sollte Stefan losfahren oder stehen bleiben?
2. Wie kann er sich wieder beruhigen?
3. Wie sollte er sich dem Prüfer gegenüber verhalten?
4. Gibt es Möglichkeiten, den Autofahrer hinter ihm zu beschwichtigen?

Lösungen finden Sie im Anhang.

Anmerkungen

1. Kaluza schreibt zum Auftreten von Prüfungsstress: »Diese [eine Prüfung] wird ja gerade dadurch zu einer stressreichen Erfahrung, dass wir nicht sicher sind, ob wir die gestellten Anforderungen werden erfüllen können. … Das Stresserleben ist umso intensiver, je höher die Anforderungen im Verhältnis zur eigenen Leistungsfähigkeit eingeschätzt werden.«
   Kaluza, G. (2007). *Gelassen und sicher im Stress*. Heidelberg: Springer. S. 7 f.

2. Das Fahrschulschild am Fahrschulauto zu zeigen ist keine Pflicht. § 5 Abs. 4 Durchführungsverordnung zum Fahrlehrergesetz (FahrlGDV): »Die Fahrzeuge dürfen bei der Ausbildung an der Rückseite, zusätzlich auch an der Vorderseite, ein Schild mit der Aufschrift »Fahrschule« in roter Schrift auf weißem Grund führen.«

3. Prüfungsrichtlinie Kfz Punkt 5.1.7 »Bewertung der Prüfung«.

4. § 18 StVO, Abs. 3: »Der Verkehr auf der durchgehenden Fahrbahn hat die Vorfahrt.«

5. Viele Fahrschüler bevorzugen die andere Variante: Prüfer und Fahrlehrer plaudern während der Prüfungsfahrt. Das gibt den Prüflingen das Gefühl, nicht so sehr beobachtet zu werden. Dabei kann es allerdings zu Irritationen und Konzentrationsverlust kommen, wenn sie sich nicht genug gegen das Gespräch abschotten. Auch das sollte vorher geübt werden.

6. Kraftfahrtbundesamt (www.kba.de) und Amt für Statistik Berlin-Brandenburg (http://www.statistik-berlin-brandenburg.de/) . Leider sinkt die Erfolgsquote der Prüfungen in den letzten Jahren: Berliner Fahrschul-Rundschau, Brandenburger Fahrschul-Rundschau (2009) 1, S. 47.

7. »Hat der Bewerber die Prüfung nicht bestanden, hat ihn der aaSoP bei Beendigung der Prüfung unter kurzer Benennung der wesentlichen Fehler hiervon zu unterrichten und ihm ein Prüfprotokoll auszuhändigen (Anlage 7 Nr. 2.6 FeV), das der Anlage 13 entspricht.« Prüfungsrichtlinie Kfz, 6. Ergebnis der Prüfung.

8. Allgemeine Geschäftsbedingungen für Fahrschulen, Punkt 5, Kündigung des Vertrags: »Der Ausbildungsvertrag kann vom Fahrschüler jederzeit, von der Fahrschule nur in den nachstehend genannten Fällen gekündigt werden:
   Wenn der Fahrschüler:
   a) trotz Aufforderung und ohne triftigen Grund nicht innerhalb von 4 Wochen seit Vertragsabschluss mit der Ausbildung beginnt oder diese um mehr als 3 Monate ohne triftigen Grund unterbricht,
   b) den theoretischen oder praktischen Teil der Fahrerlaubnisprüfung nach jeweils zweimaliger Wiederholung nicht bestanden hat,
   c) wiederholt oder gröblich gegen Weisungen oder Anordnungen des Fahrlehrers verstößt.«

9. Prüfungsrichtlinie Kfz, »5. Praktische Prüfung«.

7 Mit Beifahrern umgehen, selbstständig fahren

»Ich hatte wohl einen falschen Harmoniebegriff.«

SchaffenWir-Methode:

1. Ängste akzeptieren
2. **Körperliche Symptome benennen**
3. **Gedankenfalle überwinden**
4. **Autofahren auffrischen**
5. **Angsthasenfahrstil pflegen**
6. **Vermeiden vermeiden**
7. **Selbstständig fahren**

Dieses Kapitel werden Sie mit Interesse lesen, wenn es Sie beschäftigt, von anderen abgewertet oder verletzend kritisiert zu werden. Brigitte leidet so sehr unter dem Verhalten ihres Freundes, der ihr Vorwürfe macht, wenn sie am Steuer sitzt, bis sie das Autofahren schließlich aufgibt. Aus ihrer vermeintlichen Opferrolle arbeitet sie sich schließlich heraus, indem sie den 3. und 7. Schritt der SchaffenWir-Methode, »Gedankenfalle überwinden« und »Selbstständig fahren« besonders übt.

> Stellen Sie sich vor, Sie säßen am Steuer, Ihr Beifahrer ist Ihr Partner, der andauernd Ihren Fahrstil kritisiert. Seiner Meinung nach fahren Sie mal zu schnell, mal zu langsam, zu weit rechts oder zu weit links. Angeblich fahren Sie unfallträchtig. Wenn sich diese Situation oft genug wiederholt, wird Ihr Selbstbewusstsein leiden, Sie werden immer ängstlicher. Sie fragen sich verunsichert, ob Sie wirklich zu viel Fehler machen und ob etwas an Ihrem Fahrstil nicht stimmt. In lichten Momenten spüren sie aber auch, dass Sie etwas gegen Ihren schimpfenden Beifahrer unternehmen müssten. Warum setzen sie sich nicht zur Wehr? Ist Ihnen Höflichkeit oder Harmonie zwischen Ihnen beiden wichtiger, haben Sie Angst vor einem Streit mit ihm? Das Problem ist weder Ihr Fahrstil noch Ihr schimpfender Beifahrer, sondern vor allem Ihre Angst, dass ein Widerspruch zu schlimmen Konsequenzen führen könnte. Stattdessen schweigen Sie und geben im ärgsten Fall das Fahren auf.

Im diesem Kapitel steht eine junge Frau mit Angst vor einem kritischen Beifahrer im Mittelpunkt. Beifahrer gibt es im Leben eines Autofahrers genug: Fahrlehrer, Prüfer, Eltern, Partner, Freunde oder Kollegen. Meistens sind es ruhige, freundliche, wohlwollende Beifahrer, aber es gibt auch ungeduldige, unfreundliche, herabsetzende, rechthaberische. Mit allen, auch mit der zweiten Gruppe, sollte man einigermaßen unbeschadet zurechtkommen. Bei diesem Thema geht es nicht nur um Beifahrer. Denken Sie an weitere (kritische) Verkehrsteilnehmer, andere Autofahrer, Radfahrer oder Polizisten. In diesem Kapitel erhalten Sie Ratschläge und Tipps, wie sie künftig mit Kritiksituationen besser umgehen und ihr Selbstbewusstsein stärken.

7.1   Hinweise aus der Praxis

Brigittes Geschichte

Brigitte ist Erzieherin und hat den Führerschein auf dem Land gemacht. Danach zog sie mit ihrem Freund nach Berlin. Sie meldet sich bei unserer Fahrschule, weil sie unsicher ist. Sie möchte ihren Führerschein gründlich auffrischen, da sie zehn Jahre lang nicht mehr gefahren ist.

Der Grund für die lange Fahrvermeidung ist ihrer Schilderung nach folgender: Ihr Freund schimpft mit ihr bei jeder gemeinsamen Fahrt. Er ist der Meinung, dass ihr Fahrstil Unfälle provozieren könnte. Wenn er eine unfallträchtige Situation sieht, was häufig passiert, gestikuliert er heftig und stöhnt laut auf. Sie selbst schätzt die Situationen eher harmlos ein, vor allem, weil sie versucht, langsam zu fahren.

Auch bei einer gemeinsamen Urlaubsreise quer durch die USA schimpft er und sieht Unfallgefahren. Allerdings ist der Highway, auf dem Brigitte unter seiner »Aufsicht« zu fahren beginnt, schnurgerade und bis zum Horizont unbefahren. Schnell zu fahren ist auf Highways nicht erlaubt[1]. Ihr Freund weigert sich schließlich, sie weiter ans Steuer zu lassen und fährt die Riesenstrecke quer durch die USA allein.

▼

Ihr Freund meint es ernst: Auch in Berlin drängt er Brigitte, nicht mehr zu fahren und nimmt ihr jeden Weg mit dem Auto ab. Hauptsache, sie fährt nicht mehr in ihrem angeblich unfallträchtigen Fahrstil. Unter seinem Druck resigniert Brigitte und fährt tatsächlich zehn Jahre lang kein Auto mehr. Sie ist inzwischen völlig verunsichert und weiß selbst nicht mehr, ob sie normal oder unfallträchtig fährt.

Bei Fahrten mit einem gemeinsamen Bekannten geht Brigitte ein Licht auf. Auch dieser Bekannte – laut Brigitte ein wirklich guter Fahrer – wird von ihrem Freund in derselben Weise schlecht gemacht. Offensichtlich liegt das Problem ihres Freundes darin, dass er sich nur ganz sicher fühlen kann, wenn er selbst am Steuer sitzt, weil er anderen nicht traut. Also geht es in Wirklichkeit nicht um ihren angeblich Unfälle provozierenden Fahrstil. Aufgrund dieser Erkenntnis fasst sie erleichtert den Entschluss, etwas an ihrer Situation zu ändern.

Brigitte möchte gern manchmal mit dem Auto zu Arbeit fahren, ihrem Hobby nachgehen oder ihre Freundinnen außerhalb Berlins besuchen. Soll sie sich jedesmal von ihrem Freund fahren lassen, weil sie angeblich gefährlich fährt? Sie kommt schließlich zu dem Schluss, wieder selbst fahren zu wollen. Ihrem Freund verheimlicht sie, dass sie Stunden in unserer Fahrschule nimmt.

Tipp

Wenn sie kritisiert werden, fragen sie sich gelegentlich auch, ob vielleicht ihr Kritiker ein Problem hat.

Kritiker haben ein Problem

Definition

Die **Angst vor Beifahrern** gehört nicht direkt zu den autobezogenen, sondern zu den sozialen Fahrängsten. Wer Angst vor Beifahrern hat, fürchtet sich vor deren Bewertung und Kritik, er hat Angst, Fehler zu machen und vermeidet womöglich das Fahren. Dahinter steckt oft die Furcht, bei den anderen nicht mehr beliebt zu sein, abgelehnt oder angefeindet zu werden: im ärgsten Fall die Sorge, dass eine Beziehung auf dem Spiel steht. Soziale Fahrängste sind unangemessene und schädliche Ängste. Sie untergraben das Selbstbewusstsein, können während der Fahrt zu gefährlichen Situationen führen und bringen langfristig Fahrvermeidung und einen Verlust an Lebensqualität mit sich.

Die hier im Ratgeber geschilderten Ängste sind allerdings milder Art. Es geht vor allem um normale Fahrsituationen. Wenn ein empfindlicher Mensch auf einen unangenehmen und kritischen Beifahrer trifft, kann die Situation schnell eskalieren oder sich die Angst verfestigen. Aber nicht nur die Kritiker sind an dieser verfahrenen Situation verantwortlich. Auch die Angegriffenen sind nicht ganz unbeteiligt an der Entwicklung. Denn statt sich zu wehren geben sie nach und verharren somit in ihrer vermeintlichen Opferrolle.

Achten Sie auf folgende Symptome oder negative Gedanken. Diese weisen daraufhin, dass Sie an Angst vor Beifahrern leiden:

1. Wenn mich andere kritisieren, werde ich unsicher und rot und befürchte, Fehler zu machen.
2. Wenn ich fahre und jemand hupt, dann zucke ich sofort zusammen und denke: »Was hast Du jetzt wieder falsch gemacht?«
3. Wenn ich weiß, dass ich bald mit einem kritischen Beifahrer zusammen fahre, werde ich sehr nervös, zittrig, ich schwitze, meine Konzentration schwindet.
4. Wenn andere mich ungerecht kritisieren, verteidige ich mich nur sehr ängstlich.
5. Wenn ich kritisiert werde, bin ich davon überzeugt, dass ich schlecht fahre.
6. Ich vermeide das Fahren, weil ich fürchte, dass meine Kritiker Recht haben.
7. Ich bin in Beziehungen immer sehr auf Harmonie bedacht.
8. Ich gehe anderen aus dem Weg, weil ich fürchte, dass sie mich kritisieren.
9. Wenn ich Kritik von anderen höre, dann ist die oft grob und verletzend.
10. Ich fühle mich in Beziehungen als Opfer und schlecht behandelt.
11. Ich fürchte mich davor, mich gegen unberechtigte Kritik zu wehren. Das ist auf jeden Fall sehr nachteilig für mich.

7.1.1 Wie wollen wir vorgehen?

Brigitte erzählt mir in einigen Gesprächen, die der Fahrausbildung vorangehen, von den Problemen mit ihrem Freund. Sie legt Wert darauf, dass er nichts von ihren Bemühungen erfährt, wieder fahren zu lernen und über ihre Probleme zu sprechen. Sie will ihn dabei völlig heraushalten, weil dies ein wichtiger Schritt sei, sich seinem Einfluss zu entziehen.

Auffrischen

Wir legen folgende Schritte für die weitere Ausbildung und Bewältigung ihrer Angst fest:

Nach zehn Jahren Fahrvermeidung muss Brigitte dringend wieder Auto fahren lernen. Brigitte besteht darauf, dies gründlich zu tun. Wir werden also von Null anfangen und beginnen mit Übungen zur Beherrschung des Autos im ruhigen, verkehrsarmen Gebiet. Anschließend soll es wie bei einer normalen Fahrschülerausbildung weitergehen.

▼

Ich mache Brigitte darauf aufmerksam, dass wir keines ihrer Probleme durch Fahren allein lösen können. Wir müssen vor allem über ihre quälenden Gedanken und ihr Verhalten ihrem Freund gegenüber sprechen. Vielleicht hat sich durch ihn die Lösung ihrer Probleme erschwert.

Die Konfrontation mit ihm ist Brigitte zu belastend. Sie betont, dass er nicht einbezogen werden solle. Ich bitte sie allerdings, bei diesem wichtigen Punkt sich noch nicht festzulegen. Vielleicht ändert sich ihre Meinung im Laufe unserer Übungen und Gespräche. Wir können aber Verhalten ihm gegenüber im Rollenspiel üben.

Brigitte schwebt vor, am Schluss der Ausbildung ihren Freund zu überraschen. Sie möchte ihn vom Flughafen mit dem Auto abholen. Daher plant sie, dass wir uns später mit unseren Übungen vor allem auf die Autobahn und die ganze Umgebung des Flughafens konzentrieren. Auch bei diesem Punkt bitte ich sie, sich noch nicht festzulegen. Sollte es während der Übungen und Rollenspiele zu starker Nervosität kommen, zeige ich ihr einige Entspannungsübungen, um ihre Nervosität kontrollieren zu können.

Da Brigitte zu Beginn ihres Fahrens einen sehr kritischen Beifahrer kennengelernt hat, schlage ich ihr vor, andere Fahrschüler zu uns einzuladen bzw. selbst bei anderen mitzufahren. Vor allem soll sie bei anderen Angsthäsinnen mitfahren. Dadurch soll sie ihre bedrückenden menschlichen Erfahrungen, die sie bis jetzt gemacht hat, relativieren lernen.

Brigitte ist bis jetzt immer nur mit einem kritischen Beifahrer gefahren, der ihr das Selbstbewusstsein genommen hat. Allein ist sie noch nie gefahren. Wir werden bei der Ausbildung Übungen einbauen, in denen sie das selbstständige Fahren lernt.

> **Gedankenfalle überwinden**
>
> **Vermeiden vermeiden**
>
> **Entspannungsübungen**
>
> **Freundliche Beifahrer kennenlernen**
>
> **Selbstständiges Fahren**

7.1.2 Fahren lernen, Selbstbewusstsein aufbauen

Brigitte besteht darauf: Vor allen weiteren Übungen, Gesprächen, Rollenspielen will sie erst wieder richtig fahren lernen. Denn durch die Vermeidung hat sie naturgemäß an Geschick und Übersicht eingebüßt. Außerdem ist ihr Selbstbewusstsein durch die dauernde Kritik ihres Freundes geschmälert.

Mit großem Eifer lernt sie das, was Fahrschüler auch lernen: Beherrschung des Autos, Parken, geschicktes Fahren im dichten Verkehr, schwierige Situationen wie große Kreuzungen und Kreisverkehr oder fahren auf der Autobahn. Da sie schon immer Angst vor dem Parkhaus gehabt hat, üben wir auch dort. Sie schafft es am Schluss, allein, eine

längere, schwierige Strecke einigermaßen fehlerfrei zu fahren. Mit diesem Erfolg beginnt ihr Selbstbewusstsein als Fahrerin zu wachsen.

> ❗ Wenn Sie lange nicht gefahren sind, weil Sie ein Beifahrer immer wieder kritisiert hat, dann ist das Auffrischen doppelt wichtig,
>   1. um wieder vernünftig fahren zu können,
>   2. um Ihr Selbstbewusstsein wieder aufzubauen.

7.1.3 Harmonie oder Streit?

In Fahrpausen sprechen wir über das Verhältnis zu ihrem Freund. Ich frage Brigitte, warum sie sich nicht schon früher gegen seine Vorwürfe gewehrt habe Zur Begründung verweist sie auf ihre Unerfahrenheit. Brigitte war Fahranfängerin, der Umzug in die Großstadt hat sie zusätzlich verunsichert. Dann hält ihr ein erfahrener Fahrer vor, sie fahre schlecht. Dennoch hätte sie sich auch als Anfängerin gegen den Freund wehren können. Sie hätte sich ein eigenes Auto anschaffen oder ihn zurechtweisen können. Aber hier fehlte ihr Durchsetzungsvermögen. Sie hatte lange, wie sie sagt, »einen falschen Harmoniebegriff«.

Hinter der Harmonie lauert Angst

Die Situation, dass er selbst fuhr und sie nie fahren durfte, war am Schluss »sehr bequem« für sie. Ebenso bequem, einigermaßen hinzunehmen war auch der Zustand ihrer Partnerschaft. Sie fragte sich schon manchmal: »Was ist denn, wenn ich ihm widerspreche und mir sein Verhalten verbiete? Wird er wütend? Verlässt er mich?« Hinter den Vorstellungen der Harmonie und der Unlust, über berechtigte Anliegen zu streiten, lauern also Angstgedanken.

Katastrophe?

Brigitte weiß, dass einige liebe Freundinnen sich um sie gekümmert hätten, falls die Beziehung in die Brüche gegangen wäre. Wahrscheinlich, so ihre Überlegung, wäre eine Trennung für ihn sogar schlimmer gewesen, weil er selbst keine Freunde hat. Nach diesen Gesprächen ist ihr schon viel wohler: Brigitte ist klar geworden, dass sie sehr wohl mit ihm wegen seines Verhaltens streiten kann, ohne dass sie deswegen Nachteile befürchten muss.

> **Tipp**
>
> Auseinandersetzungen sind hilfreich, wenn eigene Wünsche zur Sprache gebracht werden. Machen Sie sich klar, was im Falle eines Streits schlimmstenfalls passieren kann. Vielleicht sind die Folgen gar nicht so schlimm, vielleicht empfindet auch Ihr Partner den Streit letztlich als wohltuend.

7.1.4 Mit Kritik umgehen

Als Fahrlehrer stehe ich den ganzen Tag vor der Aufgabe, jemanden entweder loben oder kritisieren zu müssen. Brigitte ist als Fahranfängerin nach ihren Angaben viel und ungerecht kritisiert worden. Wird sie es aushalten, von mir kritisiert zu werden? Brigitte fordert mich sogar auf, sofort nachzuhaken, wenn etwas nicht stimmt.

Kritischer Fahrlehrer

Natürlich bleibt es nicht aus, dass Brigitte aufgrund des vorsichtigen Angsthasenfahrstils bei anderen Verkehrsteilnehmern aneckt. Manchmal werden wir mit kräftigem Hupen oder Schneiden überholt. Bei Hupen, auch wenn sie wahrscheinlich gar nicht gemeint ist, zuckt Brigitte zusammen und fragt sich, was sie angestellt habe. Darin gleicht sie vielen anderen Angsthäsinnen. Wir halten an und sprechen über ihre Reaktion auf das Hupen.

Andere Autofahrer hupen

Dem Hupenden ging es wahrscheinlich nicht schnell genug, vielleicht meinte er uns gar nicht. Sie sieht es immer persönlich und nimmt sofort die Schuld auf sich. Hupen ist laut StVO ein Warnsignal.[2] Demzufolge könnte sie schauen, ob irgendeine gefährliche Situation vorliegt. Wenn das nicht der Fall ist, ist nur jemand ungeduldig. Wir verabreden, dass sie sich eine solche Hup- oder Drängelsituation zunächst gelassen anschaut.

Wir bleiben zur Probe an einer Kreuzung mit Vorfahrt von rechts lange stehen. Brigitte hat den Auftrag, alle Nachfolgenden mit ihrer Reaktion im Spiegel zu beobachten. Die meisten fahren einfach an uns vorbei, da sie vermutlich das Schild »FAHRSCHULE« gesehen haben. Tatsächlich hält dann doch ein junger Mann hinter uns und hupt. Brigitte zuckt zusammen und will sofort hastig losfahren. Ich bitte sie, ruhig zu atmen, zu warten und ihn vorbeizuwinken. Dass der Fahrer schließlich vorbeifährt bringt Brigitte zum Lachen:»Eigentlich kann ich

Drängler-Übungen

hier in Ruhe warten und beobachten. Den Drängler fand ich im Nachhinein komisch.«

> **Tipp**
>
> Kritik, die Sie auf sich beziehen, ist vielleicht gar nicht so gemeint.
> Und sollte sie wirklich einmal zutreffen, ist sie vielleicht nur harm-
> loser Natur.

7.1.5 Wie sehe ich den Freund, wie verhalte ich mich ihm gegenüber? Selbstbehauptungsübungen

Der nächste Schritt wäre nun, den Freund einzuladen und zu schauen,
ob sie inzwischen mit seinen kritischen Bemerkungen umgehen kann.
Lädt man selbst hartnäckige Kritiker, Besserwisser und Rechthaber zu
einer Fahrt ein, sind sie hinterher ruhig oder zumindest verblüfft, weil
sie ihre Kritik nun in ganz anderem Licht sahen. Angsthäsinnen fühlen
sich dabei wohl, weil sie in Gegenwart ihrer kritischen Partner von mir
anerkannt werden.

Rollenspiel   Brigitte ist allerdings nach wie vor gegen die Einladung. Wir entscheiden uns stattdessen, ein Rollenspiel durchzuführen, in dem ich
während der Fahrt den schimpfenden Freund spiele. Das soll Klarheit in
ihre Situation bringen und sie für künftige Auseinandersetzungen vorbereiten. Beim Rollenspiel ist es entscheidend, wie sie den Freund sieht,
und wie sie gedanklich mit ihm beim Fahren umgeht.

Überreaktion auf Kritik   Bis jetzt habe ich nur ihre Meinung über den Freund gehört. Kann es
nicht sein, dass sie als besonders sensibler Mensch anlässlich seiner Äußerungen übertrieben reagiert und seine vielleicht gar nicht so ernst
gemeinten Sprüche überbewertet? Auch Brigitte kann bei diesem Rollenspiel etwas Neues über sich und über die Haltung zu ihrem Freund erfahren. Sie sollte in Zukunft gelassener an die Sache herangehen und die
Haltung ihres Freundes nicht zu sehr dramatisieren.

Wir sammeln Ideen für das Rollenspiel und notieren sie in einer
Tabelle. Brigitte stellt den belastenden Situationen, die sie vor und während einer Fahrt mit dem Freund erlebt, die Gedanken gegenüber, die ihr
das Fahren erleichtern.

Diese Überlegungen und das Rollenspiel erleichtern in der Regel die
spätere Auseinandersetzung mit dem Kritiker. Brigitte lernt dabei, in der
Situation gelassener zu bleiben, die Kritik des Freundes erst einmal nur
wahrzunehmen, ohne gleich darauf zu reagieren und dadurch selbstbewusster aufzutreten. Außerdem kommt es auch ihrer Fahrsicherheit zugute, wenn sie bei Kritik ruhiger ist.

▢ Tab. 7.1. Umgang mit schwierigen Beifahrern

Belastende Situation	Stressverschärfende Gedanken	Erleichternde Gedanken
Einsteigen in den Wagen	O Gott, gleich geht's los, der macht mich fertig. Hab' ich eine Angst vor der Fahrt.	Mein Freund fährt heute mit mir. Mal sehen, ob es besser geht.
Weit vor ihnen fährt ein Radfahrer	Ein Radfahrer, schlimm! Was soll ich bloß tun, ich werde alles falsch machen. Gleich wird mein Freund einen Unfall wittern und mit mir schimpfen.	Vor uns ist ein Radfahrer, das ist o. k. Ich schaue, ob frei ist, blinke und ziehe rechtzeitig und vorsichtig nach links.
Freund glaubt ein Risiko zu sehen und kritisiert	Schon wieder die hysterischen Beschuldigungen gegen mich! Warum hört mein Freund nicht auf, mich zu beschimpfen? Ich werde so unsicher dabei! Ich ertrage es nicht, hoffentlich passiert dem Radfahrer nichts.	Da ist eine kritische Bemerkung von ihm. Wir werden später darüber reden. Ich sage innerlich »Stopp!« und konzentriere mich auf den Verkehr.
Körperliche Reaktion	Mir geht es schlecht: Ich bin nervös und zittrig, ich kann mich nicht mehr auf den Radfahrer konzentrieren. Jetzt reiße ich mich zusammen, ich will nicht, dass mein Freund etwas bemerkt.	Die Kritik belastet mich schon ein bisschen. Ich atme bewusst ruhig. Ich rede laut, um mich auf das Verkehrsgeschehen zu konzentrieren und alles andere auszublenden.
Verhalten	Ich bin abgelenkt und fahre gefährlich knapp am Radfahrer vorbei. Oder: Ich bremse viel zu spät und heftig vor dem Radfahrer.	Ich weiche rechtzeitig und weit genug aus, um in Ruhe am Radfahrer vorbeizufahren.
Ende der Fahrt	Jetzt müsste ich eigentlich was sagen; ich tue es lieber nicht, sonst gibt es einen Riesenkrach. Dann ist womöglich alles aus. Wie soll es bloß weitergehen? Am besten, ich höre auf, zu fahren.	Ich sage meinem Freund gleich etwas über die Situation. Das eigentliche Gespräch soll aber erst später stattfinden, bei einem kleinen Spaziergang. Das wird uns beide beruhigen. Er soll mit seiner ständigen Kritik aufhören. Wenn er nicht Ruhe gibt, schaffe ich mir ein eigenes Auto an.

Wir besprechen die Bedingungen für das Rollenspiel:

1. Das Spiel ist möglichst realitätsnah (wir fahren im Stadtverkehr).
2. Um eine Überforderung auszuschließen, hat Brigitte jederzeit die Möglichkeit, »Stopp!« zu sagen.
3. Anschließend werten wir gemeinsam aus und wiederholen das Spiel eventuell.
4. Ich übertreibe das Verhalten des Freundes etwas. Es ist ja wahrscheinlich nicht nur der reale Freund, sondern sein leicht verzerrtes Bild von ihm, das sie quält.
5. Während des Spiels versucht Brigitte, sich zu entspannen: Sie atmet bewusst ruhig, besonders, bevor sie etwas sagt. Sie versucht die Handmuskeln am Lenkrad anzuspannen und nach ein paar Sekunden zu lösen, um Muskelverkrampfungen entgegenzuwirken. Kritische Äußerungen nimmt sie gelassen zur Kenntnis.

Rollenspiel

Während des Rollenspiels fahren wir auf einer breiten Straße mit Tempo 50 km/h, hinter uns ist frei. Weit vor uns, in etwa 200 m Entfernung, fährt ein Radfahrer. Ich schlage mir die Hände vor das Gesicht und werfe ihr vor: »Vorsicht, siehst Du den Radfahrer nicht? Tu endlich was, sonst passiert ein Unfall!!« Darauf verhält sich Brigitte völlig anders als besprochen: Sie erschrickt, tritt scharf und ohne den Verkehr zu beobachten auf die Bremse und sagt sehr leise mit zitternder Stimme: »Aber ich bin doch so weit weg und fahre schon langsamer. Was soll ich denn sonst noch tun?«

Obwohl ich solch eine heftige Reaktion beinahe erwartet habe, bin ich doch erstaunt. Meine Rolle als Freund ist meiner Meinung nach geradezu komisch. Brigittes ängstliche Erwiderung und ihr unsicheres Verhalten zeigen, wie sehr sie sich von ihren quälenden Gedanken vereinnahmen lässt. Es dauert noch eine Weile, bis sie endlich soweit ist, beim Fahren trotz meines komischen Unfall-Geredes besonnen zu bleiben und am Schluss der Fahrt ruhig und klar zu sagen: »Bitte hör auf mit Deinen Vorwürfen. Das nervt mich! Lass uns aussteigen und auf einem Spaziergang darüber reden.«

> **Tipp**
>
> Betrachten Sie Ihr Gegenüber und seine Äußerungen wie einen langweiligen Werbespot. Wenn kritische Äußerungen kommen, die womöglich nicht einmal berechtigt sind, machen Sie Entspannungsübungen und hören Sie einfach gelangweilt zu, als sei es Werbung. Sprechen Sie erst später, nachdem Sie ausgestiegen sind, in Ruhe darüber und drängen auf eine Änderung. Das Herumkritisieren schadet, denn es beeinträchtigt die Verkehrssicherheit und nagt auf die Dauer an Ihrem Selbstbewusstsein. Sie haben außerdem immer die Möglichkeit, allein zu fahren.

7.1.6 Freundliche Beifahrer

Im Laufe der Ausbildung fahren oft Beifahrer im Fahrschulauto bei Brigitte mit. Es sind meistens andere Angsthäsinnen. Manche bleiben bei der Fahrt stumm, die meisten verhalten sich freundlich und teilnehmend, da einige Brigittes Problem kennen, sei es, weil sie von ihren Fahrlehrern angeschrien worden sind, oder von ihren (Ehe-)Männern gedrängt werden, schneller zu fahren Ich achte darauf, nicht nur Frauen, sondern auch Männer als Beifahrer mitzunehmen.Brigitte spürt durch das häufige Mitfahren anderer, dass es viele verschiedene Arten von Beifahrern gibt, und dass die meisten freundlich sind. Ich lobe sie zu Anfang kräftig, um ihr Selbstbewusstsein aufzurichten und ihr zu zeigen, dass es auch anderes Verhalten bei Beifahrern gibt.

> **Tipp**
>
> Die meisten Beifahrer sind freundlich und wohlwollend Ihnen ge-
> genüber. Außerdem interessieren sie sich gar nicht dafür, wie Sie
> fahren.

7.1.7 Gemeinsame Fahrt mit dem Freund

Brigitte fährt inzwischen immer besser. Auch die Rollenspiele haben
ihrer Selbstsicherheit gut getan, daher sieht sie ihren Freund mit anderen
Augen. Sie beschreibt ihn inzwischen so: Er sei für sie kein fürchterlicher
oder vorwurfsvoller Beifahrer mehr. Er meckert ihr zwar nach ihrer Erinnerung immer noch zu viel, aber nun hat sie eher Mitleid mit ihm, weil
er anscheinend ein Problem hat, wenn jemand anderes am Steuer sitzt.
Nun ist es Zeit, ihr noch einmal vorzuschlagen, den Freund zu einer
Fahrstunde einzuladen, dem Brigitte zustimmt.

Sie fragt mich, ob sie dem Freund gegenüber offen über die Situation
reden soll. Wir üben in einem Rollenspiel: »Thomas, ich möchte etwas
Wichtiges mit Dir besprechen. Ich habe zehn Jahre lang das Fahren vermieden, weil Du es mir ausgeredet hast. Du hast mich oft kritisiert, mein
Fahrstil provoziere Unfälle. Ich nehme inzwischen Fahrstunden, weil ich
es wieder lernen will. Ich möchte, dass du einmal zur Fahrstunde mit-
kommst. Meinetwegen kannst Du mich auch während der Fahrstunde
kritisieren. Der Fahrlehrer weiß Bescheid, dass Du kommst.« Bevor ihr
Freund zu Fahrstunde mitkommt, haben wir noch Gelegenheit zu üben.
Brigitte zittert jetzt schon vor Nervosität. Ich fordere sie auf, Entspannungsübungen zu machen und weise sie darauf hin, dass sie sie auch
während der Fahrstunde mit ihrem Freund durchführen kann. Dann
reden wir über ihre Fortschritte und über ihr verändertes Bild ihres
Freundes. Er ist für sie inzwischen kein hysterisch meckernder, aggres-
siver Grobian mehr. Sie bedauert ihn, nimmt sich vor, ihm zu helfen.
Doch jetzt geht es um das Naheliegende, in seiner Gegenwart ruhig und
gelassen zu fahren.

Nachdem ich den Freund begrüßt habe, informiere ich ihn darüber,
wie schwer es Angsthasen im Straßenverkehr haben. Dann redet Brigitte
mit ihm. Sie bittet ihn, einfach entspannt mitzufahren. Wenn er Kritik
an ihrem Fahrstil üben will, dann darf er dies gerne tun; aber, um sie
nicht zu stören, nicht laut und unmittelbar. Er soll die Kritik auf einen
Block schreiben, den wir am Schluss der Fahrt gemeinsam auswerten
werden.

Ich achte darauf, zu Anfang eine leichte Fahrstrecke zu wählen. Brigitte ist sehr nervös, und leider unternimmt sie nichts dagegen. Daher
bitte ich sie laut, eine Pause wegen ihrer Nervosität einzulegen. Danach

**Bild des Freundes
ändert sich**

geht es ihr besser und wir fahren eine etwas schwierigere Strecke. Brigitte wird immer ruhiger, inzwischen ist eine halbe Stunde vergangen. Wir können Zwischenbilanz ziehen, sprechen über die angefangene Fahrstunde. Ich lobe sie, kritisiere ein paar Kleinigkeiten. Dann wende ich mich ihrem Freund zu: »Jetzt ist Gelegenheit, über Ihre Kritik zu reden.« Er schüttelt den Kopf: »Mir ist nichts aufgefallen.« Brigitte schmunzelt.

7.1.8 Selbstständig fahren – Selbstbewusstsein festigen

Da Brigitte noch nie allein gefahren ist, beginnen wir nach der Auffrischung mit dem selbstständigen Fahren. Dazu braucht es den Führerschein und die Gewissheit, auftretende Probleme im Griff zu haben. Eine Freundin hat ein Auto vorbeigebracht, das Brigitte einige Tage lang benutzen kann. Ich fahre zuerst vorne auf dem Beifahrersitz mit, dann setzte ich mich auf den Rücksitz. Aber es macht kaum einen Unterschied, denn beides löst bei ihr Unsicherheit aus. Die alten Gedanken stellen sich wieder ein, sie hat Angst, einen Unfall zu verursachen. Sie ist also noch nicht über ihr Problem hinweg.

Zauberspruch   Ich erinnere sie daran, mit welch großem Interesse sie die Auffrischungsübungen und die gemeinsame Fahrt mit dem Freund absolviert hat. Dann bitte ich sie, sich einen positiven Zauberspruch zu überlegen, mit dem sie die alten, blockierenden Gedanken aufheben kann. Brigitte entscheidet sich für »Ich habe freundliche Beifahrer kennengelernt. Ich kann mit dem Auto und dem Verkehr ganz gut umgehen. Das macht mir Freude.«

Wir suchen eine ruhige Wohngegend aus und probieren es weiter zu fahren, bis es schließlich nicht nur in der Wohngegend, sondern in schwierigen Situationen funktioniert. Nun versuchen wir den nächsten Schritt, selbstständiges Einparken, wobei wir zunächst zur Sicherheit zusammen üben (◖ Abb. 7.2). Dann fährt Brigitte wieder aus der Lücke heraus, ich steige aus und stelle mich auf den Gehweg. Schließlich fährt Brigitte wirklich allein. Es klappt mit dem Einparken nicht gleich, sie muss korrigieren – warum auch nicht? Für Brigitte ist das ein entscheidendes Ereignis: Zum ersten Mal seitdem sie den Führerschein erhalten hat, ist sie ein paar Meter allein gefahren.

Auch den letzten, entscheidenden Schritt bereiten wir sorgfältig vor. Wir fahren zusammen mit dem Wagen der Freundin zu ihr nach Hause, dann zurück in die Fahrschule. Nach der Stunde bekommt sie den Auftrag, allein nach Hause zu fahren und zur nächsten Stunde wieder mit dem Wagen zur Fahrschule zu kommen. Als es soweit ist, kommt sie etwas verschwitzt, aber glücklich vorgefahren.

◘ Abb. 7.2. Selbstständiges Einparken

Tipp

Das selbstständige Fahren erscheint Ihnen vielleicht schwierig und risikoreich. Bauen Sie daher viele kleine Zwischenschritte ein, bereiten Sie sich auf Rückschläge vor, aber üben Sie mit eifrig, damit Sie Selbstbewusstsein gewinnen!

7.1.9 Hausaufgabe: Fahren mit dem Freund

Brigitte hat ihren Freund noch einige Male zur Fahrstunde eingeladen, einmal ist er gekommen. Als Hausaufgabe sollte sie mit dem Freund am Wochenende zum Einkauf fahren. Sie nahm sich vor, mit ihm vor Beginn der Fahrt folgendermaßen zu reden: »Dein Kritisieren hat mich früher sehr nervös gemacht. Jetzt kann ich das besser ertragen. Am besten, Du schreibst deine Kritik wieder auf einen Zettel, wie in der Fahrschule. Aber wenn wirklich etwas nicht in Ordnung ist, dann sollst Du es natürlich laut sagen!«

Diese Hausaufgabe verlief zufriedenstellend, denn der Freund sagte und schrieb nichts, jedenfalls keine kritische Bemerkung zu ihrem Fahrstil. Sie fährt inzwischen regelmäßig zur Arbeit und hat auch mit dem Freund zusammen ein Stück Autobahn bewältigt.

> **Tipp**
>
> In einem fortgeschritteneren Stadium können Sie auch Kritik-
> übungen einplanen. Lassen Sie sich von Ihrem Partner kritisieren
> und schauen, wie Sie damit zurechtkommen. Für den Anfang
> und zum Eingewöhnen empfiehlt sich – wie in der Geschichte be-
> schrieben – stumme Kritik, z. B. auf einem Notizzettel.

7.2 Was können Sie tun, wenn Sie an Angst vor Beifahrern oder anderen sozialen Ängsten leiden (Tipps zur Selbsthilfe)

Angst vor Kritik, vor den Vorwürfen von Beifahrern, Partnern, Eltern oder anderen Verkehrsteilnehmern kann Sie schwer belasten und Ihre Fahrsicherheit beeinträchtigen. Sie fühlen sich nicht in der Lage, sich zu wehren, klammern sich an eine Fiktion von Harmonie und belasten sich selbst mit Vorwürfen, bis Ihr Selbstbewusstsein dahinschwindet. Um dies zu ändern befolgen Sie die nachstehenden Tipps, die sich hauptsächlich an Führerscheinbesitzer richten, aber auch Fahrschüler können davon profitieren.

7.2.1 Selbsthilfetipps bei Angst vor Beifahrern

Entspannungstechniken

1. Wenn Sie in Gegenwart von kritischen Beifahrern nervös werden, dann lernen Sie Entspannungstechniken: Dazu zählt das ruhige Atmen (über den Bauch und die Nase einatmen, deutlich langsamer durch den Mund ausatmen, kurz Pause machen, wiederholen), Muskelentspannung (Muskeln fest anspannen und wieder locker lassen) und lautes Sprechen und Kommentieren bei der Fahrt, um die Konzentration wieder auf den Verkehr zu lenken.

Streiten ist manchmal richtig

2. Reden Sie mit Ihrem beständig kritisierenden Beifahrer. Deswegen wird nicht gleich die Beziehung auseinandergehen. Ihr Beifahrer ist kein Ungeheuer, auch wenn er Ihnen im Moment vielleicht aggressiv, überkritisch und rechthaberisch vorkommt. Vielleicht hat er in einigen Punkten sogar Recht, denn auch Sie machen, wie jeder, auch mal Fehler. Stillschweigend auf Harmonie zu beharren, nützt Ihnen nichts, sondern treibt Sie immer weiter in eine Opferrolle. In dieser Situation sind Sie einerseits wütend, nach außen aber resignieren Sie. Ihre Fahrsicherheit leidet, auf die Dauer vermeiden Sie das Fahren.

Beifahrer gelassener sehen

Sorgen Sie dafür, dass Sie sich aus dieser ungleichen Rollenverteilung befreien, ergreifen Sie die Initiative und sprechen Sie mit Ihrem Partner.

3. Nach langer Fahrvermeidung sollten Sie Ihre Ausbildung wieder gründlich auffrischen. Die Ausbildung gibt Ihnen wieder Selbstsicherheit zurück, die Ihnen Ihr Beifahrer durch sein Verhalten genommen hat.

Ausbildung auffrischen

4. Lernen Sie, angemessen mit »kritischen« Verkehrsteilnehmern umzugehen. Sie brauchen nicht zusammenzuzucken, wenn jemand hupt. Schauen Sie, was los ist, ansonsten lassen Sie sich nicht von einem Drängler hetzen. Bleiben Sie gelassen, denn meistens sind Sie bei einem Hupen gar nicht gemeint. Aber auch, wenn sie gemeint sein sollte, ist vielleicht der Anlass harmlos oder Sie werden zu Recht gewarnt.

Andere Verkehrsteilnehmer freundlich sehen

5. Üben Sie den Umgang mit dem Beifahrer in einem Rollenspiel. Die Rolle des Beifahrers kann ein Freund oder eine Freundin übernehmen. Üben Sie das Rollenspiel auch beim Fahren. Hier kann der »Beifahrer« Sie mal kräftig anschnauzen. Ihre Aufgabe ist es, durch Entspannungsübungen Ruhe zu bewahren und hinterher mit ihm zu reden. Üben Sie ruhig auch in verschiedenen Fahrsituationen (Autobahn, Bundesstraße, schneller Stadtverkehr oder beim Einparken). Anschließend üben Sie mit Ihrem »echten«, meckernden Beifahrer. Vorwürfen während der Fahrt gegenüber bleiben Sie gleichmütig (»Da sind die Vorwürfe.«), blenden Sie sie möglichst aus, konzentrieren Sie sich auf das Naheliegende. Reden Sie hinterher mit ihm und verlangen Sie, dass er Sie in Ruhe fahren lässt. Wenn er dazu bereit ist, dann ist es gut, falls nicht, fahren Sie ohne ihn. Seien Sie andererseits nicht überempfindlich. Gegen konstruktive Kritik (»Vorsicht! Hier war ein Schild, das nur 70 km/h erlaubt.«) ist nichts einzuwenden, im Gegenteil.

Rollenspiel

6. Üben Sie neben Ihrer Fahrschulausbildung so bald wie möglich in Hausaufgaben auch das selbstständige Fahren, um Ihr Selbstbewusstsein aufzubauen.

Selbstständiges Fahren macht Sie unabhängig

7.2.2 Tipps bei Angst vor Beifahrern

Frage: Mein Fahrlehrer hat mich nach einer misslungenen Testfahrt angeschrien. Ich hätte beim Abbiegen nach links beinahe einen entgegenkommenden Lkw gerammt, wenn der Fahrlehrer nicht gebremst hätte. Nach dem Vorfall habe ich geweint und fluchtartig den Fahrschulwagen verlassen. Wenn ich an eine weitere Ausbildung denke, fühle ich mich nur elend.

Antwort: Ihr Fahrlehrer hat in der gefährlichen Situation gebremst. Das war richtig und hat Ihnen beiden das Leben gerettet. Durch das plötzliche Bremsen und durch das Anschreien haben Sie einen Schock bekommen. Es war nicht korrekt, dass Ihr Fahrlehrer Sie angeschrien hat, schließlich gehört es zu seinen Pflichten, zu bremsen, wenn ein Fahrschüler einen schweren Fehler macht. Aber vielleicht war er selbst durch die Situation erschrocken und hat Sie deswegen angeschrien, denn auch Fahrlehrer sind Menschen. Sie haben beide übertrieben reagiert, was verständlich ist. Bestehen Sie darauf, dass er Ihnen seine Reaktion erklärt und sich wegen des Anschreiens entschuldigt. Damit sollte die Sache für Sie erledigt sein. Wenn er sich nicht entschuldigt, wechseln Sie den Fahrlehrer oder die Fahrschule. Wenn Sie die Initiative ergreifen, werden Sie selbstbewusster.

Frage: Nach der Prüfung hat mir der Prüfer mit ironischen Worten den Führerschein überreicht: »Ich bin ja ein mitleidiger Mensch, da nehmen Sie Ihren Führerschein. Aber es wäre besser, Sie würden ihn nicht benützen, sondern weiter zu Fuß gehen!« Ich war zutiefst verletzt und durcheinander. Alle Bekannten sagen mir, vergiss den Prüfer, Hauptsache Du hast die Pappe. Aber ich kann die Worte nicht vergessen. Ich bin seither keinen Meter gefahren.

Antwort: Der Prüfer hat Ihnen den Führerschein gegeben, damit hat er Ihre Prüfungsfahrt so bewertet, dass Sie durchaus sicher gefahren sind.[3] Gleichzeitig hat er Ihnen aber auf verletzende Weise die Qualifikation abgesprochen. Wir wissen nicht, welches Motiv ihn zu dieser sehr widersprüchlichen Haltung bewogen hat, aber die Menschen sind manchmal so. Prüfungsfahrten sind selten nur gut oder schlecht, sondern oft irgendwo dazwischen. Für den Prüfer ergibt sich damit das Problem, wie er entscheiden soll. Wenn er Ihnen die Sache so geschildert hätte, dann hätten Sie sie nachvollziehen können.

Sie haben den Führerschein angenommen, obwohl der Prüfer Ihnen mit verletzenden Worten die Qualifikation zum sicheren Fahren abgesprochen hat, was auch eine widersprüchliche Haltung ist. Was hätten Sie in dieser Situation also tun können? An Ihrer Stelle hätte ich sofort beim Prüfer oder später beim Prüfstellenleiter wegen der Äußerungen nachgefragt, mit dem Ziel, die Lage zu klären[3] und Ihre Kränkung anzusprechen. Wenn Sie an der Situation jetzt noch leiden, dann arbeiten Sie sie in einem Rollenspiel auf: Ein Freund spielt dabei den Prüfer. Sollten die peinigenden Äußerungen wieder in der Erinnerung auftauchen, dann sagen Sie sofort »Stopp!« und versuchen, sich dagegen etwas Schönes vorzustellen.

Vielleicht ist der Vorfall inzwischen gar nicht mehr Ihr Problem. Beweisen Sie sich, dass Sie im Straßenverkehr sicher fahren können. Suchen Sie eine Fahrschule mit kompetenten, freundlichen Fahrlehrern, üben Sie und trauen Sie sich auf die Straße.

7.2.3 Aufgaben

Schnelle Nebelfahrt

Günter fährt mit Bekannten von einem Wochenendausflug im Herbst nach Hause Er, fünf weitere Mitfahrer und Norbert, der Fahrer, sitzen in einem Kleinbus. Der Fahrer gibt ordentlich Gas, damit sie bald da sind. Trotz des immer dichter werdenden Nebels drosselt Norbert sein Tempo kaum: Er fährt nun 80–90 km/h, statt wie vorher 100–120 km/h. Plötzlich taucht vor ihnen ein langsamer Pkw auf, und Norbert überholt fluchend. Günter bleibt beinahe das Herz stehen vor Angst. Währenddessen dösen zwei der Mitfahrer, die anderen schauen etwas angespannt, sagen jedoch nichts. Der Nebel wird immer dichter, die Sicht liegt unter 50 m. Wieder taucht ein Pkw auf, und Norbert überholt. Günter hat furchtbare Angst, dass etwas passieren könnte.[4] Obwohl er krampfhaft überlegt, was er tun soll, kommt er zu keiner Entscheidung. So fahren sie weiter, bis alle am Schluss doch noch heil zu Hause ankommen.

Fragen

1. Alle Mitfahrer sind durch den Leichtsinn des Fahrers in Lebensgefahr. Warum fällt es Günter dennoch so schwer, etwas dagegen zu unternehmen?
2. Wie kann Günter seine Lähmung überwinden?
3. Wie sollte er sich verhalten?

Wie man sich Angst am Steuer einredet

Cornelia wird von einem Bekannten gebeten, ihn nach Berlin mitzunehmen. Eigentlich hat sie dazu keine Lust, weil sie weiß, dass er ein unangenehmer und besserwisserischer Beifahrer ist. Sie versucht, ihn mit folgender Begründung vom Mitfahren abzuhalten: »Ich glaube, Du wirst Dich bei mir im Auto nicht wohl fühlen. Ich bin wahrscheinlich keine gute Autofahrerin!« Er nimmt die Bemerkung zur Kenntnis, besteht jedoch darauf, mitzufahren.

Die etwa 3-stündige Fahrt mit ihm entwickelt sich zu einem Albtraum. Immer wieder belehrt er sie mit panischer Stimme: »Vorsicht, langsamer fahren, wir müssen bald rechts!« Oder meilenweit vor einem Kreisverkehr schreit er auf: »Pass auf, gleich kommt ein gefährlicher Kreisverkehr!« Kurz vor dem Kreisverkehr versichert er ihr: »Du schaffst es!« Und hinterher, beruhigt er sie gönnerhaft: »Siehst Du, es hat doch geklappt.« Manchmal schreit er grundlos auf vor Schreck, schlägt die Hände vors Gesicht. Durch seinen Tonfall, die vielen Belehrungen und das Lob ist Cornelia schließlich so genervt und verunsichert, dass sie sich mehrmals verschaltet. Das Verschalten verstärkt ihre Selbstzweifel und macht sie ängstlich. Sofort setzt ihr Beifahrer nach und kommentiert ihr mangelhaftes Schalten. Schließlich hätte sie in ihrer Verunsicherung beinahe eine rote Ampel überfahren, kann allerdings noch scharf bremsen. Darauf wird er bleich und bleibt eine Zeit lang stumm. Als er dann wieder auf sie einredet, überlegt sie, ihn beim nächsten Bahnhof abzusetzen, tut es aber am Ende nicht und hält die Fahrt komplett entnervt durch.

Fragen

1. Wie hätte sich Cornelia am Anfang, als sie der Bekannte fragte, verhalten sollen?
2. Wie beurteilen Sie Cornelias Bemerkung, ihn vom Mitfahren abzuhalten? Wieso hat sie nicht klipp und klar »Nein!« gesagt?
3. Was hätte sie nach seinen zahlreichen Beschwerden tun können?
4. Was halten Sie von der Idee, ihn am Bahnhof abzusetzen?

In der Mausefalle

Sie geraten in eine polizeiliche Verkehrskontrolle (»Mausefalle«). Beim Einfahren auf den mit Leitkegeln abgetrennten Seitenstreifen, auf dem schon andere Fahrzeuge stehen, fällt Ihnen voll Schreck ein, dass Sie ihren Führerschein und Fahrzeugschein1 zu Hause vergessen haben. Sie stehen auf dem Seitenstreifen, Ihnen ist etwas ängstlich zumute. Nun nähert sich ein Polizeibeamter Ihrem Wagen.

Fragen

1. Wie gehen Sie mit Ihrem Fehler um?
2. Welche »Strafe« haben Sie für Ihre Vergesslichkeit höchstens zu erwarten?

Die Lösungen finden Sie im Anhang.

Anmerkungen

1. Auf den Highways in den USA – vergleichbar unseren großen Bundesstraßen – sind max. 55 Meilen pro Stunde = ca. 90 km/h erlaubt. Auf den Interstate Highways – den amerikanischen Autobahnen – 60–80 mph = ca. 100–130 km/h.
2. S. § 16 StVO Warnzeichen.
3. Durch eine Beschwerde beim Prüfstellenleiter hätte die Fragestellerin vielleicht erreicht, dass der Prüfer sich für die verletzenden Äußerungen entschuldigt hätte. Sie hätte aber auch riskiert, dass die Entscheidung des Prüfers, den Führerschein auszuhändigen, infrage gestellt worden wäre. Folglich hätte die Prüffahrt wiederholt werden müssen. Ein für sie nicht ganz optimales Ergebnis, aber wenigstens hätte dann Klarheit geherrscht.
4. Die Sicht ist für einen Überholvorgang viel zu kurz. Angenommen, der Pkw ist 60 km/h schnell, Norbert fährt dagegen 90 km/h. Dann wäre der reine Überholweg etwa 200 m lang, die Sicht müsste doppelt so groß, ungefähr 400 m sein. Jederzeit könnte beim Überholen Gegenverkehr auftauchen. Abgesehen davon ist bei Nebel und 50 m Sicht die Höchstgeschwindigkeit auf 50 km/h beschränkt (StVO § 3, Abs. 1), u. a. auch, um gefährliche Überholmanöver auszuschließen.
5. Heute heißt der Fahrzeugschein »Zulassungsbescheinigung Teil 1«.

8 Schluss mit den Grübeleien! Nach einem Unfall geht es weiter

»Die Erinnerung daran hat mich sehr belastet«

SchaffenWir-Methode:

1. **Ängste akzeptieren**
2. **Körperliche Symptome benennen**
3. **Gedankenfalle überwinden**
4. **Autofahren auffrischen**
5. **Angsthasenfahrstil üben**
6. **Vermeiden vermeiden**
7. **Selbstständig fahren**

Unfallangst kann sehr quälend sein und jeden weiteren Schritt zurück in den Straßenverkehr blockieren. Mit viel Geduld und der richtigen Methode gelingt es. Hier finden Sie alle Schritte der SchaffenWir-Methode fett markiert. Der 6. und 7. Schritt sind besonders wichtig. Sie werden in Tanjas Geschichte lesen, wie gerade jemand mit Unfallangst den Angsthasenfahrstil liebt, aber vor dem selbstständigen Fahren zurückscheut, was verständlich ist. Bei dieser Geschichte hat die Betroffene mit großem Eifer an ihrem Problem gearbeitet, bis es gelöst war.

> Einige Menschen sind durch einen Unfall so schwer betroffen, dass sie beim Gedanken ans Autofahren zittern und sich nicht mehr ins Auto trauen. Sie leiden jahrelang unter der Angst, wieder die Kontrolle über den Wagen und über eine schwierige Situation im Straßenverkehr zu verlieren und sich oder anderen Schaden zuzufügen. Als Konsequenz fahren sie dann nie wieder. Manche der Tipps sollten Sie nur mit professioneller Hilfe umsetzen. Viele können Sie aber auch in Selbsthilfe anpacken. Versuchen Sie, nach einem Unfall die Angst zu bewältigen und wieder sicher und entspannt zu fahren.

Interview mit Tanja über ihre Unfallangst

Tanja wohnt in Köln, wo sie bei einem Steuerberater arbeitet. Sie kam zu uns, weil sie nach einem Unfall mit dem Pkw immer mehr Angst vor dem Autofahren hatte. Schließlich vermied sie das Fahren ganz.

Frank Müller: Welche Ängste haben dich geplagt, bevor du zu uns kamst?

Tanja: Ich hatte Angst, das Auto nicht mehr kontrollieren zu können, in weitere Unfälle zu geraten, andere Menschen zu verletzen.

Frank Müller: Welche Symptome hattest du, wenn die Angst dich überkam?

Tanja: Ich hatte vor jeder Fahrt starkes Herzklopfen und Schweißausbrüche. Mir zitterten die Beine, sodass ich die Pedale kaum noch bedienen konnte. Die Erinnerung an den Unfall hat mich sehr belastet. Ich hatte Albträume und Angst, schlecht zu träumen. Immer habe ich darüber nachgegrübelt, was ich falsch gemacht habe. Vor einem Jahr habe ich aufgehört zu fahren. Ich habe die Sache aber nie aufgegeben, wollte auf jeden Fall weiterprobieren.

Frank Müller: Bitte erzähle von deinem Unfall.

Tanja: Er geschah vor meiner Führerscheinausbildung. Ich habe meine Mutter gebeten, mit mir auf dem Parkplatz eines Supermarktes zu üben. Beim Anfahren bin ich mit dem Auto in eine Mauer an der Seite des Parkplatzes hineingekracht. Mir und meiner Mutter ist nichts passiert, aber das Auto hatte einen Totalschaden.

Frank Müller: Wie konnte der Unfall passieren?

▼

Tanja: Meine Mutter hatte das Auto wohl mit stark rechts eingelenkten Rädern stehengelassen. Ich war damals noch nie mit einem Auto gefahren. Als ich am Steuer saß und der Motor lief, fragte ich sie: »Was soll ich jetzt tun?« Darauf sagte sie: »Drück die Kupplung, leg den ersten Gang ein, gib Gas, lass die Kupplung kommen.« Ich muss wohl in der Aufregung fürchterlich Gas gegeben und die Kupplung etwas schnell losgelassen haben. Jedenfalls machte der Wagen einen Satz nach vorne rechts und krachte in die Mauer.

Frank Müller: Gut, dass Euch beiden nichts zugestoßen ist. Ihr hättet wissen müssen, dass Schwarzfahren, Fahren ohne Erlaubnis, verboten ist, weil dabei so viel passieren kann

Tanja: Ja, ich weiß. Wenn ich gewusst hätte, welche Konsequenzen dieser Unfall für mich hatte, dann hätte ich es nicht getan.

Frank Müller: Warum hast du es getan?

Tanja: Ich wollte nicht wie eine pure Anfängerin in die Fahrschulausbildung gehen.

Frank Müller: Es ist normal für einen Fahrlehrer, eine pure Anfängerin auszubilden.

Tanja: Ja, das ist mir klar. Aber ich wollte halt schon ein bisschen Erfahrung mitbringen.

Frank Müller: Wie hast du es erlebt, als ihr gegen die Mauer gekracht seid? Was ging dir durch den Kopf?

Tanja: Als das Auto plötzlich einen Satz nach vorne machte, erschrak ich, durch den Aufprall war ich geschockt. Ich hatte Angst, dass sich meine Mutter ver-

8 · Schluss mit den Grübeleien! Nach einem Unfall geht es weiter

147

8

letzt hatte. Dem war aber nicht so. Wir waren beide angeschnallt. Außerdem hatte ich Angst vor der Reaktion meines Vaters. Oder was mich sonst noch erwarten würde, z. B. eine Anzeige bei der Polizei. Dazu kam es aber nicht, weil wir die Sache vertuscht haben. Meine Mutter hat den Unfall auf sich genommen.

Frank Müller: Wie ging es weiter?

Tanja: Meine Mutter war stumm vor Schreck. Wegen des Unfalls, aber auch, weil sie Angst vor meinem Vater hatte. Mein Vater wusste nichts von der Schwarzfahrt.

Frank Müller: Wie hat er es aufgenommen?

Tanja: Er war zuerst still, dann ist er ausgerastet: »Wie konntet ihr nur mein schönes Auto zerstören?« Später rannte er in mein Zimmer und hat da vor Wut ziemlich viel kaputt gemacht: Er riss Bilder und Nippes von den Wänden, zerbrach und zertrampelte alles.

Frank Müller: Habt Ihr später mal darüber gesprochen?

Tanja: Nie. Der Vorfall wurde in der Familie totgeschwiegen.

Frank Müller: Immerhin hast du den Führerschein doch noch geschafft. Ich finde das bewundernswert, wie du deinen Weg gegangen ist.

Tanja: Ja, ich weiß nicht mehr, wie ich das noch hingekriegt habe. Nachdem ich den Führerschein hatte, stand die Frage an, ob das inzwischen neu erstandene elterliche Auto ebenfalls benutzen durfte.

Frank Müller: Wie wurde entschieden?

Tanja: Ich musste mit meinem Vater eine Art Probefahrt machen. Dabei stellte er fest, dass ich Fehler gemacht hatte, z. B. den Seitenabstand nicht eingehalten. Jedenfalls durfte ich aufgrund meiner angeblich schlechten Fahrleistung den Wagen nicht benutzen.

Frank Müller: Diese Probleme habe ich bei den Übungsfahrten mit dir nicht gesehen. Was war eigentlich schlimmer für dich bzw. wovor genau hattest du Angst: War es der Unfall oder das Verhalten deines Vaters?

Tanja: Meinem Gefühl nach der Unfall. Ich bin dann ausgezogen und meinen eigenen Weg gegangen. Das hat mir viel Selbstbewusstsein gegeben. Aber die Unfallangst blieb.

Frank Müller: Wie ging es dann weiter?

Tanja: Ich durfte das Auto meines Freundes benutzen. Das ging allerdings gar nicht gut, mir wurde immer mulmiger dabei. An meinem Freund lag es nicht, er war sehr lieb. Ich habe versucht, auf einem großen Platz einzuparken, es ging einfach nicht. Ich wurde immer zittriger und schreckhafter.

Frank Müller: Hast du noch was anderes ausprobiert?

Tanja: Ja, als meine Angst übermächtig wurde, probierte ich es bei einer Fahrschule. Ich wollte dort eine Art Auffrischung machen, wusste aber auch, dass das nicht den Kern meines Problems betraf. Ich habe dem Fahrlehrer erzählt, ich hätte Angst vor dem Autofahren.

Frank Müller: Wie war die Ausbildung?

Tanja: Rein fahrschulmäßig. Auf die Angst ist der Fahrlehrer nicht eingegangen. Wir übten 5 oder 6 Doppelstunden. Vor allem sollte ich auf der Autobahn fahren. Ich hatte immerzu Angst, wurde von ihm dirigiert wie eine Marionette. Er hatte die Sache unter Kontrolle, nicht ich. Am Schluss sagte er, er könne nichts mehr gegen meine Angst tun.

Frank Müller: Was geschah dann?

Tanja: Ich wusste, so geht es nicht weiter. Ich habe im Internet recherchiert und eure Fahrschule gefunden.

Frank Müller: Du warst 14 Tage bei uns in Berlin, währenddessen sind wir sehr viel gefahren. Was hat dir am besten geholfen?

Tanja: Die Übungen auf dem Supermarktparkplatz und die Vorübungen, das langsame Fahren fand ich am besten. Aber auch die vielen Gespräche waren gut.

Frank Müller: Vielen Dank für das Gespräch und schöne Heimfahrt!

Eigenen Berichten zufolge ist Tanja eine »fleißige Fahrerin« geworden und sehr stolz auf sich.

8.1   Hinweise aus der Praxis

8.1.1   Schock, Hilflosigkeit, Selbstzweifel: Entstehung der Unfallangst

Juristen nennen einen Verkehrsunfall ein »unvorhergesehenes, plötzliches Ereignis, das … einen Sachschaden und/oder Personenschaden zur Folge hat«.[1] Die Straßenverkehrs-Ordnung beschreibt in § 34 die Pflichten, die die Beteiligten nach einem Unfall haben. Wenigstens in diesem Punkt braucht sich Tanja keine Sorgen zu machen. Nach dem Unfall auf dem Supermarkt-Parkplatz haben sich die Eltern bemüht, die Sache möglichst ohne Aufheben zu regulieren, was ihnen gelungen ist.[2] Negative Folgen bei der Polizei oder bei den Behörden braucht Tanja nicht zu befürchten.

Psychische Überlastung nach einem Unfall

Schrecken, Hilflosigkeit, Schock und Angst in der bedrohlichen Unfallsituation führen zu einer Überbelastung, die Tanja überfordert und mit der sie nicht fertig wird. Sie hinterlassen trotz aller Überlegungen eine seelische Wunde. Typische Gedanken sind: »Was habe ich falsch gemacht? Warum habe ich mich nicht richtig verhalten? Ich hätte den Unfall doch vermeiden können!« Tanja wird immer wieder von der Angst heimgesucht, plötzlich die Kontrolle über den Wagen zu verlieren und Menschen zu gefährden oder gar zu verletzen. Sobald sie wieder fahren will, äußert sich ihre Angst in Symptomen wie Herzklopfen, Schweißausbrüchen, Muskelzittern und ergebnislosem Grübeln über den Vorfall.

Wenn die Belastung nach dem Unfall so schwer ist, dass sogar die normale Lebensführung eingeschränkt oder gar nicht mehr möglich ist, dann sprechen die Psychologen von einer »posttraumatischen Belastungsstörung«. Menschen mit dieser psychischen Erkrankung sollten sich in einer Therapie behandeln lassen. Tanja ist davon jedoch nicht betroffen. Bei ihr beschränkt sich die Belastung ausschließlich auf das Autofahren. Sie leidet an einer milden Form von unfallbedingter Angst bzw. Unfallangst.

> **Definition**
>
> **Unfallangst** entsteht als Folge eines Unfalls. Die Unfälle sind in der Regel nicht spektakulär, eher Blechschäden, Kratzer, Rempler, manchmal sogar nur Beinah-Unfälle. Manche Unfallbeteiligten, auch wenn sie schuldlos waren, verlieren sich dann aber möglicherweise in fruchtlose Grübeleien über eigene Schuld und in Angst vor neuen Unfällen; sie befürchten schlimme Folgen für sich und andere. Schließlich vermeiden sie, Auto zu fahren. In diesem Fall ist Unfallangst unangemessen und hinderlich.

Achten Sie auf folgende Symptome oder negative Gedanken. Diese können Ihnen Hinweise geben, ob Sie an Unfallangst leiden:

1. Ich habe am Steuer oder als Beifahrerin einen Unfall oder mehrere Unfälle erlebt.
2. Ich war bei und nach dem Unfall geschockt, gelähmt vor Schreck und hatte hinterher große Angst.
3. Ich war während des Unfallgeschehens plötzlichen Lageveränderungen wie Drehen, Schleudern, scharfem Bremsen, Aufprallen, Beschleunigen oder Überschlagen ausgesetzt.
4. Ich wurde nach dem Unfall von Unfallbeteiligten oder Verwandten/Bekannten beschimpft.
5. Ich habe nach einem Unfall belastende Erinnerungen. In meinem Kopf geistern Bilder vom Unfallgeschehen.
6. Ich grüble dauernd über den Unfall nach, und darüber, was ich falsch gemacht habe.
7. Ich kann nach dem Unfall nachts nur noch schlecht schlafen.
8. Ich reagiere nach einem Unfall schreckhaft auf harmlose Ereignisse.
9. Ich habe Angst, in weitere Unfälle zu geraten und andere Menschen zu gefährden oder zu verletzen.
10. Ich vermeide nach dem Unfall Auto zu fahren.
11. Wenn ich fahre, habe ich in allen Situationen die alleinige Verantwortung, dass nichts passiert. Ich kann mich auf niemanden verlassen.
12. Wenn ich auch nur den kleinsten Fehler mache, kann schon ein Unfall passieren.

8.1.2 Ungeeignete Hilfen

Es ist nur folgerichtig, dass Tanja bei ihren Selbstzweifeln und ihrer Angst nicht mehr fahren will: Wer möchte schon nach dem Losfahren mit ziemlicher Sicherheit in einen Unfall geraten? Auch der Wiederauffrischungskurs bei dem Fahrlehrer kann hier nichts ändern.

❶ Wenn Sie an leichter Unfallangst leiden, suchen Sie sich Hilfe in einer geeigneten Fahrschule. Voraussetzung ist, dass Sie und Ihre helfenden Profis Ihre Ängste akzeptieren. Nur so können Sie diese bewältigen. Wenn Sie weitergehende Schwierigkeiten haben, die Ihre Lebensführung deutlich beeinträchtigen, ist möglicherweise eine Psychotherapie das Richtige.

8.1.3 Erste Schritte: Unfallgeschichte erzählen und sich selbst beobachten.

Unfallgeschichte erzählen tut gut

Tanja hat trotz aller Rückschläge immer nach einer Lösung ihrer Probleme gesucht. Sie soll die Unfallgeschichte aus ihrer Sicht zu erzählen und in der Rückschau die Bruchstücke an Erinnerungen in einen nachvollziehbaren Ablauf bringen. Das Erzählen tut ihr offensichtlich gut.

Tagebuch über Grübeleien

Nun gehen wir einen Schritt weiter. Ich bitte Tanja, ihre Geschichte aufzuschreiben und Zeichnungen dazu anzufertigen. Diese nutzen wir für eine Analyse des Unfallgeschehens. Um eine objektivere Sicht auf ihre Grübeleien zu bekommen, schlage ich ihr vor, eine Woche lang eine Art Tagebuch zu führen. Darin soll sie sich selbst beobachten, ihre Gedanken in einen geordneten Zusammenhang bringen und aufzeichnen, was ihr guttut.

Tanja ist nicht nur hilfloses Unfallopfer, sondern kann sich wenigstens nachträglich wieder Kontrolle über das Geschehen verschaffen.

Auffrischung und Angsthasenfahrstil

Wir besprechen die weiteren Schritte:

1. Im schnellen Durchgang wiederholt Tanja die Fahrschulausbildung, um zu testen, ob sich nach der jahrelangen Fahrvermeidung Fehler oder Mängel eingeschlichen haben. Vor allem wird sie das langsame Fahren trainieren, um Sicherheit zu bekommen. Autobahnübungen – wie sie es in den Auffrischungsstunden beim vorigen Fahrlehrer erlebt hatte – kommen erst zum Schluss. Tanja wird den vorsichtigen Angsthasenfahrstil lernen. Das kommt ihr sehr entgegen, weil sie jetzt vor allem Sicherheit braucht.

Entspannungsübungen

2. Tanja lernt Entspannungsübungen, um die vor Autofahrten plötzlich auftretende Nervosität kontrollieren zu können.

Belastende Grübeleien ändern

3. Wir sprechen über die gedanklichen Hintergründe und Einstellungen, die das Unfallgeschehen provoziert haben und über ihre belastenden Gedanken, wieder in Unfälle zu geraten, und versuchen, sie zu ändern.

Unfallanalyse und fahrpraktische Konfrontation

4. Wir arbeiten den Unfall in einer Unfallanalyse auf. Wir gehen aber auch fahrpraktisch, Schritt für Schritt, in das Unfallgeschehen hinein. Damit soll Tanja wieder die Kontrolle über den Ablauf erhalten und spüren, dass sie ihre Angst sehr wohl aushalten, dämpfen und abbauen kann. Das erfordert Kontrollübungen im weitesten Sinne, z. B. viele Übungen im langsamen Fahren und zum Unfallgeschehen auf dem Parkplatz, die wir auf Tanjas Wunsch vorläufig zurückstellen.

8.1.4 Gedankenfalle durchschauen. Unfallanalyse: Wie war der Unfallablauf? Wie hätte man den Unfall vermeiden können?

Tanja macht sich in ihren Tagebuchnotizen bittere Vorwürfe wegen des Schwarzfahrens. Anlass für solche Gedanken bieten z. B. andere Fahrschulwagen oder Parkplätze.

Natürlich wäre damals nichts geschehen, wenn Tanja nicht schwarz gefahren wäre, aber Menschen machen eben Fehler. Das Schwarzfahren ist ja nicht ausschließlich »böse«, sondern auch Ausdruck der Ungeduld und der Lust von Fahranfängern, etwas selbstständig zu erproben. Vielleicht wäre eine gute Lösung gewesen, einen Verkehrsübungsplatz aufzusuchen.

Das Verbot, schwarzzufahren, ist sinnvoll, um Unfälle zu vermeiden. Obwohl Tanja wusste, dass schwarzfahren unzulässig ist, tat sie es trotzdem, weil sie vor dem Fahrlehrer nicht als pure Anfängerin erscheinen wollte. Was wäre Schlimmes geschehen, wenn sie zugegeben hätte, Anfängerin ohne Erfahrung zu sein? Sie hätte Fehler gemacht und sich in der Ausbildung vielleicht »dumm« angestellt. Fahrlehrer sind es gewohnt, pure Anfänger auszubilden. Hätte sie es nicht ausgehalten, Fehler zu machen?

Aber Tanja hatte von einer Freundin gehört, dass Fahrlehrer manchmal ungeduldig seien. Sie wollte es sich ersparen, wegen »Dussligkeit« ausgeschimpft zu werden. Lieber wäre sie wegen ihres Könnens gelobt worden.

Das ist verständlich, allerdings kann man, wenn ein Fahrlehrer schimpft, sich das verbitten oder zur Not die Fahrschule wechseln, denn es gibt viele freundliche Fahrlehrer. Wir reden später noch öfter über dieses Thema. Einem schimpfenden Fahrlehrer würde sie mittlerweile die Meinung sagen, und sie wäre heute so selbstbewusst, zu ihrer »Dussligkeit« zu stehen.

Dann untersuchen wir in der Unfallanalyse den Ablauf Punkt für Punkt, und überlegen, wo Tanja sich anders hätte verhalten können (im Text mit ▶ gekennzeichnet). Im Nachhinein soll sie das richtige Verhalten herausfinden und kennen lernen.

Auf einem Flipchartbogen zeichnet Tanja die Situation auf dem Supermarktparkplatz nach und stellt ein kleines Lenkauto darauf (◨ Abb. 8.1).

Grübeleien über Schwarzfahren

Unfallanalyse

◨ Abb. 8.1. Zeichnung und
Modellauto: Unfallsituation

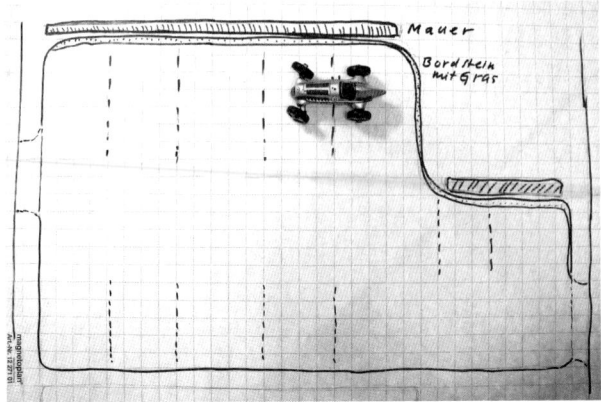

Unfallanalyse

1. Tanja beginnt ihre Ausbildung mit ihrer Mutter auf einem Parkplatz eines Supermarktes.

    ▶ Beginnen Sie die Ausbildung in der Fahrschule und lernen Sie dort, das Auto zu beherrschen. Erst nachdem Sie sich mit dem Auto vertraut gemacht haben, üben Sie das Gelernte mit verständiger Begleitung.

2. Tanja und ihre Mutter suchen für erste Fahrübungen einen Supermarktparkplatz auf.

    ▶ Ohne Führerschein dürfen Sie keinesfalls auf öffentlich zugänglichem Gelände üben. Lassen Sie sich stattdessen zu einem Verkehrsübungsplatz fahren, die in vielen großen Städten zu finden sind.

3. Die Mutter hat den Wagen parallel ca. 1 m neben einer Mauer geparkt.

    ▶ Achten Sie bei den ersten Fahrübungen auf größere Seitenabstände, vor allem nach rechts, weil Fahranfänger in dieser Situation relativ unsicher sind.

4. Die Mutter hat die Räder des neben der Wand geparkten Wagens rechts zur Wand gedreht.

    ▶ Drehen Sie beim Abstellen eines Wagens die Räder gerade. Vergewissern Sie sich vor dem Losfahren, wie die Räder stehen. Sind die Räder eingeschlagen, Räder vor der Abfahrt geradedrehen.

5. Tanja kennt den nächsten Schritt noch nicht. Sie ist nervös und fragt »Was soll ich jetzt tun?«

    ▶ Lassen Sie sich die technischen Zusammenhänge und Ihr Verhalten genau erklären. Üben Sie zuerst am stehenden Auto ohne laufenden Motor. Gegen die Nervosität helfen Atemübungen

▼

(ruhiges Atmen, langsam einatmen, noch langsamer und gründlich ausatmen), gegen die Muskelspannung kräftiges Anspannen der Muskeln, nach fünf Sekunden lockerlassen.

6. Als Ratschlag zum Anfahren sagt die Mutter: »Gib Gas!«
   ▶ Gerade bei einem fremden Auto sollten Sie vorher das Gaspedal ausprobieren und mit ihm spielen. Achten Sie auf den Drehzahlmesser, beim Anfahren sollten Sie wenig Gas geben, nur ca. 1.500 Motorumdrehungen in der Minute.

7. Der nächste Ratschlag der Mutter lautet: »Lass die Kupplung kommen!«
   ▶ Lernen Sie den Schleifpunkt der Kupplung kennen. Beim Anfahren müssen folgende Fahrtechniken zusammenspielen: etwas Gas geben, Kupplung im Schleifpunkt festhalten, Wagen langsam anrollen lassen, drei Sekunden zählen, dann die Kupplung sanft loslassen. Fährt der Wagen beim Anfahren zu schnell, treten Sie sofort Kupplung und Bremse.

8. Der Wagen schießt nach rechts los und kracht gegen die Wand.
   ▶ Wenn Sie zum ersten Mal selbstständig mit einer Maschine umgehen, dann achten Sie zu Beginn auf das Einüben eines Notfallprogramms: »Was kann ich tun, wenn die Maschine davonrast/überdreht/außer Kontrolle gerät …?« In diesem Falle wäre es richtig gewesen, mit voller Kraft auf die Bremse zu treten (und möglichst gleichzeitig auch die Kupplung zu treten).

9. Mutter und Tochter, waren angeschnallt.
   ▶ Ausnahmsweise haben beide hier alles richtig gemacht! Wenn Sie sich anschnallen, dann sind Sie schon bei geringer Geschwindigkeit vor Verletzungen geschützt.

10. Nach dem Unfall bemühte sich die Mutter, die Sache zu vertuschen, d. h. sie hat sich als Fahrerin und verantwortlich für den Unfall ausgegeben. Durch diese Lüge wird Tanja geschont, viele unangenehme Fragen und Konsequenzen bleiben ihr erspart.
    ▶ Stehen Sie für das, was Sie angestellt haben, ein. Das gibt Ihnen Selbstsicherheit, lügen hingegen schwächt.

Kupplung bedienen

Tanja möchte den Ausdruck »Kupplung kommen lassen«, der von Laien häufig benutzt wird, genauer erklärt bekommen. Technisch gesehen ist er ungenau und sogar gefährlich. Richtiger wäre, zu sagen: »Kupplung bis zum Schleifpunkt kommen lassen, dort im Schleifpunkt während des Anfahrens etwa drei Sekunden festhalten, anschließend die Kupplung sachte loslassen.« Erst auf diese Weise kann man den Wagen kontrolliert anfahren lassen. Beim Ausdruck »Kupplung kommen lassen« wird der Schleifpunkt übersprungen; und der Wagen würde unkontrolliert losschießen.

Tanja rekonstruiert durch diese Gespräche den Unfallablauf gedanklich Schritt für Schritt und weiß nun, was sie richtigerweise hätte tun müssen. Damit erlangt sie ein Stück Kontrolle über den Wagen und das Geschehen zurück; ihre irrationale Angst verblasst ein wenig.

Zur Bekräftigung bitte ich sie, sich die Unfallsituation mental vorzustellen und so ablaufen zu lassen, wie wir es unter richtigem Verhalten (▶) zusammen festgelegt haben. Sie meldet sich also in Gedanken bei einer Fahrschule an, absolviert mit dem Fahrlehrer die ersten Stunden, begibt sich anschließend mit ihrer Mutter auf einen Verkehrsübungsplatz, übt dort das Anfahren. Das ist für sie eine tröstliche gedankliche Nachbereitung des Geschehens, das zu einem guten Ende führt. Nur zu dem letzten Punkt 9 hat sie noch eine einschränkende Anmerkung: Sie würde inzwischen zwar die Verantwortung auf sich nehmen und keine Vertuschung hinnehmen. Aber im Nachhinein, möchte Sie an dem Vorfall nicht länger rühren, das ist zu lange her.

❗ In einer Unfallanalyse überlegen Sie bei jedem wichtigen Punkt des Unfallablaufs, wie Sie es hätten richtig machen können, sodass der Unfall gar nicht geschehen oder in seinen Auswirkungen gemildert worden wäre[3]. Damit bekommen Sie gedanklich wieder sicheren Boden unter den Füßen. Fragen Sie sich, worüber sollten Sie sich informieren, was müssten Sie üben und wie sollten Sie Ihr Verhalten ändern, um einen weiteren Unfall dieser Art zu vermeiden?

8.1.5 Übungen auf dem Supermarktparkplatz: Die Unfallsituation aufarbeiten

Ausgehend von dieser Analyse trainieren wir nun in zwei Stufen weiter:

Langsames Fahren und Kontrollübungen mit der Bremse

1. Wir fahren zuerst in einem verkehrsarmen Gebiet und üben dort grundsätzliche Fahrtechniken: verschiedene Arten des Langsamfahrens, ohne und mit Kupplung, vorwärts, rückwärts, parkend und rollend, mit Bremse und ohne Bremse. Bei diesen Übungen beruhigt sich Tanja schon sichtlich. Weitere Übungen mit der Kupplung und dem Langsamfahren schließen sich beim Anfahren am Berg an. Tanja lernt aber auch, Gas und Kupplung falsch zu gebrauchen, d. h. wie damals in der Unfallsituation, loszuschießen, und den davonbrausenden Wagen wieder abzufangen. Das langsame Fahren und die Kontrollübungen mit der Bremse tun ihr gut.

▼

2. Später fahren wir häufiger auf einem Supermarktparkplatz und üben dort die Unfallsituation nach (■ Abb. 8.2). Zuerst langsam mit Kupplungskontrolle, danach schnell: Räder rechts eingeschlagen, viel Gas geben und Kupplung »kommen lassen«, wie sie es beim Unfall getan hatte.

Unfallsituation üben

Vor den Übungen auf dem Parkplatz bitte ich Tanja ausdrücklich um ihr Einverständnis. Sie darf nicht erneut überlastet werde, auch wenn die Übungen ihr gehöriges Unbehagen verursachen: Sie hat Herzklopfen und Muskelverspannungen. Zur Entspannung trainieren wir vorher ruhiges Atmen und Muskelentspannung. Tanja ist über den Berg als es ihr mehrmals gelingt, den Wagen nach rechts losschießen zu lassen und locker mit der Bremse wieder aufzufangen. Ich passe dabei auf, dass nichts passiert.

Entspannungsübungen

Zur Abrundung des Geschehens trainieren wir zusammen in einer ruhigen, breiten Sackgasse Gefahrbremsungen mit Tempo 30, 40 und 50 km/h.

❶ Die hier beschriebenen Übungen sollten Sie nur mit Profihilfe durchführen. Bei Unfällen, bei denen der Wagen z. B. geschleudert ist, können Sie sich an einen Automobilclub wenden und ein Sicherheitstraining mit Schleuderkurs absolvieren. Bei Winterunfällen üben Sie mithilfe einer Fahrschule z. B. auf einem schneebedeckten Parkplatz.

■ Abb. 8.2. Übungen auf dem Supermarktparkplatz: Endstellung des Fahrschulautos

8.1.6 Rückschläge überwinden: Zauberworte helfen weiter

Selbstständiges Fahren macht Angst: Neue Unfälle?

Nachdem Tanja sehr gut gefahren ist, gibt es einen Rückschlag, als wir mit ihrem eigenen Wagen fahren. Tanja hat sich einen Kleinwagen geliehen und beklagt zuerst, damit nicht so gut zurechtzukommen wie mit dem Fahrschulauto. Manchmal kehren die alten Symptome wie Nervosität, Herzklopfen, Zittrigkeit und Schreckhaftigkeit wieder. Ich mahne zur Geduld, Tanja kann ja noch weitertrainieren. Warum spürt sie jetzt plötzlich solche Widerstände? Tanja erklärt es sich damit, dass sie bisher im Fahrschulwagen geborgen war, nun wird es ernst. Sie wird bald Verantwortung übernehmen und ganz allein fahren. Damit tauchen die alten Gedanken wieder auf.

Ausführlich sprechen wir über ihre Befürchtungen. Tatsächlich wäre es falsch, zu glauben, es gäbe keine Unfälle. Natürlich lassen sich durch gesetzestreue und vorsichtige Fahrweise viele Unfälle verhindern oder zumindest abmildern. Unfälle können dennoch passieren, bei noch so vorsichtiger Fahrweise. Diesem »Restrisiko« wird sie sich stellen müssen.

Zu viel Verantwortung, unablässige Grübeleien

Aber das ist es nicht allein. Tanja hat das Gefühl, für alles allein verantwortlich zu sein, sie nimmt nicht wahr, dass es auch andere gibt, die ebenfalls vorsichtig fahren oder helfen. Tanja erlaubt sich weder Entlastung noch Entspannung und fühlt sich in der Pflicht, perfekt zu fahren.

Wir besprechen das Thema am Beispiel einer Rechts-vor-links-Kreuzung (◘ Abb. 8.3). Wir steigen aus dem Wagen und beobachten das Geschehen: Fußgänger hasten über die Kreuzung ohne groß zu schauen,

◘ **Abb. 8.3.** Belebte Rechts-vor-links-Kreuzung

Radfahrer fahren einfach drauflos. Ihnen gegenüber bleiben die Autofahrer sehr vorsichtig. Untereinander verhalten sie sich im Allgemeinen korrekt, aber immer wieder geschieht es auch, dass Fahrer trotz Wartepflicht einfach weiterfahren. Jedenfalls passiert trotzdem nichts, weil die anderen, die eigentlich Vorfahrt haben, nachgeben. An diesem Beispiel zeigt sich: Es passieren im Verkehrsgewimmel viele Fehler, die aber durch andere wieder ausgeglichen werden. Tanja hat als Fahrerin natürlich Verantwortung, aber auch andere übernehmen Verantwortung, fahren im Zweifelsfalle vorsichtig und rücksichtsvoll, wenn sie einen Fehler macht. Der Grundsatz der »doppelten Sicherung«[4] ist wesentlich für die Verkehrssicherheit aller Teilnehmer an dieser Kreuzung wie auch sonst im Straßenverkehr. Tanja muss lernen, dass sie nicht die Alleinverantwortliche ist, sondern dass auch andere vorsichtig sind und aufpassen.

Sie muss sich außerdem eingestehen, dass sie nicht perfekt fahren kann, sondern dass ihr Fehler unterlaufen. Dabei ist sie auf die Hilfe und Vorsicht anderer angewiesen. Wie überall im Leben gibt es auch im Verkehr ein Risiko, das sich nicht vermeiden lässt. Tanja wird sich an diesen Gedanken gewöhnen müssen (◘ Abb. 8.4).

❗ Versuchen Sie, sich vorsichtig und rücksichtsvoll zu verhalten, um Fehler anderer ausgleichen zu können. Aber geben Sie auch etwas von Ihrer Verantwortung an andere ab. Andere Verkehrsteilnehmer sind ebenfalls vorsichtig Und gleichen die Fehler anderer aus. Jeder im Straßenverkehr sollte im Zweifelsfall für den anderen einstehen.

Gegen die Zittrigkeit üben wir progressive Muskelentspannung – mit beiden Armen gegen das Lenkrad und mit dem linken Fuß gegen das Bodenblech stemmen und dann plötzlich loslassen. Wieder üben wir Bauchatmen, langsam über die Nase in den Bauch einatmen, sehr langsam durch den Mund wieder ausatmen. Das ruhige Atmen verringert die

Gegen Anspannung und Grübeleien

◘ **Abb. 8.4.** Der Fahrer des Pkw hat uns die Vorfahrt genommen. Kein Problem, wir waren vorsichtig

Nervosität und das Herzklopfen. Ich empfehle ihr, wenn die negativen Gedanken aufkommen, innerlich »Stopp!« zu sagen und zu laut sprechen. Sie kann z. B. laut ihr Fahrverhalten kommentieren. Muss Tanja wegen eines Hindernisses ausweichen, sagt sie: »Ich schaue in die Spiegel, ob frei ist, ich blinke, ich schaue in den toten Winkel und ziehe nach links herüber.« Auf diese Weise konzentriert sie sich, sodass keine Unfall- und Panikgedanken aufkommen.

Zauberwort   Tanja braucht noch ein Zauberwort. Sie soll ihre Unfallgedanken durch hoffnungsvollere ersetzen. Gemeinsam sammeln wir Zauberworte. Zum Schluss wählt Tanja folgende aus: »Ich fahre vorsichtig, ich kann mich auch auf andere verlassen.« Und: »Ich fahre selbst zurück nach Köln, ich schaffe das!«

Mit dem ersten Spruch gibt sie etwas von der zu großen Verantwortung, die sie quält, an andere ab. Sie schreibt die Zauberworte auf und steckt sie in ihren Geldbeutel, um immer wieder daraufschauen zu können.

Tanja nimmt sich vor, auf der Rückfahrt mit einer Freundin nach Köln selbst zu fahren. Sie trainiert immer eifriger und schließlich platzt der Knoten. Sie kommt mit ihrem Kleinwagen gut zurecht, und ich darf sogar meinen angestammten Platz des Beifahrers verlassen und mich auf die Rückbank setzen.

Unfall- und Pannenkunde   Zum Schluss der Ausbildung nehmen wir uns noch Unfall- und Pannenkunde, Betriebs- und Verkehrssicherheit vor: Ich zeige ihr Warnblinklicht, Warndreieck und Warnweste und den Verbandskasten. Tanja packt Warndreieck aus, fügt es zusammen und stellt es in einigem Abstand vor dem Wagen auf. Sie kontrolliert den Ölstand und den Reifenluftdruck.

Wir sprechen noch einmal darüber, dass man Unfälle durch vorsichtige Fahrweise ganz gut vermeiden kann. Dennoch muss man auf Unfälle vorbereitet sein.

> ❗ **Wenn Sie sich an die Regeln halten und vorsichtig fahren, werden Sie viele Unfälle vermeiden. Denken Sie daran – Sie können sich auch auf andere verlassen. Aber ein kleines Risiko bleibt – wie immer im Leben.**

In zwei Wochen frei von Unfallangst

Tanja hat sich für den Kurs zwei Wochen Urlaub genommen. In dieser Zeit übt sie jeden Tag mindestens zwei Doppelstunden, manchmal fährt sie auch als Beifahrerin bei der Übungsfahrt einer anderen ängstlichen Fahrschülerin mit. In diesen zwei Wochen hat Tanja die Grundlagen gelegt, ihre Unfallangst zu bewältigen. Wir haben Gespräche geführt, wichtige Fahrtechniken geübt und sind sehr vorsichtig in die Unfallsituation hineingegangen. Schließlich hat sie es geschafft, selbstständig zu fahren und Verantwortung zu übernehmen.

Am meisten haben ihr die Übungen auf dem Supermarktplatz, das langsame Fahren, die Gespräche und schließlich das eigene Fahren geholfen.

8.2 Was Sie tun können, wenn Sie an Unfallangst leiden (Tipps zur Selbsthilfe)

❶ Um die Techniken des langsamen Fahrens zu lernen, sollten Sie sich Profis, also eine Fahrschule mit kompetenten und freundlichen Lehrern, zu Hilfe holen. Das gilt auch, wenn sie leichte oder mittelschwere Unfälle, wie in der Geschichte beschrieben, fahrpraktisch aufarbeiten wollen.

8.2.1 Selbsthilfetipps bei Unfallangst

1. Klären Sie erst Ihre Situation für sich. Führen Sie ein Tagebuch Ihrer Erlebnisse und tragen Sie Notizen über Situationen ein, in denen Sie Angst verspüren. Das können Grübeleien sein, immer wiederkehrende Erinnerungen oder leichte körperliche Symptome. Ihnen wird durch die Notizen vieles klarer und Sie können nun besser entscheiden, wo Sie ansetzen sollten, um Ihre Gedanken und Ihre Reaktionen zu verbessern.

   Tagebuch führen

2. Erzählen Sie Bekannten und Freunden den Unfallhergang. Sie werden dadurch Ordnung in Ihre eigenen Bilder von dem Geschehen bringen. Das wird Ihnen gut tun und Sie entlasten.

   Unfallgeschichte erzählen

3. Eignen Sie sich einfache Entspannungstechniken an, um sich selbst zu beruhigen: Langsames, besonnenes Atmen, beginnend mit Bauchatmung, Muskelentspannung (zuerst bestimmte Muskeln fest anspannen, dann schlagartig locker lassen) und lautes Kommentieren während des Fahrens, um die Konzentration aufrechtzuerhalten.

   Entspannungstechniken

4. Sprechen Sie mit Ihrer Freundin oder Ihrem Freund über die quälenden Gedanken und Grübeleien, die Sie hilflos machen. Z. B. »einmal Unfall, immer wieder Unfall.« »Wenn ich beim nächsten Mal nur einen kleinen Fehler mache, könnte vielleicht ein Mensch sterben.« Versuchen Sie, andere, positive Gedanken zu entwickeln, die freundlicher sind und Sie ermutigen. »Ich fahre vorsichtig. Ich kann Fehler ausgleichen. Andere helfen mir, wenn ich Fehler mache.«

   Freundliche, ermutigende Gedanken entwickeln

5. Schreiben Sie den Unfallhergang auf. Versuchen Sie, den Unfall zu analysieren, wie es im Kapitel geschildert wurde. Dabei sollten Sie sich von einer verständigen Freundin mit Führerschein oder einem kompetenten, freundlichen Fahrlehrer helfen lassen. Bei einer Unfallanalyse beschreiben Sie den Ablauf des Unfalls Schritt für Schritt und überlegen bei den einzelnen Etappen, was Sie hätten besser machen können, um den Unfall gar nicht geschehen zu lassen.

   Unfallanalyse

6. Wenn der Unfall nur geringfügig war, z. B. ein Kratzer beim Einparken, können Sie das Unfallgeschehen mithilfe einer kompetenten Fahrschule auch fahrpraktisch rekonstruieren und lernen, wie Sie ähn-

   Fahrpraktische Rekonstruktion nur mit Profihilfe

liche Situationen vermeiden. Üben Sie in einem verkehrsarmen Gebiet langsam zu fahren. Darauf sollten Sie einige Zeit verwenden, denn diese Übungen brauchen Sie, um Sicherheit zu gewinnen. Nähern Sie sich, im Falle des Parkunfalls, vorsichtig vorwärts oder rückwärts einem anderen Auto, bis Sie nicht näher heranfahren können. Steigen Sie zwischendurch immer wieder aus, um nachzuschauen, wie viel Platz Ihnen noch bleibt

7. Bei mittelschweren Unfällen, wie in Tanjas Geschichte geschildert, brauchen Sie ebenfalls die Hilfe einer Angsthasen-Fahrschule. Bei schweren Unfällen (z. B. Schleudern) können Sie an einem Verkehrssicherheitstraining eines Automobilclubs teilnehmen. Dort üben Sie scharfes Bremsen, Ausweichen und Schleudern mit Gegenlenken.

8.2.2 Zusammenfassung: Ratschläge und Tipps bei Unfallangst

Viele Menschen mit Unfallangst haben sich an uns mit E-Mails, Briefen, per Telefon oder im persönlichen Gespräch gewandt. Die folgenden Fragen sind ein Ausschnitt daraus. Einige der nachfolgenden Tipps können Sie selbst umsetzen. Bei einigen brauchen Sie die Hilfe einer geeigneten Fahrschule, eines Automobilverbandes oder eines Psychotherapeuten.

Frage: Ich habe Angst davor, andere zu behindern und lasse mich zum Schnellfahren verleiten. Ich fürchte mich dabei vor einem Unfall. Was kann ich tun?

Antwort: Sie stecken hier in einem Widerspruch, den Sie selbst lösen können. Ändern Sie Ihre Einstellung »Ich darf die anderen nicht behindern«, fahren Sie vorsichtiger und ruhiger. Dann können Sie die Situationen wieder kontrollieren und gefährden niemanden. Mit ihrem neuen, vorsichtigen Fahrstil behindern sie die Schnellfahrer natürlich mehr. Halten Sie das aus. Sie werden feststellen, dass das gar nicht so schlimm ist, weil die Schnellfahrer einfach an Ihnen vorbeiziehen. Mit einem kleinen Nachteil (andere etwas behindern) haben Sie einen großen Vorteil gewonnen (Kontrolle über das Verkehrsgeschehen). Viele Unfälle entstehen nicht etwa durch falsche Fahrtechnik oder mangelnde Regelkenntnis, sondern durch gefährliche Einstellungen.

Frage: Ich saß am Steuer und fuhr mit meiner Familie auf der Autobahn, als wir ins Schleudern gerieten und in die Leitplanke krachten. Ich bin jemandem ausgewichen, der von der Einfahrt aus nach links blinkte. Jetzt habe ich Angst davor, wieder mit dem Auto ins Schleudern zu komme.

Antwort: Das Ausweichen nach links beruht auf einer übertriebenen Rücksichtnahme. Sie wollten dem Einfahrenden helfen, indem sie den Fahrstreifen rechts räumten. Überprüfen Sie Ihre Einstellung: Der Einfahrende muss doch eigentlich Vorfahrt gewähren! Sie können ihm gerne helfen, indem Sie z. B. ein wenig vom Gas gehen, was in den meisten Fällen ausreicht. Dieses Verhalten sollten Sie mit einem Fahrlehrer auch praktisch trainieren. Machen Sie eine Unfallanalyse und versuchen Sie, den Unfallablauf wenigstens nachträglich gedanklich unter Kontrolle zu bringen. Falls Sie reaktionsschnelles Bremsen, schnelles Ausweichen, Drehen oder Schleudern trainieren wollen, dann melden Sie sich bei einem Sicherheitstraining der Automobilverbände an, die speziell auch Kurse für Frauen anbieten. Im Winter, wenn kräftig Schnee gefallen ist, können Sie auf einem großen, leeren Parkplatz viele sinnvolle Übungen durchführen am besten mit der Hilfe eines Fahrlehrers oder in einem Kurs eines Automobilvereins: Blockierbremsen, durchdrehende Räder, schnelle Kurvenfahrt mit Dreher, Bremsen und Ausweichen mit ABS.

Frage: Ich bin bei einem Unfall von einem Beteiligten beschimpft worden. Darüber komme ich nicht hinweg.

Antwort: Es gibt immer wieder Unfallbeteiligte, die schimpfen. Alle sind hier in einer Ausnahmesituation. Suchen Sie sich nach einem Unfall möglichst den Kontakt zu denjenigen Beteiligten, die sie nicht verurteilen. Haben Sie bitte auch Verständnis dafür, dass ein Unfallbeteiligter nach solch einem Ereignis die Beherrschung verliert, weil er unter Schock steht. Gegen schimpfende Unfallbeteiligte helfen Selbstbehauptungsübungen, z. B. Rollenspiele. Sie können diese Rollenspiele auch nachträglich inszenieren, um Ihr Selbstbewusstsein wieder aufzubauen. Lassen Sie sich dabei von guten Freunden oder Bekannten helfen, die den wütenden Unfallgegner spielen. Seien sie selbstbewusst, wehren Sie sich, wenn der andere Ihnen gegenüber ausrastet. Verbitten Sie sich den Ton und das schlechte Benehmen.

Frage: Ich bin Fahrschulanfängerin und hatte noch keinen Unfall. Dennoch bin ich übervorsichtig und grüble sehr viel über Unfälle nach. Bei einer kleinen Fehlreaktion könnte doch schon das Schlimmste passieren! Weil das so ist, bin ich sehr selbstkritisch mir gegenüber. Mein Fahrlehrer sagt, ich stehe mir wegen meiner dauernden Grübeleien selbst im Weg. Was raten Sie mir?

Antwort: Endlose Grübeleien mit »wenn« und »hätte« und »womöglich« bringen nichts, sie sind uferlos. Sie machen Ihnen nur das Leben und die Ausbildung schwer. Sagen Sie »Stopp!«, wenn Sie wieder zu grübeln anfangen und sprechen Sie zur Ablenkung laut über Ihre Fahraufgabe. Freuen Sie sich darüber, wenn Sie die einigermaßen geschafft haben. Seien Sie nicht zu perfektionistisch, Fehler werden nun mal gemacht, das ist bei einer Anfängerin normal.

8.2.3 Aufgaben

David will nicht als Fahranfänger auffallen:

David ist Fahranfänger in der Probezeit. Er glaubt, er müsse mit dem schnellen Verkehr »mitschwimmen«, um nicht als Fahranfänger unangenehm aufzufallen. Als er nachts mit seinem Wagen nach Hause fährt, biegt er trotz Gegenverkehr nach links ab. In der Hast übersieht er beinahe eine Fußgängerin auf der gegenüberliegenden Seite. Im letzten Moment kann er noch scharf bremsen. Die alte Dame ist sehr erschrocken und schimpft heftig mit ihm. Er ist zuerst verwirrt, meckert dann zurück. Zwei Wochen später passiert ihm fast wieder ein Unfall: Beim Wenden auf einer Landstraße gerät er mit den Hinterrädern auf den Hang der Böschung, wird dort allerdings von einem Verkehrszeichen-Pfahl aufgehalten und kommt nicht mehr weg. Erst als er Hilfe holt, gelingt es, das Auto wieder auf die Fahrbahn zu schieben. Seit diesen beiden Beinah-Unfällen fährt er immer unsicherer. Er schwitzt und zittert und hat das Gefühl, völlig den Überblick zu verlieren. Ursprünglich war er sehr stolz auf seinen großen, gebrauchten Wagen, den er sich am Anfang gekauft hat, doch jetzt lässt er das Auto ganz stehen.

Fragen

1. Wie beurteilen Sie Davids Einstellung, er müsse als Fahranfänger mit dem Verkehr »mitschwimmen«? Welche Einstellung sollte er stattdessen haben?
2. Welche Aufgaben im Straßenverkehr sollte er üben und wie?
3. Wie verhält er sich am besten gegenüber der alten Dame, die ihn kräftig ausschimpft?
4. Was kann er gegen seine Angstsymptome tun?

Fiorina platzt der Reifen

Fiorina hat schon mehrere Jahre den Führerschein. Aufgrund ihres Berufes fährt sie oft Autobahn. Eines Tages platzt ihr der Reifen hinten rechts. Sie erschrickt, verhält sich dennoch umsichtig und hält das Lenkrad fest, bremst kaum, sondern lässt den Wagen mit eingeschaltetem Warnblinklicht auf dem Seitenstreifen ausrollen. Bald darauf kommt Hilfe, und sie kann weiterfahren. Ab jetzt hat sie aber einen mulmiges Gefühl bei ihren Fahrten auf der Autobahn: Sie befürchtet, ihr Reifen könne noch einmal platzen und der Wagen könnte sich drehen oder womöglich überschlagen. Sie fährt immer langsamer, zuerst nur 100, dann 80 km/h, bis sie merkt, dass es so nicht weitergeht, und die Autobahn ganz meidet. Damit gerät sie aber bei ihrer beruflichen Arbeit in Schwierigkeiten. Schließlich fragt sie per E-Mail, ob ich ihr Runflat-Reifen[5] empfehlen würde, oder was sie jetzt tun solle.

Fragen

1. Wird Fiorina ihre Angst verlieren, wenn sie mit Runflat-Reifen fährt?
2. Was sollte Fiorina gegen ihre Ängste unternehmen?

Marianne wird auf der Autobahn von einem rückwärtsfahrenden Pkw-Fahrer gerammt:

Auf der Autobahn ist die Fahrbahn wegen einer Baustelle verengt. Vor Marianne fährt ein ausländischer Wagen. Als sie an einer Ausfahrt vorbeifahren, stoppt der Wagen vor ihr plötzlich und fährt schnell rückwärts. Offensichtlich hatte der Fahrer die Ausfahrt verpasst und fährt deswegen zurück, allerdings übersieht er in seiner Hast Marianne. Sie bremst zwar sofort, dennoch wird sie von dem Fahrer kräftig gerammt. Gurt und Airbag schützen sie. Die Beifahrerin aus dem anderen Wagen steigt aus und beschimpft Marianne, die völlig verwirrt ist, bleich schweigt sie. Andere, inzwischen ebenfalls eingetroffene, Fahrer schalten sich ein und schimpfen mit der Frau des Unfallfahrers bzw. mit Marianne. Nach diesem Erlebnis vermeidet sie das Fahren jahrelang.

Fragen

1. Was hätte der Fahrer, wenn er die Abfahrt verpasst hatte, tun müssen?
2. Wie hätten sich die anderen Fahrer verhalten müssen?
3. Marianne ist nach dem Unfall stumm und blass. Was ist passiert? Welche Hilfe braucht sie?
4. Was kann Marianne zur Bewältigung ihrer Unfallangst tun?

Die Lösungen finden Sie im Anhang.

Anmerkungen

1. Artikel »Verkehrsunfall« aus Wikipedia: http://de.wikipedia.org/wiki/Verkehrsunfall:
   »Ein Verkehrsunfall (VKU, VU) ist ein zumindest für einen Unfallbeteiligten unvorhergesehenes plötzliches Ereignis, das im ursächlichen Zusammenhang mit dem Straßenverkehr und seinen typischen Gefahren steht und einen Sachschaden und/oder Personenschaden zur Folge hat, der nicht völlig belanglos ist (bis 25.- Euro). Unfälle mit Beteiligung von Schienen-, Luft- oder Wasserfahrzeugen sind jedoch streng genommen ebenfalls Verkehrsunfälle im weiteren Sinn des Wortes.« (14.07.2009).
2. Nach § 34 StVO Abs. 1 hätten die beiden Beteiligten – Mutter und Tochter – ihre Unfallbeteiligung angeben müssen. Das wurde vertuscht, die Mutter nahm die Schuld auf sich.
3. Unfallanalysen oder Analysen gefährlicher Situationen werden z. B. bei Aufbauseminaren in Fahrschulen mit Erfolg eingesetzt.
   DVR (Hg.) (2005). Aufbauseminare in Fahrschulen. Handbuch für Seminarleiter. Bonn.
4. Schurig, R. (2006). *Kommentar zur Straßenverkehrsordnung*. Bonn: Kirschbaum. S. 40.
5. Runflat-Reifen enthalten in ihrem Inneren ein selbsttragendes Gummielement. Selbst bei Beschädigung und plötzlichem Druckverlust laufen sie noch normal weiter, sodass der Fahrer in Ruhe die nächste Werkstatt ansteuern kann. Die Beschädigung wird im Cockpit des Wagens durch ein Signal angezeigt.

9 Angst vor Panikattacken auf der Autobahn: Die Angst annehmen, das Vermeiden vermeiden

»Ich glaubte, zu ersticken«

SchaffenWir Methode:

1. Ängste akzeptieren
2. **Körperliche Symptome benennen**
3. **Gedankenfalle überwinden**
4. Autofahren auffrischen
5. Angsthasenfahrstil üben
6. **Vermeiden vermeiden**
7. **Selbstständig fahren**

Panikattacken sind heftige körperliche Reaktionen im Bereich des vegetativen Nervensystems[1], die von den Betroffenen häufig als unvermittelt und nicht kontrollierbar erlebt werden. Für diese Menschen sieht es dann so aus, als habe die hohe Geschwindigkeit auf der Autobahn diese »Anfälle« verursacht oder provoziert (◘ Abb. 9.1). Dadurch fürchten sich die Betroffenen davor, auf die Autobahn zu fahren und suchen ständig nach Gelegenheiten, sie zu umgehen. Die Schritte Nr. 2, 3, 6 und 7 der SchaffenWir-Methode sind hier für uns besonders wichtig.

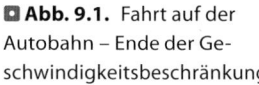

Abb. 9.1. Fahrt auf der Autobahn – Ende der Geschwindigkeitsbeschränkung

Sie fahren gerne Auto, auch auf der Autobahn fühlen Sie sich wohl. Doch eines Tages spüren Sie ein Kribbeln in den Armen und Ihnen wird leicht schwindlig, außerdem befürchten Sie, keine Luft mehr zu bekommen und Ihr Herz rast. Womöglich achten Sie immer ängstlicher auf neue Anzeichen, fahren langsamer oder meiden die Autobahn, weil Sie dort neue Anfälle fürchten. Doch damit werden Sie ihre Gedanken nicht los. Ein hilfreicher Weg, Ihre Angst vor diesen Situationen zu bewältigen ist eine Verhaltenstherapie. Sie sollte einen praktischen Anteil mit Desensibilisierung[2] enthalten. Dazu gehört auch die Konfrontation[3] mit den auslösenden Situationen, um wieder gerne auf der Autobahn fahren zu können.

9.1   Hinweise aus der Praxis

Melanie hat ein Problem auf der Autobahn

Melanie kommt zusammen mit ihrem Freund zum ersten Gespräch in unsere Fahrschule.. Sie ist 35 Jahre alt und arbeitet bei einer Internetfirma. Seit 15 Jahren hat Melanie ihren Führerschein und ist immer gern gefahren, im Urlaub sogar schon durch halb Europa und die USA: Zu Hause braucht sie das Auto, um zu ihrer Arbeitsstelle zu gelangen, vor allem, wenn sie abends arbeiten muss. Sie verwendet das Auto auch, um zu Kunden zu fahren. Melanie ist mit dem Autofahren völlig vertraut und fühlt sich wohl damit.

▼

Doch seit drei Jahren fährt sie kaum noch. Während einer abendlichen Heimfahrt auf der Autobahn bei Regen hat sie beim Überholen eines Lkw durch das aufspritzende Regenwasser einen kurzen Moment nur wenig Sicht und erschrickt (Abb. 9.2). Anschließend spürt sie ein »komisches Gefühl« sowie Herzklopfen, Schwitzen und zitternde Muskeln. Melanie beschließt darauf, etwas langsamer zu fahren. Die Erinnerung an diese Empfindung hält noch einige Zeit an. Einige Tage später erlebt sie auf der Autobahn, wie sie sagt, »wieder einen heftigen Anfall«. Sie glaubt, einer Ohnmacht nahe zu sein. In den

◘ Abb. 9.2. Regen auf der Autobahn beim Überholen von Lkw

Beinen und Händen spürt sie ein Krib-beln wie beginnende Taubheit, ihr schwindelt, der Mund ist trocken, das Herz schlägt heftig, der Hals schnürte sich zu, und sie glaubt, zu ersticken.

Sie schaltet das Warnblinklicht ein und fährt auf den Seitenstreifen, um sich dort etwas zu beruhigen. Dort be-wegt sie sich vorsichtig weiter bis zur nächsten Ausfahrt. Inzwischen hat sie schon richtige Angst vor der Autobahn, fürchtet, dass dort ein neuer »Anfall« auftreten kann.

Einige Wochen später sucht sie we-gen ihren Beschwerden ihren Hausarzt auf. Dieser überweist sie an einen Neuro-logen und an einen Herzspezialisten. Un-tersuchungen ergeben jedoch keine Hinweise auf eine körperliche Krankheit.

Melanie sieht voll Sorge und Bitter-keit, dass sie sich durch das Vermeiden zwar vorübergehend Luft verschafft hat, auf Dauer aber in ihrer Lebensfüh-rung eingeschränkt ist. Sie hat Selbst-zweifel: »Bin ich denn verrückt? Ich bil-de mir das doch nicht ein!«

Definition

Panikattacken sind plötzliche, heftige Angsterlebnisse, die schwere körperliche Alarmreaktionen auslösen. Treten diese häufiger auf und beeinträchtigen sie die Lebensführung, dann spricht man von einer Panikstörung. Treten die Attacken vor allem in bestimmten Situati-onen auf (Autobahn, Bahn, Supermarkt), werden diese Situationen gemieden. Die Betroffenen haben Angst vor neuen Angstanfällen, entwickeln eine überängstliche Erwartungshaltung (»Beim nächsten Panikanfall werde ich ohnmächtig.«) und beobachten ihren Körper übergenau. Aufgrund dieser Angst meiden sie Orte, an denen sie neue Panikerlebnisse vermuten (»Agoraphobie«, grie. etwa grob mit »Platzangst« zu übersetzen.)

Achten Sie auf folgende Symptome oder Gedanken. Diese können Ihnen Hinweise geben, ob Sie an Panikattacken, an der Angst davor oder an Agoraphobie leiden:

1. Ich hatte in ganz bestimmten Situationen ohne ersichtlichen Grund
   - Atemprobleme, das Gefühl, zu ersticken
   - Kribbeln in den Händen oder Beinen bis zu Taubheitsgefühlen,
   - zitternde Hände, Arme, Beine
   - Kribbeln im Bauch, nervöser Magen,
   - Schweißausbrüche,
   - Schwindel, Sehstörungen,
   - starkes Herzklopfen,
   - Übelkeit,
   - die Empfindung der Unwirklichkeit, neben mir zu stehen.
2. Ich hatte in diesen Situationen den Gedanken oder die Befürchtung:
   - Ich werde verrückt.
   - Ich werde ohnmächtig.
   - Ich ersticke.
   - Ich bekomme einen Schlaganfall oder einen Herzinfarkt.
   - Angst vor einer weiteren Panikattacke.
3. Die Autobahn ist ein gefährlicher Ort; dort drohen Panikattacken.
4. Am schlimmsten auf der Autobahn sind alle Situationen, bei denen ich nicht mehr rechtzeitig fliehen kann, wenn eine Panikattacke droht: Autobahn ohne Seitenstreifen, Tunnel, Brücken, wenn weder eine Abfahrt noch ein Parkplatz in Sicht sind, beim Überholen, Überholen von Lkw, Lkw auf dem Autobahnkreuz von rechts, Fahren im Stau.
5. Ich fürchte mich vor hohem Tempo auf der Autobahn. Schon ab 80 km/h droht eine Panikattacke.
6. Ich fürchte mich vor allen Straßen, auf denen ich ein bisschen schneller fahren muss (Straßen außerorts, große Durchgangsstraßen innerorts).
7. Allein zu fahren ist gefährlich. Ich fahre nur noch mit Begleitung.

9.1.1 Verhaltenstherapie

Da die Panikangst Melanies Lebensführung einzuschränken droht, und sie sich in Behandlung begeben hat, können wir hier nicht einfach von einer »Angsthasenproblematik« sprechen und nach einem Stressbewältigungsseminar mit dem Autofahren beginnen. Wir haben Melanie zuerst eine Verhaltenstherapie empfohlen. Dort wird zu Beginn festgestellt, ob sie tatsächlich an einer behandlungsbedürftigen Störung leidet. Dies kann einige Therapiestunden in Anspruch nehmen. Außerdem lernt sie, dass sie bei einer Panikattacke keinesfalls ohnmächtig wird, sondern nur befürchtet, ohnmächtig zu werden. Sie entwickelt gemeinsam mit dem Therapeuten einen genauen Plan, was sie gegen dieses Problem unternehmen kann und soll. Ihr Therapeut beruhigt sie: Sie sei keinesfalls »verrückt«. Sie hat sich in eine grübelnde, lauernde Haltung gegenüber den Anfällen hineingesteigert. Jedes kleine Anzeichen von Unruhe oder Anspannung empfindet sie schon als bedrohlich. Diese Haltung gilt es jetzt aufzulösen. Ihr erstes Therapieziel ist, die Angstanfälle »gutmütiger«, also nicht mehr so folgenschwer, zu sehen und sie bereits im Vorfeld besser zu kontrollieren. Erst danach kann dann der Therapeut, im Idealfall in Zusammenarbeit mit einer guten Fahrschule, den praktischen Teil planen.

> ❗ Zu Beginn der Gespräche klären Sie mit dem Verhaltensthera-
> peuten, ob Sie eine Therapie benötigen. Die Krankenkassen über-
> nehmen auf jeden Fall die Kosten für die ersten »probatorischen«
> Sitzungen[4]. Dann beginnt die eigentliche Therapie, in deren Ver-
> lauf Sie mit dem Verhaltenstherapeuten überlegen, ob Sie sich
> mit Unterstützung durch einen kompetenten Fahrlehrer an die
> praktischen Übungen wagen.

In der Therapie lernt Melanie einen körperlichen Mechanismus kennen, der ein harmloses Anspannungsgefühl in einen heftigen »Anfall« verwandeln kann, wie es bei der besagten Fahrt im Regen geschehen war. Seither hat sie manchmal ein »mulmiges Gefühl«, das sich hartnäckig in der Erinnerung hält. Sie erfährt, dass es Menschen gibt, die schon bei einem nur harmlosen Anspannungsgefühl falsch, nämlich zu schnell, atmen. Bei »Hyperventilation«, bei zu schnellem Atmen sinkt der Kohlendioxidgehalt im Blut, sodass es zu körperlichen Missempfindungen, z. B. Kribbeln in den Händen, Gefühl der Luftnot kommt. Darauf reagieren die Betroffenen mit noch schnellerem Atmen, was sich zu einem Teufelskreis ausweitet. Zum Teil atmen sie bis zu 5-mal schneller als normal. Melanie übt, über die Nase langsam und nicht zu tief in den Bauch zu atmen, eine Pause zu machen und langsame und gründlich durch den Mund wieder auszuatmen. Zwischendurch atmet sie in die hohle Hand ein und aus, um den Kohlendioxidgehalt in ihrem Blut zu erhöhen und zu normalisieren.

Hyperventilation lässt sich reduzieren

> ❗ Sie können die Hyperventilation steuern und durch ruhiges At-
> men wieder reduzieren. Dann verschwinden die meisten Angst-
> symptome wieder.

9.1.2 Mögliche Ursachen

Im Rahmen der Verhaltenstherapie bemüht sich Melanie zusammen mit ihrem Therapeuten, die Ursachen für die negative Entwicklung zu ergründen. Möglicherweise sind diese Faktoren in ihrer starken beruflichen Anspannung zu suchen.

Beruflichen Stress reduzieren

Im Verlauf der ca. 25 Therapiesitzungen erarbeitet sie Alternativen, um den Stress im Beruf zu verringern und nach und nach ihre Situation zu verbessern. Melanie bekommt Aufgaben mit nach Hause: Z B., dass sie in Ruhe überdenken soll, wie es mit ihrem Leben, ihrem Beruf und ihrer Beziehung zu ihrem Freund weitergehen kann. Als Ergebnis dieser Überlegungen steht im Laufe der Zeit fest: Sie will ihre Firma verlassen und sich selbstständig machen. Bis es soweit ist, will sie sich in der Firma nicht mehr so extrem einspannen lassen. Auch der Aufbau einer selbstständigen Existenz wird mit Stress verbunden sein. Aber, so hofft sie, wird das wenigstens positiver Stress sein, der sie nicht so fertig macht wie jetzt. Auch ihr Freund steht hinter ihrem Entschluss Jedenfalls findet sie die Aussicht, bald aus ihrer beruflichen Situation zu entkommen, sehr wohltuend.

> ❶ **Die Ursachen für ihre Panik können vielfältig sein. Indem Sie auch anderswo den Stress und die Probleme mindern, können Sie günstige Bedingungen schaffen, um die Panik auf der Autobahn zu bewältigen.**

9.1.3 Konfrontationsübungen: Von der Therapie in die Fahrschule

Im Laufe der Therapie bekommt Melanie nach einigen Sitzungen ganz selbstverständlich die Idee, wieder mit dem Fahren zu beginnen. Nur wenn sie tatsächlich fährt und wieder ihr mulmiges Gefühl erlebt, kann sie üben, die Situation zu kontrollieren und auszuhalten. Die Konfrontation mit den Befürchtungen und Missempfindungen im Alltag, d. h. auf der Autobahn, ist ein wichtiger Schritt in der psychotherapeutischen Behandlung.

Die Konfrontationsübungen werden mithilfe unserer Fahrschule stattfinden. Für mich (F. M.) als Fahrlehrer ist es wichtig, mich mit dem Therapeuten abzustimmen und die einzelnen Schritte genau zu besprechen.

So geht es dann anschließend bei Konfrontationsübungen weiter:

Zuerst Stadtverkehr

Melanie will nicht gleich auf die Autobahn zu fahren. Sie fühlt sich nach der 3-jährigen Vermeidung unsicher und möchte zuerst im Stadtverkehr üben, vor allem das Fahren im dichten, schnellen Verkehr auf großen Durchgangsstraßen.

Melanie übt, vor jeder Fahrt die Atemübung anzuwenden, die sie in der Therapie gelernt hat: Ruhig durch die Nase einatmen, in den Bauch, dann sehr langsam durch den Mund ausatmen. Sie wird dann diese Atemübung auch während der Fahrt anwenden.

Atemübungen

Als weitere Übung, ihren Atem zu kontrollieren, spricht Melanie laut über ihre Handlungen oder gibt Beobachtungen aus der Umwelt wieder, z. B.: »Ich möchte den Fahrstreifen wechseln. Ich schaue in die Spiegel, blinke. Da kommt einer hinter mir, der fährt jetzt langsamer.«
Diese Übung hat folgende Vorteile:

- Beim lauten Sprechen wird der Atemfluss verlangsamt und normalisiert. Bei längeren Sätzen wird sogar unbewusst lange ausgeatmet.

Lautes Reden

- Die Aufmerksamkeit konzentriert sich auf das bevorstehende Verhalten, man ist von möglichen Panikgedanken abgelenkt.
- Durch das laute Sprechen prägen sich Vorgänge besser ein.

Um zitternde Hände und Beine, die mangelnd durchblutet sind, wieder funktionstüchtig zu machen, entspannt sie die Muskulatur mit einer Entspannungsmethode, die Melanie bereits zu Hause eingeübt hat: Muskeln kräftig für ungefähr fünf Sekunden anspannen, dann schlagartig loslassen.

Muskelentspannung

Melanie übt, abwechselnd schnell und langsam zu fahren. Damit steht ihr ein wirksames Mittel zur Verfügung, die Situation zu kontrollieren.

Tempo variieren

Während den Fahrten gibt sie in regelmäßigen Abständen die Stärke ihrer Nervosität an (von 1, sehr ruhig, bis 10, große Angst, Panik). Diese Selbstbeobachtung ist eine Art Frühwarnsystem, mit dessen Hilfe Melanie rechtzeitig reagieren kann. Ganz wichtig ist, auch die körperlichen Anzeichen laut zu benennen: ein Kribbeln etwa, beginnend von den Beinen, den Körper aufwärts, bis zu einem sehr unangenehmen Gefühl im Bauch o. ä.

Über Nervosität sprechen

Durch die Gespräche in der Verhaltenstherapie hat Melanie wichtige neue Einsichten bekommen: Sie bewertet ihre gedanklichen Prozesse inzwischen anders und ist nicht mehr so leicht verängstigt. Nach wie vor hat sie allerdings »Angst vor der Angst«. Sie freut sich aber auch, dass sie durch Atemtechnik und Muskelentspannung jetzt endlich Möglichkeiten sieht, diese körperlichen Auswirkungen besser zu bewältigen.

9.1.4 Erste Konfrontation im Fahrschulwagen: Breite Straßen, Ängste bleiben beherrschbar

Wie zu erwarten war, fährt Melanie bis auf zwei Punkte gut: Sie schaltet zu spät und lässt den Motor sehr hoch drehen. Aber das begreift sie sofort, wir brauchen also gar nicht so viel aufzufrischen. Beim Schalten fällt ihr auf, dass die Schaltung sich weich und locker bedienen lässt,

Häufige weiche Bewegungen

das entspannt den rechten Arm und verhindert das Kribbeln. Sie beschreibt das Gefühl so: »Es ist eine warme, weiche Empfindung, es lockert mich sehr.« Der andere Punkt, an dem sie arbeiten muss, ist, dass sie viel zu fixiert gerade ausschaut und den Blick nicht locker über die Spiegel nach links oder rechts schweifen lässt. Vor dem Wechsel des Fahrstreifens kommt es dann zu spät zu einer plötzlichen »Blickattacke« nach links oder rechts und anschließend zu hastigem Schwenken des Wagens.

Tunnelblick schadet und irritiert

Dieser »Tunnelblick« ist gefährlich, weil sie sich so nicht rechtzeitig über das Verkehrsgeschehen informiert. Bei sehr empfindlichen Menschen kann der lange starre Blick auf die Fahrbahnoberfläche durch die heranflitzende feinporige Struktur des Asphalts oder Betons Schwindelgefühle auslösen. Nun übt Melanie, frei und umsichtig herumzuschauen, zuerst im Stand, dann während der Fahrt. Sie empfindet schnell das neue, weite Schauen als Wohltat.

In Abständen von ca. 5 Minuten wiederholt sie ihren Befindlichkeitsstatus. Zu Anfang beträgt ihr Stresspegel nur 2–3. Als wir auf breite Straßen überwechseln, steigt er an auf 3–4.

Ruhiges Atmen

Melanie atmet bewusst ruhig und spricht während der Fahrt, erzählt, was sie im Verkehr beobachtet und was sie als nächstes vorhat. Das hilft ihr ebenfalls, denn es beruhigt den Atemfluss, lenkt die Konzentration auf Wichtiges. Nach einiger Zeit ist sie wieder auf dem alten Status 2–3. Dann wechseln wir auf eine breite Straße mit Mittelinsel über, jede Fahrbahn hat drei Fahrstreifen. Das sieht schon sehr nach Autobahn aus. Der Stresspegel erhöht sich auf 4–5.

> **Tipp**
>
> Bewegung, z. B. beim Schalten, Muskelentspannung, ruhiges Atmen, frei schweifender Blick und lautes Reden helfen, sich zu entspannen, von Angstgedanken abzulenken und sich auf Wichtiges zu konzentrieren.

Mit leichten Schwierigkeiten

Um die Autobahnfahrten vorzubereiten, schauen wir uns in der Fahrschule auf dem PC Fotos von allen möglichen kritischen Autobahnsituationen an. Wir bewerten sie zusammen nach leicht und weniger leicht zu ertragenden Situationen. Zu den leichten zählen z. B. ebene Autobahn, kein Tunnel, Seitenstreifen, Verkehr (lenkt ab), viele Ausfahrten, Tempo ist begrenzt, Fahren auf dem rechten Fahrstreifen.

◨ **Abb. 9.3.** Autobahn –
Gefälle und Steigung, die
schwieriger zu ertragen sind

9.1.5 Zweite Konfrontation: Beginn der Autobahnfahrten

Vor Beginn der Stunde erzählt Melanie, sie habe die Nacht zuvor vor Aufregung kaum geschlafen. Sie hätte am liebsten abgesagt. Aber sie hatte auch schon in der Therapie darüber gesprochen, dass durch Vermeidung nichts besser wird. Noch immer hat sie Angst vor der Angst. Ich beruhige sie, das sei nicht ungewöhnlich, und dieses Wissen beschwichtigt sie schon. Melanie weiß, dass sie in kompetenter Begleitung ist und nicht in Ohnmacht fallen und dann womöglich »wegbleiben« wird. Die körperlichen Begleiterscheinungen, Kribbeln, Schwindel, Herzrasen und Atemnot, sind erklärbar und kontrollierbar. Sie beherrscht die Atemübung, die Muskelentspannung und das laute, kommentierende Reden inzwischen gut. Gegen das Kribbeln in den Beinen übt sie noch in der Fahrschule, die Beinmuskeln fest anzuspannen und schlagartig wieder locker zu lassen. Sie nimmt sich vor, während der Fahrt oft zu schalten, damit der rechte Arm in Bewegung und entspannt bleibt.

> **Übertriebene Angstgedanken**

Danach schaut sie sich noch einmal die zahlreichen Bilder der Autobahnsituationen an. Sie hat sich beim letzten Mal schon günstige Bedingungen zusammengestellt, bei denen die Angst im Rahmen bleibt. Sie fährt eine Autobahnstrecke, die die meisten ihrer Bedingungen erfüllt: Ungefähr 15 km lang, mit wechselnden Geschwindigkeitsschildern, viel Verkehr, einigermaßen eben, nur ein kurzer Tunnel, manchmal allerdings kein Seitenstreifen.

> **Beginn mit einer leichten Situation**

Sollte irgendetwas Unerwartetes geschehen, werde ich als Fahrlehrer sofort die Führung des Wagens übernehmen; der Fahrschulwagen ist ja bestens gerüstet mit doppelten Spiegeln und der Doppelbedienung der Pedale. Die Übergabe haben wir in den vergangenen Stunden gründlich geübt.

Nun geht es los, Melanie fährt die Stadtstraßen Richtung Autobahn. Die Zufahrt zur Autobahn verläuft über eine Rampe abwärts. Sie fährt rechts, Tempo etwa 70 km/h (erlaubt sind max. 80 km/h), alles ist in Ordnung. Dann fahren wir in einen eher kurzen Tunnel hinein. Vorher schon – so ist es verabredet – beginnt Melanie ein ablenkendes Gespräch über ihren Plan, sich selbstständig zu machen. Trotz des Gesprächs und der Ablenkung steigt die Anspannung leicht, inzwischen liegt ihr Stresspegel bei 5–6. Sie signalisiert »geht noch«. Nach dem Tunnel wird es besser, sie beruhigt sich etwas (3–4).

Ihre wichtigste Methode, sich zu lockern und zu beruhigen, ist Progressive Muskelentspannung. Sie kann damit verhindern, dass das unangenehme Kribbeln die Beine hochzieht und sich im Bauch oder in den Armen ausbreitet Sie kann z. B. während der Fahrt den linken Fuß fest gegen das Bodenblech drücken und schlagartig wieder loslassen. Bewährt haben sich auch Gespräche und Ablenkung durch häufiges Schalten.

Melanies Zwischenfazit lautet: Sie weiß inzwischen ganz gut, was ihr hilft. Sie kann ihre körperlichen Befindlichkeitsstörungen gut kontrollieren und ist mittlerweile wieder ganz ruhig auf der Autobahn unterwegs.

> **Tipp**
>
> Suchen Sie sich unter allen Möglichkeiten der Entspannung ihre »Lieblingsmethode«. Bei Melanie war es die Progressive Muskelentspannung. Vielleicht ist es bei Ihnen das ruhige Atmen oder das laute Reden?

9.1.6   3. Konfrontation: Angstgedanken dürfen kommen, wollen aber nicht so richtig

Angstgedanken annehmen

In der Therapie wurde Melanie schon auf die möglichen störenden Angstgedanken vorbereitet, aber zur Sicherheit besprechen wir noch einmal alles ausführlich. Wenn eine Attacke auftreten sollte, wird Melanie sich keinesfalls gegen sie wehren, sondern sie irgendwie »hinnehmen« und akzeptieren. Vielleicht gelingt es ihr, wenigstens auf den Verkehr zu achten, wenn sie auftreten.

Dann fahren wir Richtung Avus los. Ab Grunewald ist Tempo 100 erlaubt, sie beschleunigt langsam, von 80 auf 90, dann knapp 100 km/h. Sofort spürt sie starkes Kribbeln in den Beinen und im Bauch, Nervosität und das Gefühl, neben sich zu stehen. Da sie aber ruhig atmet, Mus-

Abb. 9.4. Fahrt im Britzer Tunnel. Fahrlehrer sitzt hinten

kelentspannung betreibt, bleiben die Beschwerden im Rahmen – auf der Skala der Nervosität hat sie eine 5–6, mehr nicht. Schließlich beginnt sie mit den störenden Gedanken ein »Gespräch«, versucht ihnen klar zu machen, dass sie gerne weiter auf den Verkehr achten will.

Auf der Heimfahrt geht es durch einen der längsten Autobahntunnel, den Berlin zu bieten hat, den Britzer Tunnel, der ca. 2 km lang ist (■ Abb. 9.4). Das Ergebnis ist, dass Melanie angespannt ist, ihre Nervosität befindet sich wieder auf einem Niveau zwischen 5–6, aber durch Entspannung ist sie kontrollierbar.

Hinterher in der Fahrschule stellen wir uns den kompletten Ablauf einer Autobahnfahrt mit störenden Angstgedanken vor und überlegen uns gemeinsam andere Gedanken und Einstellungen, die die Fahrstunde und die Konfrontation günstig beeinflussen (■ Tab. 9.1).

Zur nächsten Stunde bekommt Melanie die Hausaufgabe, mit dem eigenen Wagen zur Fahrschule zu kommen und möglichst über die bekannten, breiten Stadtstraßen zu fahren.

9.1.7 4. Konfrontation: Erste Versuche selbstständig zu fahren

Melanie hat es geschafft, mit dem eigenen Wagen zu kommen. Nun knüpfe ich an unsere Überlegungen an und bitte sie, ein Zauberwort zu finden, das ihr in solchen Situationen Mut macht. Sie entscheidet sich für folgendes Zauberwort. »Angstgedanken, da seid Ihr ja wieder. Ich nehme Euch an, ich kann ganz gut mit Euch umgehen. Seid so nett und stört

Selbstständig fahren und Angstbewältigung üben

◘ Tab. 9.1. Autobahnfahrt mit Angst: ungünstige und günstige Gedanken

Belastende Situation	Ungünstige Gedanken	Günstige Gedanken
Vor der Konfrontation	Die Panik kommt ohne Vorwarnung, ganz schnell, wie aus dem Nichts. Sie überfällt mich bestimmt. Ich habe keine Kontrolle mehr über mein Denken und Handeln. Die Panik ist eine fremde, gefahrvolle Macht.	Meistens kommen meine Angstgedanken mit Vorwarnung. Ich kann einiges dagegen tun. Ich kenne inzwischen viele Situationen, in denen ich ruhig bleibe. Wenn das Kribbeln sich meldet, weiß ich, was zu tun ist. Ich bleibe letztlich ruhig. Ich kann mit dem Angstgedanken »kooperieren«.
Körperliche Reaktion	Ich werde ersticken, habe Schwindel, Atemnot Ich stehe neben mir – Hilfe! Ich bekomme Panik. Gleich werde ich ohnmächtig.	Ich kann meine körperlichen Reaktionen gut kontrollieren. Ich atme ruhig, kann meine Muskeln entspannen, spreche laut.
Gedanken: Was kann mir schlimmstenfalls passieren?	Ich werde ohnmächtig. Ich werde verunglücken.	Ich bleibe auf jeden Fall bei Sinnen. »Ohnmacht« ist nur eine Vorstellung.
Mein Verhalten während der Fahrt	Ich kann meine Sinne und mein Verhalten nicht mehr kontrollieren. Das läuft alles auf einen schweren Verkehrsunfall hinaus.	Ich behalte die Übersicht und bleibe vernünftig. Ich sage zu den Angstgedanken: »Ich achte auf den Verkehr. Stört mich dabei bitte nicht.« Das klappt ganz gut. Ich schalte häufig, lasse die Blicke nach vorne, nach hinten und seitlich schweifen. Ich wechsle das Tempo. Notfalls reduziere ich nach Spiegelblick das Tempo oder fahre mit Warnblinklicht auf den Seitenstreifen.
Nachher	Ich habe die Kontrolle verloren. Das ist schlimm für mich und für die Sicherheit. Ich höre auf zu fahren.	Ich versuche, mit der Erfahrung zu leben. Auf jeden Fall fahre ich weiter auf der Autobahn.

mich nicht zu sehr, ich muss auf den Verkehr achten.« Sie schreibt sich das Zauberwort auf einen Zettel auf und steckt ihn in den Geldbeutel.

> **Tipp**
>
> Zauberworte motivieren Sie und stärken Ihre Kompetenz, mit der Angst umzugehen. Sprechen Sie sie in belastenden Situationen immer wieder aus.

Wir fahren mit ihrem Wagen los, ich sitze hinten auf der Rückbank. Wir fahren mit Tempo 100 über die Autobahn, Avus. Melanie fährt ruhig. Zwischendurch neige ich mich ein paar Augenblicke so zur Seite und bleibe stumm, dass sie mich weder hören noch im Spiegel sehen kann. Auf der ganzen Strecke geschieht nichts weiter, sie bleibt ruhig.

Das gibt ihr Mut zu der Überlegung, das nächste Mal über die Autobahn zur Fahrschule zu kommen. Zur Vorbereitung für diese Hausaufgabe fahren wir auf der Rückfahrt einen kleinen Umweg und üben die Strecke von ihr zu Hause bis zur Fahrschule. Dabei überlegt sie schon ganz konkret die Ausführung: »Da will ich in die Autobahn einfahren. Es geht zuerst ein bisschen bergab. Wenn etwas passiert, kann ich die Autobahn zur Not ziemlich bald wieder verlassen.« Zum Schluss sprechen wir noch einmal über ihr Zauberwort.

Fahrt auf der Autobahn

9.1.8 Abschluss: Allein über die Autobahn – ich habe es geschafft!

Überglücklich meldet sich Melanie ein paar Tage später in der Fahrschule: Sie hat die Autobahnstrecke von ihrer Wohnung zur Fahrschule tatsächlich über die Autobahn geschafft – allein! Allerdings seien ihr vor der Einfahrt starke Zweifel gekommen, und sie habe überlegt, ob sie einfach irgendwo parken und Pause einlegen solle. Dennoch fährt sie weiter, aus Sorge, sie hätte es sich sonst noch anders überlegen können. Bei der Einfahrt auf die Autobahn hatte sie ein mulmiges Gefühl. Sie redete mit den Angstgedanken und bat sie, ihr Raum zu lassen, um auf den Verkehr achten zu können. Das habe sie erleichtert. Dann sei ihr die Idee gekommen, einfach langsamer, nur noch Tempo 60 zu fahren. Die Fahrer hinter ihr seien ausgewichen. Das Panikgefühl sei verschwunden, nun habe sie so schnell fahren können, wie es maximal vorgegeben ist, nämlich 80 km/h.

Probleme kreativ lösen

> **❗ Beim selbstständigen Fahren kann es Zweifel und Rückschläge geben. Seien Sie gefasst, lassen Sie sich nicht entmutigen, und üben Sie weiter, Ihre Angst zu bewältigen.**

In der nächsten Fahrstunde fahren wir in ihrem Auto Richtung Dresden. Bei der Geschwindigkeit ist sie nun mutiger, sie fährt durchweg 120 km/h, manchmal sogar 130. Ein paar Mal hat sie noch das mulmige Gefühl, dann fährt sie langsamer und atmet bewusst. Sie erzählt mir, dass die Therapie bald beendet sei, weil sie entspannter und ruhiger geworden sei, die Angstgedanken überfluteten sie nicht mehr, und die körperlichen Missempfindungen habe sie im Griff. Die erfolgreichen Versuche auf der Autobahn hätten ihr Mut gemacht.

Tempo steigern, Angst bewältigen

Zum Schluss besprechen wir, wie es weitergeht. Sie nimmt sich vor, jetzt anfangs in der Woche wenigstens 3–4-mal auf die Autobahn zu fahren, zwischendurch das Tempo zu erhöhen oder zu senken und ihre Entspannungsübungen zu machen. Darüber wird sie mir gelegentlich berichten. Falls nötig werden wir noch einmal zusammen üben.

Dran bleiben, weiterüben, nicht aufgeben!

Nach der guten Vorbereitung in der Therapie und unseren intensiven Übungen und Gesprächen war es nicht mehr so bedrohlich, Konfrontationsübungen zu machen. Am Schluss beginnt sich die Angst vor der Angst aufzulösen. So wird das Vemeidungsverhalten verhindert nach dem Motto »Mut zur Angst«.

9.2 Was Sie selbst tun können, wenn Sie an Angst vor Panikattacken leiden (Tipps zur Selbsthilfe)

Die Konfrontationsübungen auf der Autobahn sollten Sie nur mithilfe einer guten Fahrschule mit einem qualifizierten Fahrlehrer im Fahrschulauto durchführen, sonst wäre es zu gefährlich. Außerdem sollte die Fahrschule mit Ihrem Therapeuten zusammenarbeiten.

9.2.1 Selbsthilfetipps

Tagebuch

1. Klären Sie Ihre Situation für sich. Führen Sie ein Tagebuch Ihrer Erlebnisse und tragen Sie Notizen über schwierige Situationen ein. Wie haben Sie darauf reagiert? Welche Gedanken hatten Sie? Was hat Ihnen geholfen?

Entspannungsübungen

2. Lernen Sie Entspannungsübungen: Das ruhige Atmen (langsam über die Nase in den Bauch einatmen, sehr langsam und gründlich über den Mund ausatmen); die Muskelentspannung (Muskeln an Armen oder Beinen sehr fest einige Sekunden anspannen, dann plötzlich loslassen) und das kommentierende Sprechen während der Fahrt (lautes Sprechen über Fahrereignisse oder über ein freies Thema).

Angstgedanken annehmen, auf den Verkehr achten

3. Ändern Sie Ihre Gedanken über die Situation, die Ihnen gefährlich erscheint. Nehmen Sie sie an, sagen Sie z. B.: »Da seid Ihr wieder, o. k. das ist in Ordnung. Aber lasst mir auch Raum, ich muss auf den Verkehr achten.« Wenn Sie sich damit einrichten und die Angstgedanken hilfreicheren Vorstellungen weichen, dann wird auch Ihr Sicherheitsgefühl zunehmen.

Angstbewältigung allein üben

4. Versuchen Sie z. B., allein in bekannten Wohnstraßen und auf größeren Stadtstraßen zu fahren, Ihre freundlichen Gedanken zu pflegen und Ihre Entspannungsübungen einzusetzen. Achten Sie darauf, die Blicke nicht nach vorne zu fixieren, sondern je nach Bedarf frei schweifen zu lassen (Kein »Tunnelblick«). Ob Sie auch in der Lage sind, auf größeren Straßen mit schnellem Verkehr zu fahren, wissen Sie am besten selbst.

9.2.2 Aufgaben

Caroline hält nichts von Therapie

Caroline berichtet im Erstgespräch von ihren »furchtbaren Panikattacken«, die sie zuerst auf der Autobahn erlebt habe. Jetzt könne sie nur noch in Wohnstraßen fahren. Die Empfehlung, sich psychotherapeutisch behandeln zu lassen, lehnt sie ab, obwohl ihr Hausarzt, der sie schon lange kennt, ihr ebenfalls dazu rät. Sie möchte lediglich mit dem Fahrlehrer ein paar Stunden üben, und zwar nur auf großen Berliner Durchgangsstraßen, nicht auf der Autobahn. Sie glaubt, sie komme auch ohne Therapie und Autobahnfahrten klar und drängt auf eine baldige Fahrt. Nach drei Fahrstunden bricht Caroline ab. Jetzt hätte sie genug begriffen und sei schon in der Lage, ihre Angst alleine zu bewältigen.
Fragen
1. Was könnte der Grund sein für Carolines Unwillen, eine Therapie zu machen?
2. Welches Ergebnis wird sie mit den Fahrstunden und ihrer Eigentherapie erzielen?

Peter wird schwindlig

Peter ist bei einem Hersteller für Autozubehör beschäftigt. Ausgerechnet er leidet in letzter Zeit häufiger an Unwohlsein, allerdings immer nur auf der Autobahn. Er war schon beim Arzt, der ihn zum Psychotherapeuten überwiesen hat. Schließlich hat er zusätzlich die Angsthasenfahrschule aufgesucht. Er klagt über Schwindel und Benommenheit beim Schnellfahren auf der Autobahn. Er fährt gut, fürchtet sich aber besonders vor hohem Tempo auf der leeren Autobahn.
Fragen
1. Was kann die leere Autobahn bewirken?
2. Welche Mittel könnten Peter vorerst etwas Erleichterung verschaffen?

Die Lösungen finden Sie im Anhang.

Anmerkungen
1. Das vegetative Nervensystem steuert die körperlichen Vorgänge die automatisch und nicht vom Willen beeinflussbar, ablaufen, z. B. Herzschlag, Atmung, Verdauung, Muskelverspannung, Blutdruck oder Schweißabsonderung. Das vegetative Nervensystem kann durch Übung, besonders Entspannungsübungen, in gewissem Umfang positiv beeinflusst werden.
2. Desensibilisierung (lat. sensibilis »empfindlich«, »empfindsam« und »de« = »nicht«, »weg«, »von«): Ein Verfahren der Verhaltenstherapie, bei dem der Patient schrittweise immer stärkeren Angstsituationen ausgesetzt wird. Treten Ängste auf, werden Entspannungsübungen praktiziert. Wenn der Patient sich dann an die angstauslösende Situation gewöhnt hat, d. h. wenn er desensibilisiert ist und weniger sensibel reagiert, kann die nächste Stufe der Angst aufgesucht werden.

3.   Konfrontation (lat. konfrontatio »Gegenüberstellung«): Ein sehr wirksames Verfahren der Verhaltenstherapie. Dabei wird der Patient den Angstsituationen, die er bis jetzt gemieden hat, nach gründlicher Vorbereitung ausgesetzt. Der Patient lernt dabei, seine Angst zu bewältigen.

4.   Probatorische Sitzungen (lat. probare »ausprobieren«) gibt es zu Beginn jeder Psychotherapie Sie dienen einer genauen Diagnose. Hierbei wird geklärt, ob eine Therapie notwendig und sinnvoll ist und ob Patient und Therapeut zu einander passen. Die Kosten werden von der Krankenkasse übernommen.

10 Drängler auf der Autobahn: Ich stehe zu meinen Ängsten, ich bleibe ruhig

»Ich bekam Panik und versuchte, davon zu fahren«

SchaffenWir-Methode

1. **Ängste akzeptieren**
2. **Körperliche Symptome benennen**
3. **Gedankenfalle überwinden**
4. Autofahren auffrischen
5. **Angsthasenfahrstil üben**
6. Vermeiden vermeiden
7. Selbstständig fahren

Die überwiegende Mehrzahl der Autofahrer hat Angst vor Drängelsituationen. Wer von einer Drängelattacke auf der Autobahn betroffen ist, muss vor allem in der Lage sein, die aufkommende Panik zu dämpfen und ruhig zu bleiben. Wenn Sie die 4 fett unterlegten Schritte der SchaffenWir-Methode anwenden, haben Sie gute Chancen, heil aus der gefährlichen Situation zu kommen. Für unsere Leser am wichtigsten ist der 3. Schritt. Drängler sollten nicht als Monster betrachtet werden. Versuchen Sie, gelassen zu bleiben. In diesem Kapitel erfahren Sie, wie das funktioniert.

> Sie fahren auf der Autobahn, überholen mehrere Lkw, als plötzlich ein Drängler hinter Ihnen auftaucht und mit der Lichthupe sehr nah auffährt. Sie erschrecken und beginnen zu schwitzen. Sie haben Angst und empfinden einen unangenehmen Druck in der Magengegend. Der Autofahrer hinter ihnen will anscheinend, dass Sie verschwinden, egal wohin. Sie ermahnen sich, jetzt nur keinen Fehler zu machen, weil sonst möglicherweise ein folgenschwerer Unfall droht. Die Gesetze und Strafen gegen Drängler und Raser sind hart, doch das nützt Ihnen vorläufig nichts. Sie müssen jetzt angemessen reagieren. Wichtig ist vor allem, die auftretenden Ängste zu kontrollieren und die Situation ungefährdet zu überstehen. Lesen Sie hier Erfahrungsberichte und Tipps, was Sie als »Opfer« eines Dränglers tun können.

10.1   Hinweise aus der Praxis

10.1.1   Drängeln auf der Autobahn

Das Drängeln im städtischen Verkehr gehört leider zum Alltag, ist aber weniger gefährlich als das Drängeln auf der Autobahn. Der Drängler empfindet die langsameren Kraftfahrer vor ihm als Bummelanten, Sonntagsfahrer, Kriecher, Schnecken, vor allem aber als Hindernisse auf seinem Weg.

Ängste in Drängelsituationen sind begründet

In vielen Kapiteln dieses Buches werden Ängste geschildert, die angesichts der Realität eher überzogen erscheinen. Wenn jemand fürchtet, beim Einfädeln in die Autobahn vom herannahenden Verkehr zerquetscht zu werden, dann ist die Angst ernst zu nehmen, doch übertrieben. Das wissen im Grunde auch die Betroffenen. Anders verhält es sich mit der Angst in Drängelsituationen auf der Autobahn. Sie überkommt nicht nur Angsthasen, sondern auch geübte Autofahrer. Diese Gefahr ist begründet, vergleichbar mit Überholen bei Gegenverkehr. Von allen Gefahren im Straßenverkehr wird das Drängeln als größte Bedrohung empfunden: Dieser Aussage stimmten europäische Kraftfahrer zu 90% zu, darunter deutsche Kraftfahrer sogar zu 94%.[1]

Durch Drängeln und Rasen steigt die Gefahr schwerer Unfälle. Behörden und Verkehrspolitiker ergreifen Maßnahmen, höhere Strafen und Bußgelder sollen die Missetäter zügeln. Bereits im Mai 2006 wurden die Bußgelder für Drängler und Raser verschärft, im Jahr 2007 wurden sie wieder erhöht, 2009 ein weiteres Mal. Die ständige Erhöhung der Strafen bringt allerdings wenig, wenn nicht gleichzeitig die polizeilichen Kontrollen verschärft werden.[2]

Betroffener muss sich selbst und sofort helfen können

Die juristische Handhabe gegen die Drängler ist nur ein Aspekt der Lösung. Wichtiger ist die praktische Hilfe für die Betroffenen. Denn der bedrängte Kraftfahrer muss seine Angst unter Kontrolle bringen, vernünftig bleiben und sich schnell eine Lösung überlegen, um die ge-

fährliche Situation zu bewältigen. Das gelingt einem geübten, langjährigen Autofahrer immer noch leichter als einem Fahranfänger. Anfänger haben weniger Routine im Umgang mit Drängelsituationen. Als Betroffener mag man sich in solch einer Situation als »Opfer« des Dränglers fühlen.

Tipp

Tipps für die Akutsituation
1. Atmen Sie in einer Drängelsituation ruhig weiter,
2. sprechen Sie laut,
3. schauen Sie nicht hypnotisiert nach hinten, sondern nach vorne und rechts seitlich, um Ausweichmöglichkeiten zu suchen.
4. Erhöhen Sie keinesfalls Ihr Tempo.
5. Betrachten Sie gedanklich den Drängler nicht als Ihren Gegner sondern eher:»Na ja, einer der üblichen Drängler ist wieder da.«
6. Wenn Sie Angst haben, gestehen Sie sich das ruhig ein, sagen Sie aber auch:»Ich kann meine Angst durch ruhiges Atmen und lautes Sprechen kontrollieren.«

Definition

Drängeln auf der Autobahn ist jedes zu nahe Auffahren bei höherem Tempo unter wesentlicher Missachtung des Sicherheitsabstandes. Der Sicherheitsabstand außerorts beträgt nach einer einfachen Formel Tachoanzeige geteilt durch 2, z. B. bei 100 km/h sind das 50 m. Wer die Hälfte des Sicherheitsabstandes unterschreitet,

▼

im Beispiel also weniger als 25 m Abstand hält, schafft eine gefährliche Lage.[3] Dem Verkehrssünder drohen Bußgeld und Punkte.

Ein äußerst gefährlicher Sonderfall des Drängelns ist sehr dichtes, längeres Auffahren (bis auf einige Meter!) bei höherem Tempo und wiederholtes Einsetzen der Lichthupe, um das Überholen zu erzwingen. Der Drängler schafft eine unfallträchtige Situation und übt damit auf den Vorausfahrenden schweren Druck aus, Platz zu machen. Ist rechts kein Platz – wie in der nachfolgenden Geschichte –, dann erhöht sich der Druck auf den Vorausfahrenden. Wenn dieser schwere Druck auch einen besonnenen Kraftfahrer in Angst versetzen könnte, dann spricht man von strafbarer Nötigung.[4] Dem Verkehrsrowdy drohen Geldstrafe, Punkte und Entzug des Führerscheins.

In dieser Situation Angst zu haben ist begründet und angemessen. Sie entsteht beim Vorausfahrenden in den gerade beschriebenen, gefährlichen Drängelsituationen, die unter Umständen zu Unfällen mit Verletzungen oder im Ernstfall mit dem Tod enden können.

Angst vor Drängelsituationen, begleitet von negativen Gedanken, kann dazu führen, dass auch in schon minder schweren Drängelsituationen Ängste zu einer heftigen körperlichen Alarmreaktion führen.

Achten Sie auf folgende Symptome oder negative Gedanken. Diese können Ihnen Hinweise geben, ob Sie große Angst vor Drängelsituationen haben:

1. Wenn ich auf der Autobahn bedrängelt werde, bekomme ich Herzklopfen, gerate in Panik, verliere meine Konzentration.
2. Ich verliere die Kontrolle, drehe durch.
3. Ich reagiere kopflos, gebe Gas, bremse oder weiche nach rechts aus, obwohl dort kaum Platz ist.
4. Drängler sind Monster.
5. Drängler sind unglaublich aggressiv.
6. Wenn jemand hinter mir drängelt, dann meint er mich persönlich.
7. Drängler sollten auch über die Gefühle ihrer Opfer nachdenken.
8. Wenn jemand hinter mir drängelt, dann bleibt mir nur, vor ihm zu fliehen oder zu bremsen.
9. In einer Drängelsituation sehe ich oft keinen Ausweg.
10. Ich vermeide auf der Autobahn das Überholen, weil ich fürchte, dass sofort ein Drängler da ist

▼

11. Ich meide die Autobahn, um nicht in Drängelsituationen zu geraten.
12. Auf den Straßen und vor allem auf der Autobahn herrscht Krieg.

Kai wird Opfer eines Autobahn-Dränglers

Kai ist 26 und arbeitet in einer Software-Firma. Er befindet sich als Fahranfänger in der Probezeit und hat schon einige kleine Unfälle bzw. Beinahe-Unfälle erlebt. Als er sich bei uns in der Fahrschule meldet, ist er verunsichert. Wie er berichtet, bekam die Polizei nichts von seinen Unfällen mit, sodass weitere Maßnahmen, z. B. ein Aufbauseminar, unterblieben. Dennoch haben ihm die gefährlichen Situationen, in die er geraten ist, schwer zugesetzt. »So kann es nicht weitergehen«, meint er, »Ich weiß gar nicht, was mit mir los ist.«

Kai verhält sich verantwortungsbewusst, weil er nach seinen Beinah-Unfällen mit einer Fahrschule trainieren will. Er erzählt den letzten und schlimmsten Vorfall, der auf einer Autobahn passierte, sehr ausführlich, der ihm sehr nahe gegangen ist:

Kai überholt gerade eine längere Lkw-Kolonne mit 130 km/h, als ein BMW-Fahrer hinter ihm auftaucht. Der BMW-Fahrer hält einen Abstand von nur 4-5 m und betätigt immer wieder die Lichthupe. Kai erschrickt, bekommt leichte Panik. Der BMW-Fahrer scheint ihn zwingen zu wollen, schneller zu fahren oder nach rechts auszuweichen. Doch Kai kann nicht ausweichen, da die Lkw zu dicht fahren. Schließlich versucht er, dem BMW-Fahrer davonzufahren. Obwohl Kai immer schneller fährt, am Schluss 170 km/h, bleibt der andere dicht hinter ihm, was Kai entsetzt beobachtet. Plötzlich kommt vor ihm ein Lkw-Zug ein wenig ins Schlingern. Kai erschreckt: »Der zieht rüber in meine Spur!«, und lenkt in Panik etwas nach links. Dabei gerät er mit den linken Rädern auf die Grasnarbe neben der Leitplanke. In seiner Todesangst gelingt es ihm, den schwankenden Wagen weg von der Grasnarbe zu lenken und zu stabilisieren. Der BMW-Fahrer hinter ihm hat sich zurückfallen lassen und hupt kräftig. Endlich ist Kai an der Lkw-Kolonne vorbei, der BMW-Fahrer überholt, schaut zu ihm hin und macht mit der rechten Hand eine Wischbewegung vor dem Gesicht: »Idiot!« Kai schafft es, sich bis zum nächsten Parkplatz zu schleppen. Dort steigt er aus, setzt sich zitternd auf den Boden.

Große Gefahr beim Drängeln

◻ **Abb. 10.2.** Lange Lkw-Kolonne

Trotz der großen Gefahr hat Kai die Geschichte einigermaßen durchgestanden. Ich bitte ihn, die Situation aus seiner Sicht zu schildern und zu begründen, warum er immer schneller gefahren ist. »Ich hatte schreckliche Angst in der Situation, da konnte ein schlimmer Unfall passieren. Der BMW-Fahrer schaute eiskalt, wie ein fieser Roboter. Der wollte mich fertig machen. Ich dachte, ich schaffe es, ihm davonzufahren. Außerdem wollte ich nicht als Fahranfänger erkannt werden.«

Widersprüchliche Gefühle

Zu Beginn der Drängelaktion war Kai in einem ängstlichen Zustand Dann versuchte er, dem Drängler durch immer höheres Tempo zu entkommen. Panik und Fluchtgedanken vermischten sich mit Scham, als hilfloser Fahranfänger erkannt zu werden. Darüber hinaus war Kai trotzig und wollte es dem Drängler zeigen: »Ich kann mithalten, ich kann Dir davonfahren«.

10.1.2 Gespräche über Drängelsituationen. Wie soll es weiter gehen?

Männliches Selbstbild

Warum will Kai kein Fahranfänger sein und mimt lieber den geübten Fahrer? Es ist ihm peinlich, seine Angst und seine Schwächen als Anfänger zuzugeben. Er will mit den anderen mithalten und beweisen, dass er es genauso gut kann. Tatsächlich steht hier das männliche Selbstbild auf der Kippe. Kai gesteht es sich nicht ein, Schwäche zu zeigen, es widerspricht seinem männlichen Selbstbild.

Ist das vielleicht der Grund dass es so viele Angsthäsinnen, aber so wenige Angsthasen gibt?

Für das Vorgehen im Unterricht schlage ich Folgendes vor:

Einstellungen ändern

1. Wir sprechen über seine Einstellungen. Kai muss akzeptieren, ein Anfänger zu sein, langsam zu fahren, manchmal Angst zu haben, vor allem, wenn das Tempo zu hoch wird. Das würde bei allen weiteren Fahrten zur Beruhigung beitragen. Darüber hinaus sollte Kai seine Einstellung gegenüber Dränglern und anderen Verkehrsteilnehmern reflektieren. Tatsächlich sieht er sich nach einigen Unfallsituationen von aller Welt bedroht, Drängler sind für ihn pure Bösewichte. In der nächsten Zeit sollte Kai versuchen, Erlebnisse mit freundlichen Autofahrern zu sammeln. Gegen die muss er nicht ankämpfen, im Gegenteil, sie werden ihm helfen.

Entspannungstechniken

2. Um sich in seiner neuen Rolle zurechtzufinden und die nötige Ruhe zu bewahren, werde ich mit ihm ein paar Entspannungstechniken üben: Ruhiges Atmen, Muskelentspannung, lautes Sprechen und Kommentieren bei der Fahrt.

Anfängerfahrstil

3. Wir arbeiten gemeinsam an einem Anfängerfahrstil. Möglicherweise empfindet Kai diesen Stil als peinlich, doch dafür fährt er sicher und hat weniger Stress. Wir werden ausprobieren, ob vorsichtiges Fahren

wirklich so schlimm ist, wie er glaubt. Zum Anfängerfahrstil gehört eine gewisse Mischung aus Nachgiebigkeit und Selbstbewusstsein. Kai erlangt Selbstbewusstsein als Fahrer nicht durch Anmaßung, sondern durch viel Erfahrung.

4. Wir analysieren gemeinsam die gefährliche Situation und überlegen, was er damals im Einzelnen hätte besser machen können. Dadurch gewinnt er in einer ähnlichen Situation Sicherheit und diese Erkenntnisse werden ihn in gefährlichen Situationen beruhigen.

Analyse der gefährlichen Situation

5. Wir fahren in Drängelsituationen auf der Autobahn hinein und schauen, wie er diese bewältigen kann. Aber nicht so, wie er sich damals unvorsichtigerweise verhalten hat, sondern wie ein Anfänger, vorsichtig, ruhig, nachgiebig, aber auch selbstbewusst. Wäre Kai damals weiterhin 130 km/h gefahren, wäre es wahrscheinlich nicht zu der dramatischen Entwicklung gekommen.

Drängler aushalten

10.1.3 Anfängerrolle

Die neue Anfängerrolle und der Anfängerfahrstil gefallen Kai gar nicht. Doch beim Schnellfahren und hastigen Wechseln des Fahrstreifens macht Kai erhebliche Fahrfehler, obwohl er verstandesmäßig einsieht, dass langsames Fahren sicherer ist. Immer wieder übt er einen vorsichtigen, bedachtsamen Fahrstil, damit er die Ruhe hat, die richtigen Entscheidungen zu treffen.

Er akzeptiert den neuen Fahrstil zähneknirschend, weil er spürt, dass er damit sicher fährt. Und die Angst davor, sich »peinlich« zu verhalten? Kai gibt zu, dass diese Sorge überzogen war.

Bei unseren Fahrschulstunden im Stadtverkehr erleben wir manchmal Drängelsituationen. Als Fahrlehrer bin ich es gewohnt, Kai reagiert wütend: »Die müsste man schwer bestrafen!« Ich mache ihn darauf aufmerksam, was passiert, wenn er nachgibt und zur Seite ausweicht: Die Drängler ziehen sofort vorbei, dann probieren sie es beim nächsten Fahrer. Beim anschließenden Gespräch zeigt sich an der erstaunten Reaktion, dass Kai etwas gelernt hat: »Die meinen ja gar nicht mich persönlich, die wollen nur schnell weiter!«

Drängler haben es »nur« eilig

Kai hat sich durch seinen Fast-Unfall auf der Autobahn in eine aggressive Phantasie hineingesteigert:»Mann gegen Mann«. Dabei haben es Drängler in der Regel »nur« eilig. Wenn wir ausweichen, ziehen sie vorbei, weg, vergessen. Sie werden uns wahrscheinlich kaum wahrnehmen.

Dennoch nagt es in ihm: »Drängler verhalten sich gefährlich, denen müsste man das Handwerk legen!« Das ist richtig, aber leider nur die juristische Seite der Angelegenheit. Wenn ein Drängler einen Fahrer plagt, dann sind wahrscheinlich weder ein Anwalt noch ein Polizist dabei. Je egoistischer der Drängler drauflos hält, desto verantwortungsvoller muss sich der andere Fahrer verhalten.

Juristische Kämpfe bringen wenig

Freundliches Klima

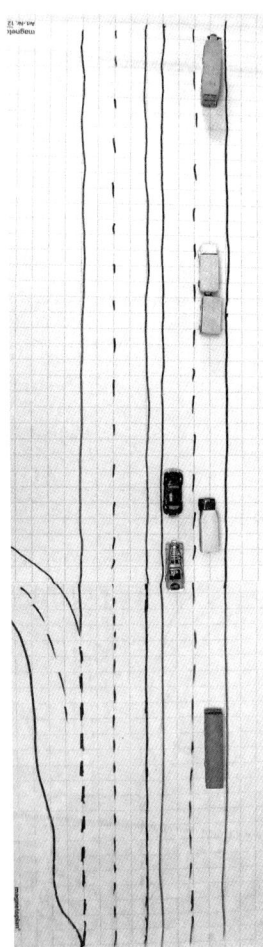

Abb. 10.3. Drängel-situation auf der Flipchart in der Fahrschule

Wir haben bei vielen Drängelsituationen Zeit

Nicht die wenigen Drängler sind aber entscheidend, sondern das Verhalten vieler freundlicher Autofahrer bestimmt das Klima unserer Fahrstunden. Wenn Kai z. B. den Fahrstreifen im hektischen Großstadt-verkehr wechseln möchte, bremsen die meisten kurz, manche geben sogar ein Handzeichen oder betätigen die Lichthupe in freundlicher Absicht. Wir sammeln in einer Fahrstunden positive und negative Eindrücke: 12-mal gab es freundliche Reaktionen, nur 2-mal wurde gedrängelt.

Tipp

Wenn ein Drängler auftaucht, sollten Sie sich Folgendes denken: »Da ist ein Drängler. Der meint nicht mich, sondern will nur schnell weiter. Ich verhalte mich verantwortungsvoll. Ich fahre nicht schneller, sondern suche nach einer Lücke. Die anderen Fahrer sind freundlich und helfen mir.«

10.1.4   Analyse der gefährlichen Situation: Was lief schlecht, wie hätte Kai sich besser verhalten können?

In der folgenden Stunde setzen wir uns im Theorieraum der Fahrschule zusammen, um die Situation detailliert zu analysieren. Kai zeichnet auf einem großen Stück Papier die Autobahn-Situation. Darauf setzen wir Modellautos und Lkw. Die Lkw-Kolonne war sehr lang, als der BMW auftauchte, waren noch fünf Lkw zu überholen, drei davon mit Anhänger.

Da wir nun einige Zahlen haben (die ungefähre Länge der restlichen Lkw-Kolonne, die Geschwindigkeitsdifferenz zwischen Kais Tempo und dem der Lkw), können wir eine wichtige Frage berechnen und beantworten: Wie lange wurde Kai vom BMW-Fahrer verfolgt? Ergebnis: Kai wurde 16 s lang auf einer Strecke von ca. 700 m verfolgt.[5] Dies bedeutet einerseits, dass Kai in seiner Panik die Verfolgung unendlich lang vorgekommen sein muss. Andererseits bedeutet das aber auch, dass er in dieser langen Zeit und bei der großen Wegstrecke eine Möglichkeit hätte finden können, sich zu beruhigen und zu überlegen, was er tun soll. Wäre Kai übrigens weiter 130 km/h gefahren, hätte er noch mehr Zeit und eine noch größere Strecke zur Beruhigung und zum Nachdenken gehabt (22 s und 850 m).

Wir überlegen Schritt für Schritt, was geschehen ist, und was Kai hätte besser machen können. (Der kursive Text bezeichnet die Zitate aus Kais Geschichte). So lernt er nachträglich das richtige Verhalten, auch wenn es vorläufig nur in Gedanken stattfindet.

1. *Kai überholt gerade eine längere Lkw-Kolonne mit 130 km/h, als ein BMW-Fahrer hinter ihm auftaucht*
   ▶ Sich selbst beruhigen (atmen, etwas reden, z. B. »ich habe Angst, aber das schaffe ich schon«). Den Hintermann nicht als böse einschätzen (»Monster«), sondern sachlich (»der hat's nur eilig, benimmt sich allerdings schlecht«). Überlegen, welche Möglichkeiten es für ihn gibt. Zum Überlegen gehört, die Vor- und Nachteile abzuwägen. Da bleibt eigentlich nur »Tempo beibehalten« und »dem Hintermann Gefahr signalisieren«.
2. *Schließlich versucht er, dem BMW-Fahrer davonzufahren …*
   ▶ Davonfahren ist nicht gut, Kai hat keine Chance gegen den geübten Kraftfahrer. Nachträgliches Bremsen geht auch nicht, weil es zu gefährlich ist. Den Blick sollte er auf keinen Fall nur nach hinten richten, sonst wird die Panik womöglich noch größer. Den Blick ruhig schweifen lassen, um auch die Umgebung wahrzunehmen und nach einer Ausweichmöglichkeit rechts zu schauen.
3. *Ein Lkw-Zug vor ihm schlingert. Kai denkt voll Schreck »Der will rüber in meine Spur« und lenkt in Panik etwas nach links …*
   ▶ Nicht jedes Schlingern eines Zuges bedeutet schon, dass der Fahrer seine Spur verlassen will. Nicht lenken, sondern sehr aufmerksam und bremsbereit fahren (bremsen geht nicht wegen Kais Verfolger). Kai hat vor Schreck nach links gelenkt. Dann wenigstens sehr vorsichtig nach rechts zurücklenken, es besteht Schleudergefahr!
4. *Endlich ist Kai an den Lkw vorbei, der BMW-Fahrer überholt, schaut zu ihm hin und macht mit der rechten Hand eine Wischbewegung vor dem Gesicht: »Idiot!«*
   ▶ Das ist eine arrogante, beleidigende Geste. Man könnte ihn anzeigen, ob Kai damit Erfolg hätte, ist fraglich, weil es keine Zeugen gibt. Kai hat nun etwas anderes zu tun, er muss sich beruhigen.
5. *Kai schafft es, sich bis zum nächsten Parkplatz zu schleppen. Dort steigt er aus und setzt sich zitternd auf den Boden.*
   ▶ Nach diesem bösen Erlebnis muss eine Erholungspause sein. Besser als sich auf den Boden zu setzen, ist sich auf den Boden zu legen und die Beine hochzulegen, z. B. auf eine Parkbank. Laut sprechen und ein bisschen Gymnastik machen helfen, sich zu beruhigen. In der Pause sollte sich Kai selbst loben: »Das hast Du gut gemacht. Du hast die gefährliche Lage ohne Unfall überstanden.«

Tipp

Eine Analyse der Situation klärt Ihre Gedanken. Sie wissen künftig besser, wie Sie sich in der gefährlichen Situation verhalten müssen. Sie brauchen nicht mehr darüber nachgrübeln, was Sie falsch gemacht haben. Anschließend sollten Sie das für richtig Erkannte üben und in der Praxis umsetzen.

10.1.5   Ideensammlung: Wie sollten wir uns in gefährlichen Drängelsituationen auf der Autobahn verhalten?

Nach der Analyse von Kais Geschichte und der Reflexion seines Verhaltens, bitte ich ihn, mir bei einer Ideensammlung zu helfen. Mir geht es darum, Drängelsituationen allgemein noch klarer zu durchschauen und auf das richtige Denken und Verhalten zu achten.

- Die Ideen werden in zwei Spalten gesammelt: In der Minus-Spalte steht, was schadet, heizt den Konflikt an, beunruhigt, steigert die Unsicherheit?
- In der rechten Plus-Spalte geht es um die Ideen: Was nützt, deeskaliert, schafft Ruhe? Darüber hinaus werden die Ebenen des Stressgeschehens berücksichtigt. Später wird Kai diese Ideensammlung mit auf die Fahrt auf der Autobahn mitnehmen.

»Coole« Haltung

Mit allen Vorschlägen der Tabelle ist Kai einverstanden. Allerdings protestiert er dagegen, dass die Haltung »Das interessiert mich überhaupt nicht, was der macht. Ich fahre einfach weiter und mache auf ›cool‹ « von mir in die Minus-Spalte geschrieben wird. Kai bezieht sich darauf, dass in den amtlichen Theoriefragebögen durchaus positiv dargestellt wird, wenn jemand in einer kritischen Situation cool bleibt:

Auf der Landstraße werden Sie von einem schnelleren Pkw überholt und anschließend geschnitten. Wie reagieren Sie?

Die Antwort muss lauten:

Ich unterdrücke meinen Ärger, bleibe cool und fahre weiter, als ob ich den Vorfall nicht bemerkt hätte.

Ich gebe Kai Recht, dass es gut ist, in gefährlichen Situationen kühl, gelassen, lässig zu bleiben. Jedoch ist unsere Situation – Autobahnfahrt und aggressives Drängeln – ganz anders zu bewerten, als ein nur augenblickliches Schneiden wie im Beispiel. Beim Autobahn-Drängeln geht es oft um Lebensgefahr für alle Beteiligten. Die natürliche Reaktion für den Verfolgten ist damit in erster Linie Angst, mit allen gefährlichen Begleiterscheinungen, z. B. Panik. Kein Mensch kann dabei einfach »cool« bleiben, was er selbst erlebt hat. Gelassen in einer gefährlichen Situation zu bleiben fällt den Betroffenen häufig schwer und muss geübt werden. Wirklich »cool« zu sein und »auf cool zu machen« ist ein großer Unterschied. Es kann sogar gefährlich werden, vorgeblich cool zu sein, wenn die Gefahr immer größer wird und die angebliche Coolness dann plötzlich in Panik umschlägt.

◨ Tab. 10.1. Was kann ich tun, um gefährliche Drängelsituationen auf der Autobahn zu bewältigen?

Ebenen des Stressgeschehens	Negativ konfliktverschärfend, feindselig, beunruhigend, unsicher	Positiv deeskalierend, beruhigend, sicher
Gedanken, persönliche Einstellungen	Der will mit mir kämpfen, das kann er haben. Ich muss mit dem Drängler mithalten, darf nicht zugeben, dass ich Angst habe oder Anfänger bin. Der könnte doch ein wenig mitleidiger sein – sieht der nicht, dass ich Anfänger bin? Der Drängler verhält sich gesetzeswidrig, ich muss ihm zeigen, dass es so nicht geht. Ich sollte mal die Bremse betätigen. Der hat es auf mich abgesehen, das ist ein böswilliger Mensch, der will mich jagen und töten. Hilft mir denn keiner? Das interessiert mich überhaupt nicht, was der macht. Ich fahre einfach weiter und mache auf »cool«.	Da ist ein Drängler, der will nur schnell vorbei. Der Drängler meint mich nicht persönlich, der will nur schnell weiter. Ich versuche, gelassen zu bleiben. Ich kann vielleicht etwas für die Verkehrssicherheit tun: Ich bemühe mich, die Situation zu deeskalieren. Wenn ich von einem Fahrer bedrängt werde, bin ich nicht allein. Andere werden mir helfen und mich nach rechts einscheren lassen. Ich bin Anfänger, ich habe Angst. Ich kann zugeben, dass ich Angst habe. Dann geht es mir wieder besser
Gefühle, Stressreaktion	Ängstliches Schweigen, Panik-, Wutgedanken, schwere Ablenkung schnell atmen, Herzklopfen, Schwitzen, Muskelverspannung Grad der Aufregung: Aufregungsskala 5–10	Da ist Angst in mir, sie ist kontrollierbar konzentrieren und lautes Sprechen bewusst ruhiges Atmen, Herz schlägt ruhig, Muskeln anspannen und entspannen Grad der Aufregung: Aufregungsskala 1–5
Verhalten	Gas geben, davon fahren bzw. immer langsamer fahren Bremslicht zeigen, bremsen In der Panik womöglich nach rechts ziehen, obwohl dort kaum Platz vorhanden ist Starre Blicke. Panisch und nur nach hinten schauen (Tunnelblick nach hinten). Ängstlich den Spiegel wegdrehen, gar nicht mehr nach hinten schauen	Gleichmäßiges Tempo halten (höchstens 130 km/h für Anfänger). Überholvorgang möglichst abkürzen, ohne Gefahr für Nachfolgende nach allen Seiten schauen, Innenspiegel: Abblendeinrichtung betätigen Gibt es eine Ausweichmöglichkeit nach rechts mit genügend Abstand? Den Drängler mit geöffneter rechter Hand um mehr Abstand bitten (Handbewegung nach hinten) Warnblinklicht einschalten, um gefährliche Situation anzuzeigen

Tipp

Sie dürfen zugeben, dass Sie in einer Drängelsituation Angst haben. Bewältigen Sie die körperlichen Begleiterscheinungen der Angst durch Entspannungsübungen, um handlungsfähig zu bleiben.

Wir sprechen auch über die vermuteten Motive von Dränglern. Viele »Opfer« glauben, sie würden persönlich angegriffen. Dabei will der Drängler in der Regel nur freie Fahrt. Das Ziel setzt er allerdings mit Gewalt durch. Gelingt es dem Betroffenen, irgendwie freie Bahn zu

Zauberwort

schaffen, rast der Drängler weiter zum nächsten Fahrzeug. Letztlich glaubt er sogar, damit »etwas Gutes« für den Verkehr zu tun.[6]

Bei unseren Überlegungen fehlt noch ein positiver, hoffnungsvoller Gedanke, der Kai in der Drängelsituation stützt und ermutigt, ein Zauberwort. Es soll sozusagen die Zusammenfassung der rechten Spalte sein. Kai entscheidet sich für folgenden Satz: »Ich bleibe cool oder gelassen. Ich sorge mit anderen dafür, dass nichts passiert.« Kai schreibt sein Zauberwort auf einen Zettel, hat ihn immer dabei und liest ihn von Zeit zu Zeit.

> **Tipp**
>
> Zauberworte in Drängelsituationen geben Ihren Gedanken schnell eine positive Wendung: Sie unterstützen Sie, mit ihrer Hilfe sehen Sie die gefährliche Situation freundlicher und fühlen sich kompetent, sie zu bewältigen.

10.1.6   Vorbereitungen für die Autobahnfahrt

Reine Vorstellung: Drängeln

Vor der Fahrt üben wir Stressbewältigung und Verhaltensmöglichkeiten im stehenden Auto. Wir beginnen mit einem Rollenspiel. Ich sitze rechts hinten und spiele Drängler, schaue ihn stumm an. Kai versucht, ruhig zu atmen, spannt die Muskeln an und lässt sie wieder locker. Er kommentiert die Situation laut und sagt sein Zauberwort: »Ich bleibe cool. Ich sorge mit anderen dafür, dass nichts passiert.« Dann lässt er die Blicke schweifen, sucht nach Ausweichmöglichkeiten rechts. Er betätigt die Abblendtaste des Innenspiegels, um von der Lichthupe nicht geblendet zu werden. Mir als Drängler winkt er mit der rechten Hand, zurückzubleiben und schaltet schließlich das Warnblinklicht an. Er findet das Rollenspiel aufregend, aber die Nervosität bleibt kontrollierbar.

◻ **Abb. 10.4.** Abblendtaste am Innenspiegel

☐ **Abb. 10.5.** Wedel-
übungen auf einem großen
leeren Parkplatz

Vor der Fahrt auf die Autobahn schieben wir noch eine Sicherheits-
übungein: Wir trainieren die Situation auf der Autobahn, als der Wagen
zwischen Grasnarbe neben der Leitplanke und der Fahrbahn hin und
herschwankte. Dazu fährt Kai auf einen Übungsplatz für Fahrschulen
und machen dort Wedelübungen.

Wedelübung

Wir beginnen mit den Wedelübungen, zuerst mit 30, dann mit
50 km/h. Kai praktiziert also mit dem Fahrschul-Pkw eine Art Elchtest.
Dabei stellt sich heraus, dass er bei 50 km/h das Lenkrad viel zu sehr hin
und herreißt. Bei dieser Geschwindigkeit geht das noch, bei hohem Tempo könnte der Wagen dann tatsächlich schleudern. Also übt er sanfteres
Lenken beim Wedeln. Zum Schluss erkläre ich ihm noch, wie viel Sicherheit er gewinnt, wenn er künftig einen Wagen mit ESP (elektronisches
Stabilitätsprogramm) fährt.[7] Kai bestätigt, dass er aufgrund dieser
Übungen etwas von seiner Angst verloren hat.

> **Tipp**
>
> Sie können gefährliche Situationen, die Sie erlebt haben, nicht im-
> mer in einer Übung nachvollziehen. In den meisten Fällen reicht es
> aber schon, einen wichtigen Teil der Situation herauszugreifen und
> zu trainieren. In diesem Fall war es die Fahrtechnik (Wedeln oder Sla-
> lom fahren). Dadurch bekommen Sie ein besseres Sicherheitsgefühl.
> Üben Sie solche Techniken nur mit einem Fahrlehrer!

Vor der Autobahnfahrt ist noch folgende Frage zu klären: Fahren wir
mit oder ohne Fahrschulschild? Mit Schild zu fahren ist zweifellos für
Kai beruhigend. Andererseits soll er lernen, auch ohne auszukommen.
Wir einigen uns darauf, zuerst mit Schild loszufahren und es später
abzunehmen, wenn er sich sicherer fühlt. Kai wird mir auf der Fahrt

sagen, wie Nervös er ist. Dazu nutzt er eine Skala von 1–10 (1 = ruhig, 10 = extrem aufgeregt).

10.1.7   Kai fährt auf der Autobahn und hält gefährliches Drängeln aus

Dann geht es los. Ich erinnere ihn bei der Abfahrt an seinen Zauberspruch: »Ich bleibe cool oder gelassen. Ich sorge mit anderen dafür, dass nichts passiert.« Die Autobahn Richtung Magdeburg hat drei Fahrstreifen, rechts sind viele Lkw unterwegs. Wir können im mittleren Streifen gut überholen. Nachfolgende schnellere Pkw weichen nach links aus. Kai stellt fest, dass die Mehrzahl der Fahrer sich neutral verhält, sie haben es einfach eilig. Wir können in der ersten Phase ruhiges Atmen und lautes Sprechen üben.

Anschließend ist Elefanten-Rennen angesagt. Zwei Lkw-Züge sind ausgeschert, blockieren den mittleren Fahrstreifen. Ich bitte Kai, vorläufig in der Mitte zu bleiben und sich die Entwicklung auf der linken Spur anzusehen. Immer wieder sausen Pulks von eng hintereinander fahrenden Pkw vorbei. Alle haben es anscheinend eilig.

»Darf ich es jetzt versuchen?«, fragt mich Kai. »Nein, warte noch, wie ist denn der Stand Deiner Aufregung?« »Ungefähr 3–4.« »O.K., dann versuchen wir es.«

Kai zieht herüber, als sich eine Lücke auftut. Dennoch ist ziemlich bald ein Passatfahrer da. Kai fährt 100–120 km/h, der andere kommt immer näher, auf etwa 5 m. Der Passatfahrer bleibt stumm, betätigt weder die Lichthupe noch die Hupe, das ist beinahe unheimlich. Kai schnauft hörbar, redet etwas wirr, aber er redet. Sein Stressniveau beträgt 5. Ich mache ihn darauf aufmerksam, dass er in seiner Angst nur noch den Passatfahrer über den Innenspiegel fixiert. Er hat einen Tunnelblick nach hinten. Ausgemacht war, nach vorne und nach allen Seiten zu schauen. Kai löst sich mühsam vom Innenspiegel. Dann erinnere ich ihn daran, das Warnblinklicht einzuschalten. Sobald Kai dies getan hat, stutzt der Hintermann und bleibt zurück. Kai entspannt sich, er ist bei einem Skalenwert von 4, jetzt kann er endlich vor den beiden Lkw wieder nach rechts in die Mitte ziehen. Kurze Zeit später fahren wir auf einen Parkplatz, um das Fahrschulschild abzumachen.

> **Tipp**
>
> Das Warnblinklicht in der Drängelsituation ist wichtig. Damit zeigen Sie an, dass Sie sich zusammen mit den anderen Verkehrsteilnehmern in einer Gefahrensituation befinden. Das hilft Ihnen und entlastet Sie.

Ich bitte Kai, ein bisschen Ausgleichsgymnastik zu machen und ruhig zu atmen. Wir wiederholen noch einmal seine Möglichkeiten: Umherschauen, nicht nur nach hinten sehen, sondern auch nach vorne und nach links und rechts, lautes Kommentieren, Warnblinklicht. Selbstbewusst bleiben, sich nicht zu gefährlichem Verhalten drängen lassen, nachgeben, sobald es geht. Ich erinnere ihn an seinen Zauberspruch. Dann geht es weiter. Bei passender Gelegenheit zieht Kai wieder ganz nach links, überholt einen Pkw mit Anhänger und mehrere Transporter auf der mittleren Spur. Bei Tempo 130 km/h, schließt ein BMW-Fahrer auf, kommt sehr nahe und betätigt ein- bis zweimal die Lichthupe. Ich frage Kai, was er tun wird. Er antwortet, er habe Angst, auf der Skala den Wert 6. Kai sagt seinen Zauberspruch, schaut im rechten Außenspiegel und blinkt rechts. Und tatsächlich, ein Transporterfahrer fällt zurück, lässt ihm Platz zum Herüberziehen auf den mittleren Fahrstreifen. Dies bestätigt, dass er von anderen Fahrern Hilfe erhalten kann.

Andere Fahrer helfen

Nun geht es wieder nach links, wir überholen eine Lkw-Kolonne bei Tempo 130 km/h. Ein Audi-Fahrer kommt sehr nah heran und betätigt vehement die Lichthupe. Es ist zum Fürchten, wie nahe der Audi kommt, weniger als 5 m. Kai spricht laut «Ich bleibe ruhig, ich schaue nach vorne und frei umher, ich hab's gleich geschafft.» und schaltet das Warnblinklicht ein. Sein Stresspegel ist bei 5. Der Audi-Fahrer fällt 6–7 m zurück, nicht mehr. Ich bitte Kai, etwas zu singen oder zu pfeifen. Zu meiner Überraschung singt er «We shall overcome». Schließlich können wir nach rechts herüberziehen. Auf dem nächsten Parkplatz halten wir an, um durchzuatmen. »Wie war der Aufregungswert?« »So ungefähr 4–5.«

Auch Singen hilft

Kai geht künftig mit Drängelsituationen auf der Autobahn vernünftiger und kontrollierter um. Er denkt inzwischen anders über Drängler und hat sich Entspannungstechniken angeeignet. Sein Verhalten ist ruhiger, er schaut rundum, bleibt bei seinem Tempo und schaltet das Warnblinklicht ein, wenn es nötig ist. Doch muss er noch lernen, seine Rolle als Fahranfänger zu üben. Um seine neuen Gedanken und sein Verhalten zu festigen, hätten wir noch 2 oder 3 Fahrstunden mit seinem eigenen Auto gebraucht.

10.2 Was Sie tun können, um die Angst vor Drängelsituationen zu überwinden (Tipps zur Selbsthilfe)

Wenn Sie von leichten bis mittleren Ängsten in Drängelsituationen betroffen sind, dann geht es Ihnen wie der Mehrheit der Autofahrer, die sich durchaus alleine helfen können. Bei stärkeren Ängsten und wenn Sie sich als Anfänger noch sehr unsicher fühlen, empfehlen wir Ihnen, sich für die ersten Versuche auf der Autobahn in die Obhut einer Fahrschule, deren Fahrlehrer verständig und kompetent sind, zu begeben.

Achten Sie darauf, dass Sie am Schluss Ihrer Bemühungen selbstständig auf der Autobahn fahren. In diesen Fällen werden Ihnen die nachstehenden Tipps wertvolle Unterstützung geben.

10.2.1   Selbsthilfetipps, um bei Dränglern ruhig zu bleiben

Ängste ernst nehmen

1. Nehmen Sie Ihre Ängste vor Drängelsituationen ernst. Wenn Sie Fahranfänger oder ungeübt sind, ist es noch verständlicher, wenn solche Ängste auf der Autobahn hochkommen.

Entspannungstechniken

2. Bereiten Sie sich schon vorher und in aller Ruhe darauf vor, dass Sie bei Drängelaktionen körperliche Reaktionen erleben werden, dazu gehören Herzklopfen, Schwitzen, zitternde Muskeln oder Atemschwierigkeiten. Drängeln ist gefährlich, daher sind diese Alarmreaktionen normal. Es gibt einige Entspannungstechniken, z. B. ruhiges Einatmen über den Bauch, langsames Ausatmen durch den Mund, Muskelentspannung oder lautes Sprechen in der Krisensituation.

Den Drängler anders sehen

3. Sehen Sie im Drängler nicht einen Feind, denn solche Gedanken machen Sie noch nervöser. Der Drängler hat es nicht auf Sie abgesehen, sondern hat es einfach eilig. Seine Ziele setzt er allerdings rücksichtslos durch. Denken Sie etwa Folgendes: »Da ist ein Drängler.« Ihre Einstellung sollte eine Mischung als Selbstbewusstsein und Nachgiebigkeit sein: Bleiben Sie bei Ihrem Tempo, lassen sich nicht nach rechts drängen, wenn das gefährlich ist. Aber sofort, wenn es möglich ist, ziehen sie nach rechts. Suchen Sie Hilfe bei anderen: Diese werden Ihre Notlage erkennen und Ihnen helfen, auszuweichen.

Sich auf Drängelsituationen vorbereiten

4. Bereiten Sie sich auf Drängelsituationen durch ein Rollenspiel vor. Üben Sie z. B. mit einem Freund auf einem Parkplatz. Der Freund sitzt auf der Rückbank, schaut Sie stumm an. Sie können jetzt in aller Ruhe üben, was für Sie wichtig ist: Entspannen, Tempo halten, Blick nicht nach hinten fixieren, sondern auch nach vorne und zur Seite schauen, Abblendtaste am Innenspiegel betätigen, das Warnblinklicht einschalten, nach Ausweichmöglichkeiten suchen.

Drängelsituationen aushalten, ruhig bleiben

5. Üben Sie auf einer belebten Autobahn, auf der viele Lkw fahren, Drängelsituationen auszuhalten (für die ersten Versuche sollten Sie am besten mit der Fahrschule üben, s.o.). Dabei erproben Sie Ihre Entspannungstechniken und schätzen die Lage aufgrund Ihrer geänderten Einstellungen positiver ein. Bleiben Sie bei Ihrem Tempo. Fixieren Sie den Drängler nicht im Spiegel, sondern schauen Sie überall hin, vor allem nach vorne, nach links und nach rechts, wo es vielleicht eine Ausweichmöglichkeit gibt. Wenn der Drängler sehr nah heranfährt, schalten Sie das Warnblinklicht ein und machen Sie abwehrende Gesten mit der rechten Hand (Handbewegung nach hinten).

10.2.2   Ratschläge für Drängelsituationen

Frage: Ich überholte auf der Autobahn einige Lkw, als mich der Fahrer eines Sportwagens bedrängte. Er fuhr so nahe, dass ich kaum noch seine Lichter sah. Ich hatte Angst und war entsetzt. Als wir endlich an den Lkw vorbei waren, zog ich nach rechts, der andere auch, und zwar hinter mir. Für mich war das Schwachsinn, wozu bedrängt er mich zuerst, wenn er hinterher nicht überholt? Ich wollte ihm nur ein bisschen zeigen, dass es so nicht geht, und bremste vor ihm, als uns gerade einige Pkw überholten. Später erhielt ich eine Mitteilung der Behörde, gegen mich läge eine Anzeige wegen strafbarer Nötigung vor.

Antwort: Der Fahrer des Sportwagens hat Sie strafbar genötigt, Sie ihn aber auch, als Sie ihn hinterher ausbremsten. Wenn sich Emotionen so hochschaukeln, dann ist der nächste Unfall nicht mehr weit. Ob der Sportwagenfahrer hinterher überholt oder nicht, ist doch gleichgültig.

Frage: Ich wohne im Süden, besuche monatlich meine Familie in Berlin. Um Fahrkosten zu sparen, suche ich im Internet eine passende Mitfahrgelegenheit. Die Fahrer haben es oft eilig, auch die Mitfahrer sind damit einverstanden, denn alle wollen möglichst bald ankommen. Doch viele Situationen sind gefährlich. Ich würde gerne etwas dazu sagen und um einen vorsichtigeren Fahrstil bitten. Andererseits fürchte ich offene Ablehnung oder gar Zorn. Was raten Sie mir?

Antwort: Beim Mitfahren vertrauen Sie sich einem völlig fremden Fahrer und Auto an. Klären Sie Ihre Fragen nach dem sicheren Fahrstil schon im Vorfeld, wenn Sie Ihre Anfrage beim Mitfahrbüro oder im Internet starten und sich ein möglicher Fahrer telefonisch bei Ihnen meldet. Erkundigen Sie sich auch nach dem Zustand des Autos. Wenn das Auto in schlechtem Zustand ist, oder wenn bei der Fahrt gerast und gedrängelt wird, können Sie auf Ihr Vorgespräch verweisen. Verhält sich der Fahrer weiter verkehrswidrig, dann bleibt Ihnen leider nur übrig, sich an der nächsten, größeren Ortschaft absetzen zu lassen. In diesem Falle bezahlen Sie vom Fahrpreis nur die bisher gefahrenen Kilometer. Sie können dem Fahrer ankündigen, eine Meldung an das Mitfahrbüro zu machen.

Frage: Justiz und Polizei gehen hart gegen Drängler vor. Wäre es nicht möglich, Drängler so zu erziehen oder zu beeinflussen, dass sie aus Einsicht aufhören, auf andere Druck auszuüben, sodass sie sich im Verkehr vernünftig benehmen? Ich stelle mir so eine Art Selbsthilfegruppen für Drängler und Raser vor, unter Leitung eines Fahrlehrers und Psychologen.

Antwort: Drängler können oder müssen – je nach Punktestand – ein Aufbauseminar besuchen, wie andere Punktetäter auch. Das Seminar wird von einem speziell geschulten Fahrlehrer geleitet. Solche Aufbauseminare finden in Gruppen von 6–12 Teilnehmern statt und dienen der Resozialisierung. Die Teilnehmer sollten sich hinterher wieder verkehrsgerecht verhalten. Diese Aufbauseminare dauern nur fünf Sitzungen und eine Testfahrt lang, leider kann man nicht viel erreichen und »in die Tiefe« gehen, wie es wünschenswert wäre. Freiwillig wird ein Drängler eine solche von Ihnen vorgeschlagene Selbsthilfegruppe kaum besuchen. Es muss wahrscheinlich schon eine Lebenskrise eintreten, ein Unfall oder ein langer Entzug der Fahrerlaubnis mit anschließender Aufforderung zu einer MPU (medizinisch-psychologische Untersuchung), damit ein Drängler über seine Einstellung kritisch nachdenkt.

10.2.3 Aufgaben

Ein böser junger Mann
Sie fahren im Stadtverkehr auf einer Straße, deren Fahrbahnen durch eine breite Mittelinsel getrennt sind. Dort arbeiten Gärtner an der Bepflanzung. Sie fahren vorgeschriebene 30 km/h, um die Arbeiter nicht zu gefährden. Hinter Ihnen fährt ein junger Mann sehr nah auf, hupt pausenlos und schreit durchs geöffnete Fenster nach vorn. An der nächsten Ampel stellt er sich neben Sie und beschimpft sie noch einmal. Noch zeigt die Ampel Rot. Sie sind aufgebracht und zittern vor Wut.
Fragen
1. Wie können Sie sich am besten und schnell wieder abregen?
2. Was sollten Sie jetzt tun?

Auf der Allee
Sie fahren außerorts auf einer Straße, die auf beiden Seiten von Bäumen gesäumt und auf der die Höchstgeschwindigkeit auf 80 km/h begrenzt ist. Die Straße wird durch eine durchgehende weiße Linie geteilt, um Überholunfälle zu verhindern. Hinter Ihnen taucht ein Lkw auf, der Fahrer fährt auf 3 m auf und blinkt mehrmals mit der Lichthupe, ohne zu überholen.
Fragen
1. Wie können Sie Ihre aufkommende Angst bewältigen?
2. Was können Sie tun, um die Situation zu mildern oder zu beenden?

Das Stechen
Versetzen Sie sich in die Situation einer jungen Frau, die von einem jungen Mann nach einem Kneipenbesuch nach Hause gefahren wird. Er ist sehr stolz auf sein getuntes Auto, und gibt auf der Heimfahrt reichlich damit an: Er beschleunigt und bremst heftig, flitzt mit quietschenden Reifen um die Kurven. Sie sind müde, sagen nichts, wollen nur nach Hause. An einer roten Ampel fällt Ihnen auf, dass er Blicke mit dem nebenstehenden Fahrer tauscht. Beide spielen mit dem Gaspedal. Sie sind entsetzt, die Müdigkeit ist weg – will der womöglich mit dem anderen ein Wettrennen veranstalten?

Fragen

1. Was sollten Sie zuerst für sich selbst tun?
2. Wie können Sie Ihren Bekannten schnell dazu bringen, abzubrechen?
3. Welche Notmaßnahmen bleiben Ihnen, wenn er trotzdem losflitzt?

Die Lösungen finden Sie am Ende des Buches.

Anmerkungen

1. Aus dem Axa Verkehrssicherheits-Report 2008. In: http://www.forium.de/redaktion/ axa-verkehrssicherheits-report-2008-deutschland-hat-die-besten-autofahrer (06.07.1009).

2. In diesem Sinne hat auch die ARD-Sendung Kontraste argumentiert (11.10.2007). Es ging in der Sendung um schwere Verkehrs-Ordnungswidrigkeiten, wie Rasen, Drängeln, verkehrswidriges Überholen. Mehrere Täter wurden von der Redaktion interviewt. Aus den Interviews ging hervor, dass die Täter ihr Risiko, erwischt zu werden, im Allgemeinen für sehr gering hielten.

3. Zu begründen ist dies mit der menschlichen Reaktionszeit von ca. 1 s. Bei 100 km/h werden in einer Sekunde etwa 30 m zurückgelegt. Bei einem Sicherheitsabstand von weniger als 25 m kann der Drängler bei einer scharfen Bremsung des Vorausfahrenden nicht mehr rechtzeitig reagieren. Es kommt zu einem Auffahrunfall.

4. Aus § 240 StGB, Nötigung. Abs. 1: »(1) Wer einen Menschen rechtswidrig mit Gewalt oder durch Drohung mit einem empfindlichen Übel zu einer Handlung, Duldung oder Unterlassung nötigt, wird mit Freiheitsstrafe bis zu drei Jahren oder mit Geldstrafe bestraft.« Zur Definition der strafbaren Nötigung im Straßenverkehr (drängeln): Beispiele für Nötigungshandlungen mit dem Kfz im Straßenverkehr. In: http://www.verkehrsrecht-ratgeber.de/verkehrsrecht/straftaten/content_05_02.html.C. Demuth, Straßenverkehrsgefährdung durch Drängler auf BAB. In: http://www.anwalt24.de/ rechtsanwalt/christian-demuth-597178/blog/15/896/strassenverkehrsgefaehrdung-durch-draengler-auf-bab (06.07.2009).

5. a) Die Gesamtlänge der Lkw + Züge + Zwischenabstände + Einscherabstand am Schluss beträgt ca. 330 m (= absolute Überholstrecke bei Stillstand der Lkw)

   b) die Lkw fahren 80 km/h = ca. 24 m/sec, Kai fährt gemittelt (aus 130–170) 150 km/h = 45 m/sec. Die Differenzgeschwindigkeit zwischen ihm und den Lkw beträgt 21 m/sec

   c) die Überholzeit beträgt 330 s/21 s = 15,7 s, ca. 16 s

   d) der restliche Überholweg beträgt 45 m/sec × 15,7 s = 706,5 m, ca. 700 m.

6. Die Argumente der Drängler und Raser sind immer ähnlich:»Wir scheuchen die Schleicher und Schnecken von der linken Fahrspur. Damit wird diese wieder frei und der Verkehrsfluss beschleunigt. Ohne uns gäbe es viel mehr Staus und Stillstand.«

7. ESP kann einen schleudernden Wagen dadurch stabilisieren, dass nur ein Rad abgebremst wird, sodass sich ein Gegenmoment gegen das Schleudern ergibt. Die EU erwägt, ESP für alle Neuwagen verbindlich vorzuschreiben.

11 Im Alltag sicher und gelassen weiterfahren

»Ich möchte langsam und sicher fahren und von A nach B kommen.«

Die SchaffenWir-Methode:
1. Ängste akzeptieren
2. Körperliche Symptome benennen
3. Die Gedankenfalle überwinden
4. Autofahren auffrischen
5. Angsthasenfahrstil üben
6. **Die Vermeidung vermeiden**
7. **Selbstständig fahren**

> Das Schlusskapitel ist zwar kurz, aber sehr wichtig. Was Sie bis jetzt gelernt haben, dient nur der Vorbereitung auf die Hauptsache: Sie fahren jetzt zu Hause selbstständig weiter und üben dabei Ihre Angst-bewältigung. Dadurch, dass Sie etwas Neues erfahren, wird sich Ihr Alltag verändern. Sie müssen Ihr Leben gewissermaßen umkrempeln, wobei Sie sich selbst weiterentwickeln werden.

Wenn Sie gelernt haben, Ihre Fahrängste einigermaßen zu bewälti-gen, sollten Sie möglichst oft Auto fahren. So werden Sie nach der lan-gen Zeit der Vermeidung wieder Routine bekommen. Zu Anfang wird es Ihnen, bevor Sie ins Auto steigen, wahrscheinlich ein bisschen mul-mig zumute sein. Aber Sie werden auch die Erfahrung machen, dass dieses Gefühl wieder verschwindet, wenn Sie in die Angstsituationen hineinfahren und Angstbewältigung üben. Es wäre schön, wenn Sie darin Routine und Freude finden würden.

11.1   Hinweise aus der Praxis

11.1.1   Übergang in den Alltag: Mut zum selbstständigen Fahren

Verantwortung überneh-men

Wir betreuen im Jahr ungefähr 100 Angsthasen und Angsthäsinnen, von denen es die meisten schaffen, im Alltag die guten Erfahrungen der Aus-bildung umzusetzen und sicher und gelassen zu fahren. Wichtige Vor-aussetzung für das selbstständige Fahren ist das langfristige, mühsame Üben, alleine zu fahren. Das erfordert Erfahrung und Mut – und die haben Sie jetzt. Sie haben während Ihrer Ausbildung zunehmend die heimelige Atmosphäre des Fahrschulautos verlassen und im eigenen Auto geübt: Sie haben Hausaufgaben mit dem eigenen Auto bewältigt, sind zum Schluss der Ausbildung mit dem eigenen Auto zur Ausbildung gefahren und haben es auch während der Ausbildung benutzt. Darüber hinaus sind Sie sich im Klaren, dass Sie jetzt am Steuer Verantwortung tragen.[1]

Alle Schritte der SchaffenWir-Methode sind Ihnen geläufig. Insbe-sondere der langsame Angsthasenfahrstil gibt Ihnen bei großem Stress die Gelegenheit, wieder den Überblick zu gewinnen und Entscheidungen angstfrei zu treffen. Sie wissen aber auch, dass Sie damit rechnen können, dass andere sich ebenfalls verantwortlich und partnerschaftlich verhal-ten. Sie sind nicht allein, Sie können davon ausgehen, dass andere Ver-kehrsteilnehmer Ihnen helfen werden.

Denken Sie an Ihre Ziele   Erinnern Sie sich an Ihr ursprüngliches Motiv, nach langer Fahrver-meidung endlich Ihre Ängste zu bewältigen und wieder zu fahren? Jetzt haben Sie sich alle Fähigkeiten angeeignet, um diese Ziele umzusetzen. Fahren Sie nach Ihren ersten Übungen regelmäßig weiter, wie es der Alltag erfordert.

Weichen Sie dabei belastenden Situationen nicht aus, sondern begeben Sie sich in diese hinein und üben Sie die Angstbewältigung. Wenn Sie Angst vor der Autobahn haben, dann fahren Sie regelmäßig Autobahn. Wenn Sie Angst davor haben, dass im Verkehr Druck auf Sie ausgeübt wird, schneller zu fahren, dann fahren Sie dennoch vorsichtig und bedächtig, praktizieren Sie den Angsthasenfahrstil, aber bleiben Sie möglichst rechts. Wenn Sie Angst haben, dass Ihr Partner an Ihrem Fahrstil herumkrittelt, dann schweigen Sie nicht, hören Sie nicht auf zu fahren, sondern bereiten Sie sich darauf vor, mit ihm zu reden und eine kooperativere Haltung von ihm zu verlangen. Wenn Sie das Fahren und die Angstbewältigung in Ihren Alltag integrieren, dann werden Sie geübter, ruhiger, und Sie laufen nicht Gefahr, in eine sinnlose Vermeidungshaltung zu geraten. Rechnen Sie mit Rückschlägen. Diese sollten Sie anspornen, Lösungen zu suchen und zäh weiter zu machen.

Üben Sie Angstbewältigung

Erinnern Sie sich noch an unseren wichtigsten Rat zu Beginn des Ratgebers? Er lautete: »Sie sollten Freude am Üben der Angstbewältigung entwickeln …« Die Freude bezieht sich nicht nur auf die konkrete Situation und ihre Bewältigung, die nun immer besser funktioniert, sondern auch auf Ihre gesamten Fortschritte. Wenn Sie weiter an Ihrem Ziel arbeiten, Sie Rückschläge einkalkulieren und unbeirrt weitermachen, dann wird es Ihnen gelingen, wieder ruhig und sicher zu fahren.

Den meisten Angsthasen, die sich bei uns melden, geht es nicht nur um den Wunsch, wieder fahren zu können und die Bewältigung ihrer Ängste. Sie verbinden damit auch die Wiederherstellung ihres Selbstbewusstseins. Durch die Ängstlichkeit, Vermeidung, Ausreden vor sich oder vor anderen und das Gefühl des Versagens hat es gelitten. Damit sollte nun Schluss sein, Sie werden gestärkt aus diesem schwierigen Lebensabschnitt hervorgehen. Genießen Sie dieses Gefühl, aber hören Sie nicht auf zu fahren und Ihre Angst zu bewältigen.

Selbstbewusstsein kommt zurück

11.1.2   Raus aus der Alltagsroutine

Sie sind längere Zeit selbständig gefahren, Ihre Übungen zur Angstbewältigung sind eingeschliffen, Sie haben Ihren eigenen, ruhigen, vorsichtigen Fahrstil gefunden und praktizieren ihn selbstbewusst? Dann werden Sie einerseits sehr zufrieden sein und routiniert fahren. Aber darin liegt auch die Gefahr, dass Sie nicht sicher sein können, ob Sie auch andere Situationen bewältigen würden. Dies kann dazu führen, dass Sie an Ihrer Routine festhalten.

Gefahr der Routine

Ihnen fehlen vielleicht noch einige Fertigkeiten, vor allem der Umgang mit ungewöhnlichen Situationen. Nun sollten Sie auch üben, die Routine zu durchbrechen. Fahren Sie also nicht immer dieselbe Strecke zur Arbeit oder zum Einkaufen, sondern am Wochenende mal wo ganz anders hin: Wenn Sie in München wohnen, fahren Sie in die Berge, wenn

Neue Situationen aufsuchen

◘ Abb. 11.1. Fahrt auf der
Autobahn Madrid Valencia

Sie in Berlin wohnen, nach Polen. Sollten Sie auf dem Land wohnen,
fahren Sie unbedingt in die nächstgelegene Großstadt. Diese anderen
Strecken werden Sie mit neuen Problemen konfrontieren, die Sie bewältigen können. Das wird Ihnen gut tun und Sie aufmuntern. Mieten
Sie sich im Urlaub ein Auto und streifen kreuz und quer durch schöne
Landschaften (◘ Abb. 11.1). Darüber hinaus können Sie an Sicherheits-
trainings eines Automobilclubs teilnehmen.

Neue Angstsituationen   Auch bei Ihrer Angst sollten Sie keineswegs in Routine erstarren. Sie
haben Probleme mit Ihrem Partner als Beifahrer, und diese Sache ist
einigermaßen ausgestanden? Dann seien Sie nicht damit zufrieden, sondern laden Sie jemanden ein, mit Ihnen mitzufahren, insbesondere,
wenn es ein Besserwisser ist. Oder fahren Sie als Beifahrer bei einem
rasanten und schimpfenden Fahrer mit. Bitten Sie ihn, sich beim zu
schnellen Fahren und beim Schimpfen zu mäßigen. Fürchten Sie sich vor
einer Fahrt auf der Autobahn? Fahren Sie nicht immer die gleiche Strecke. Wählen Sie eine Tour, auf der Sie mal sehr schnell fahren können,
oder die einen langen Tunnel oder eine Brücke hat. Begeben Sie sich also
in Situationen, in denen Sie dazu neigen, Angst zu haben. Aber lassen Sie
sich davon nicht einschüchtern: Ihnen stehen Entspannungstechniken
zur Verfügung.

2 Wochen gar nicht   Wenn Sie es sich angewöhnt haben, regelmäßig zu fahren, um Ihre
fahren   Angst immer wieder zu überwinden, machen Sie folgendes Experiment:
Fahren Sie zwei Wochen lang gar nicht. Für jeden Autofahrer ist es normal, zwischendurch aus irgendwelchen Gründen zu pausieren. Warum
sollten Sie es nicht auch versuchen? Oder müssen Sie wegen Ihrer Angst
immerzu fahren, ob Sie Lust oder einen Grund haben oder nicht? Also

pausieren Sie, Sie sind in der Angstbewältigung versiert, Sie können weiterfahren, wie Sie wollen.

Sicher kennen Sie in Ihrem Bekanntenkreis einige Angsthasen, die unter ähnlichen Problemen leiden wie Sie sie erlebt haben. Sie könnten sich um diese kümmern, ihnen Mut zusprechen und sie bei der Suche nach Profihilfe beraten. Sie könnten sie dabei unterstützen, ihre Fähigkeiten in den Alltag zu integrieren.

Helfen Sie anderen Menschen mit Fahrängsten

Tipp

Bleiben Sie auf kreative Art unruhig, probieren Sie neue Strecken und neue Möglichkeiten der Angstbewältigung aus, lassen Sie sich nicht von der Routine einwickeln. Versuchen Sie, anderen Menschen zu helfen, die ebenfalls unter Fahrängsten leiden. Suchen Sie Kontakt zu ihnen, erzählen Sie ihnen von Ihren guten Erfahrungen.

11.2 Autokauf und -bedienung

Im letzten Abschnitt besprechen wir ein alltägliches Problem, bei dem viele Angsthasen bzw. Angsthäsinnen unsicher sind und Fragen haben: Soll ich mir überhaupt ein Auto kaufen? Welches Auto ist für mich am besten geeignet?

11.2.1 Autokauf

Frage: *Sollte ich mir zu Anfang gleich ein Auto kaufen?*
Antwort: Das ist nicht nötig. Vielleicht dürfen Sie erst einmal mit dem Wagen einer Freundin oder eines Freundes fahren. Oder Sie werden Mitglied bei einem Carsharing-Unternehmen. Das hat den Vorteil, dass Sie sich noch nicht festlegen, sondern ausprobieren, wie Sie mit dem Autofahren zurechtkommen.
Frage: Wie läuft Carsharing? Welche Vorteile bietet es mir?
Antwort: Sie werden Mitglied bei dem jeweiligen Unternehmen, z. B. stadtmobil oder Greenwheels[2]. Dafür zahlen Sie einen Starterbetrag (50–400 €) und einen geringen monatlichen Beitrag, ca. 10 €. Anschließend können Sie ein Auto telefonisch oder per Internet zum Zeittarif, Kilometertarif oder Tagestarif buchen und das Auto von einem in der Nähe gelegenen Abstellplatz abholen. Die Autos sind Kleinwagen, Mittelklassewagen und Kombis. Sie brauchen bei Rückgabe nicht zu tanken, sondern stellen es einfach wieder an einem bezeichneten Abstellplatz ab. Carsharing bietet den Vorteil, einige Marken oder Größen auszuprobieren. Fahrer, die wenig Auto fahren, haben beim Carsharing geringe Kos-

ten, weil die Fixkosten wie Steuer, Versicherung oder Wartung entfallen. So kommen im Monat schnell 300 € zusammen. Wenn Sie aber viel fahren oder das Auto ganz sicher und regelmäßig brauchen, schaffen Sie sich lieber ein eigenes an.

Frage: Ich möchte mir ein Auto kaufen. Was raten Sie, neu oder gebraucht?

Antwort: Wenn Sie einen Gebrauchten kaufen, dann würde ich beim Händler kaufen. Dort erhalten Sie eine 1-jährige Gewährleistung. Bei einem neuen Auto besteht eine 2-jährige Gewährleistung. Alles, was darüber hinausgeht, gibt der Hersteller freiwillig dazu, das läuft unter Garantie. Wenn Sie von einer Privatperson kaufen, ist das Auto vielleicht billiger, aber Sie haben keine Gewährleistung, sollte etwas kaputt gehen. Ich würde ein Auto von privat vor dem Kauf zu einer Prüfstelle fahren und dort untersuchen lassen. Das kostet nicht viel, aber die Ingenieure finden wenigstens alle Mängel und erstellen Ihnen darüber ein Protokoll. Wegen der Mängel sollten Sie mit dem Verkäufer reden oder gleich nicht kaufen.

11.2.2   Eigenschaften des Autos

Frage: Ich bin ein bisschen ängstlich, würde mir am liebsten ein ganz kleines Auto kaufen. Was halten Sie davon?

Antwort: Viele Angsthasen wünschen sich kleine Autos. Was verständlich ist, denn mit kleinen Autos kommen sie in kleine Parklücken hinein und sparen Kosten. Aber die Autos sind eben klein, haben wenig Platz und Möglichkeiten, Gepäck mitzunehmen. Legen Sie sich nicht gleich fest. Probieren Sie möglichst viele Autos aus, kleine und große, Limousinen und Kombis. Sie werden merken, dass es gar nicht so weltbewegend ist, einen Kombi zu fahren. Lassen Sie sich die Auswahl nicht von Ihrer Ängstlichkeit diktieren. Sie sollten sich fragen: Wozu brauche ich denn das Auto? Wenn Sie oft große Gepäckstücke oder mehrere Personen transportieren wollen oder längere Strecken reisen, dann werden Sie mit einem Kleinwagen nicht glücklich.

Sobald sie ihre Ängstlichkeit überwunden haben, sehen die meisten Angsthasen ihr Auto nicht als einen besonderen Gegenstand, sondern ein praktisches Transportmittel, mit dem sie von A nach B kommen wollen.

Frage: Wie müsste ein Auto gebaut sein, damit ich gut im Verkehr damit zurechtkomme und keine Angst davor habe?

Antwort: Das Auto muss gute Sicht nach allen Seiten bieten. Wenn Sie alle Informationen erfassen, die Sie beim Fahren brauchen, dann verringert das die Angst. Wichtig für die Sicht sind große Scheiben. Zur guten Sicht gehören auch angenehm dimensionierte Rückspiegel. Die beiden Außenspiegel sollten jeweils außen eine Asphäre haben (ein

◘ **Abb. 11.2.** Linker Außenspiegel mit Asphäre (links ab Strichellinie)

◘ **Abb. 11.3.** Große Scheiben, schmale Dachholme – gute Sicht nach hinten

leichter Rundschliff im Glas, durch den der tote Winkel verkleinert wird) (◘ Abb. 11.2). Wo die Asphäre beginnt, erkennen Sie an einem feinen senkrechten Strich im Außenspiegel. Die Dachholme (das sind die Träger des Autodachs) sollten schmal sein. Am meisten wird von den Herstellern bei den beiden hinteren Dachholmen gesündigt: Die sind manchmal so breit, dass sie einen Radfahrer verbergen können. Nach vorne sollten Sie die Motorhaube sehen, damit Sie beim Parken wissen, wie weit Sie vorziehen können. Beim Blick nach hinten sollten Sie sehen können, wo Auto bzw. der Kofferraum aufhören (◘ Abb. 11.3). Das ist der Fall, wenn das Auto mit Schrägheck oder Steilheck gebaut ist, also z. B. ein Kombi. Schlecht ist ein Auto mit Stufenheck. Dabei ist der Kofferraum hinten getrennt vom Innenraum angebracht. Oft kann man den Kofferraum und das Ende des Autos beim Stufenheck nicht sehen. Achten Sie darauf, dass Sie einigermaßen hoch sitzen. Wenn Sie in Ihrem Auto höher sitzen, sehen Sie weiter voraus und wissen früher, wenn sich ein Stau bildet.

Frage: Mein Lieblingsauto hat keine gute Sicht. Lässt sich da etwas machen?

Antwort: Gute Sicht, die schon von vornherein besteht, ist schwer zu ersetzen. Aber die Hersteller bieten sogenannte Assistenzsysteme an, die Ihnen bei schwierigen Situationen helfen. Für die Sicht nach hinten und vorne gibt es Parkpiloten, die beim Parken und bei Annäherung an einen festen Körper piepen. Für einige Wagen gibt es sogar Radarsysteme oder Kameras, die ein einigermaßen realistisches Bild liefern.

Frage: Was ist außerdem wichtig?

Antwort: Verstellmöglichkeiten am Fahrersitz oder am Lenkrad lassen Sie bequem und ergonomisch richtig sitzen und alle Bedieneinrichtungen gut erreichen. Besonders ängstliche Menschen sitzen viel zu nah am Lenkrad und an den Pedalen. Sie glauben, so besser sehen zu können. Diese »ängstliche« Sitzposition hat viele Nachteile: Sie entwickeln einen Tunnelblick, sehen die Spiegel schlechter, kommen nicht richtig an die Bedieneinrichtungen heran. Richtig sitzen bedeutet, dass das linke Knie beim Drücken der Kupplung leicht gebeugt ist. Wenn Sie das Lenkrad in Stellung »zehn vor zwei« (vergleichbar der Skala einer Uhr) anfassen, dann sollten die Arme ebenfalls nur leicht gebeugt sein (◘ Abb. 11.4). Der Blick sollte unbehindert vom Lenkrad und der Motorhaube weit nach vorne gehen können. Das erreichen Sie durch Höherstellen des Fahrersitzes. Bitte die Kopfstützen nicht vergessen: Diese sollen so hoch sein, dass der Kopf vollständig gestützt wird.

◘ **Abb. 11.4.** Richtiges Sitzen im Auto – mit Abstand von den Bedieneinrichtungen

11.2.3   Umweltfreundlichkeit

Frage: Ich möchte gerne umweltfreundlich fahren. Was raten Sie mir?
Antwort: Kaufen Sie ein Auto, bei dem der Motor die Schadstoffnorm Euro 4 oder sogar 5 erfüllt. Je höher die Zahl, umso besser, außerdem sparen Sie Steuern. Achten Sie beim Kauf auf den Durchschnittsverbrauch, der vom Hersteller bzw. vom Verkäufer angegeben werden muss. Auch wenn diese Angaben nicht realistisch sind, geben Sie Ihnen einen groben Anhaltspunkt. Ab Juli 2009 gilt eine neue Steuernorm, sodass Sie mehr Kfz-Steuern bezahlen müssen, wenn Ihr Auto mehr als 120 g CO_2 pro Kilometer verbraucht. Wenn Sie darüber hinaus etwas tun wollen: Kaufen Sie ein Auto mit Gasantrieb (Erdgas), das relativ umweltfreundlich ist. Achten Sie dabei darauf, dass die Gasflaschen unter dem Wagenboden und nicht im Kofferraum verstaut sind. Autos mit sog. Hybridantrieb (hybrid, lat. gemischt, von zweierlei Herkunft) sind ebenfalls umweltfreundlich. Dabei arbeiten zwei Motoren, ein Verbrennungsmotor und ein Elektromotor, zusammen. Beim Verzögern fängt der Elektromotor als Generator die Bewegungsenergie des Wagens auf und wandelt sie in elektrischen Strom um. Beim Anfahren hilft er dem Verbrennungsmotor. Diese Fahrzeuge brauchen starke Batterien. Autos mit Hybridmotor sind im Stadtverkehr, wo oft angefahren und wieder gebremst wird, sparsam. Wegen der komplizierten Antriebstechnik gibt es sie nur mit Automatikschaltung.

Anmerkungen

1. Angsthasen haben zwar einen Führerschein und sind daher formaljuristisch verantwortliche Führer des Fahrzeugs (auch des Fahrschulwagens). Dies nützt in der Ausbildungspraxis wenig, weil ihre Fahrfähigkeiten durch Ängste und lange Vermeidung gelitten haben. Die Ausbildung und den Schutz bei Übungsfahrten im Fahrschulauto muss daher der Fahrlehrer gewährleisten, das ist die mündliche Verabredung. Solange die Fahrten im Fahrschulauto stattfinden, ist der Fahrlehrer praktisch, nicht juristisch, der verantwortliche Führer des Kfz. Eingriffsmöglichkeiten gibt es für ihn vor allem durch die Doppelbedienung der Pedale. Dies macht den juristischen Sachverhalt kompliziert, sollte er etwa zulassen, dass z. B. eine Angsthäsin in eine gefährliche Situation hineinfährt und sie einen Unfall verursacht. Auf jeden Fall hat er den Schaden. Im eigenen Wagen der Angsthäsin dagegen kann der begleitende Fahrlehrer kaum noch eingreifen, höchstens durch mahnende oder beruhigende Worte. Dort ist er offensichtlich nur noch verständiger, aber zuschauender Begleiter. Führerin des Wagens in jeder Hinsicht und praktisch verantwortlich ist die Angsthäsin.

2. Stadtmobil: (06.07.2009),
   Greenwheels: http://www.greenwheels.de (06.07.2009).

Anhang

1   Lösungen

Bei der Art dieser Aufgaben gibt es nicht immer nur eine, sondern vielleicht mehrere Lösungen. Wir haben uns hier jeweils für eine entschieden.

2   ▶ Kap. 2. Seminare zur Stressbewältigung im Straßenverkehr: Freundliche, motivierende Gedanken suchen

Der Tagebucheintrag
Welche Lösungen schlagen Sie vor, damit es nicht zur Fahrvermeidung kommt?

Für die Belastungssituation?
- Wenn die Belastung zu stark ist, z. B. schneller und dichter Verkehr auf großen Straßen, dann sollten Sie den Druck reduzieren.

Für die Gedanken (»fühle mich als schweres Hindernis«)?
- »Ich bin nur ein leichtes Hindernis. Die anderen kommen gut an mir vorbei. Ich kontrolliere die Situation, fahre sicher.«

Für die körperliche Reaktion und das Verhalten?
- Entspannungsübungen, ruhiges Atmen, Muskelentspannung.

▶ Kap. 3. Die Maschine Auto und der Großstadtverkehr. Zauberworte helfen und beflügeln

Vom Land in die Großstadt:
Was sollte Sabine auf keinen Fall tun?
- Einfach losfahren oder auf Parkplätzen üben.

Wodurch kann sie ihre Ängste bewältigen?
- Für den Anfang eine kompetente Fahrschule suchen.
- Entspannungsübungen lernen, über die Gedankenfalle sprechen.

Automatik oder Schaltgetriebe?
Wird Helen durch das Fahren mit Automatik-Getriebe über ihre Ängste hinwegkommen?
- Die Angst würde bleiben.

Was sollte Helen tun?
- Mit einem Fahrschulwagen mit Handschaltgetriebe üben.

Ist ein Navigationsgerät zu empfehlen?
Vorteile?
— Hilfreich, wenn die Gegend fremd ist

Nachteile?
— Abhängigkeit von diesem Gerät.

Der Sprung ins kalte Wasser
Stimmt die Behauptung des Fahrlehrers?
— Die Mehrheit leidet darunter und lernt nichts.

Was kann bei dieser Methode passieren?
— Es entwickeln sich massiv Ängste.

Was unternehmen Sie?
— Dem Fahrlehrer widersprechen.

▶ **Kap. 4 Mit dem Angsthasenfahrstil sicher auf die Autobahn**

In der Prüfung bitte nicht auf die Autobahn!
Was hat der Fahrlehrer falsch gemacht?
— Er unterstützt ihr Vermeidungsverhalten, dadurch wird es noch
  schlimmer.

Was hätte die Fahrschülerin richtigerweise tun müssen?
— Sie sollte nicht länger vermeiden und mit dem Fahrlehrer reden.

Wie geht es jetzt weiter?
— Sie sollte ihre Ängste akzeptieren und ihnen nicht ausweichen.

Beinahe ins Stauende gerast
**Wie hätte Fredi die Situation retten und sich aus seiner Panik befreien
können?**
— Laut seine Angst ansprechen, aber nicht ängstlich, sondern ruhig:
  »Die Situation beunruhigt mich, ich weiß im Moment nicht, was ich
  tun soll.«
— Dann weiter laut über Lösungen nachdenken: »Ein paar hundert
  Meter vor mir stehen viele Autos mit Warnblinklicht, da ist was los.
  Ich muss etwas tun, am besten schaue ich in den Spiegel, bremse und
  schalte ebenfalls das Warnblinklicht ein.«

Was sollte er nach der misslungenen Prüfung üben?
— Auf der Autobahn viele ungewöhnlichen Situationen ausprobieren.

▶ Kap. 5 Theorieprüfung: Klaren Kopf behalten, locker bleiben

Peter hat einen Pechtag
Welche Einstellung sollte Peter ändern?

━ Peter sollte auf dem Weg zur Theorieprüfung nicht länger böse Vorzeichen und Rechtfertigungen für sein Scheitern suchen.

Was sollte er konkret unternehmen?

━ Trotz seiner positiven Gedanken an die Prüfung sollte er auch ein mögliches Scheitern einkalkulieren.

Katrin wird von ihrer Nachbarin angeflüstert
Welche Einstellung sollte Katrin ändern?

━ Die Einstellung »Ich sollte meiner Nachbarin helfen!«

Wie kann sich Katrin wieder entspannen?

━ Sie sollte denken: »Ich möchte gern solidarisch sein. In diesem Fall geht es nicht, sonst schade ich meiner Nachbarin und der Allgemeinheit.«

Was kann sie konkret unternehmen, um während der restlichen Prüfung den Stress zu verringern und wieder ihre Konzentration zu erlangen?

━ Zum Prüfer gehen und diesem mitteilen, sie wolle sich woanders hinsetzen, um dort mehr Ruhe zu haben.

▶ Kap. 6 Ängste akzeptieren, die praktische Prüfung bewältigen

Michael hat Sorgen
Was kann Michael vor der Prüfung unternehmen, um sich wieder zu beruhigen?

━ Am besten durch ein Gespräch mit seinem künftigen Chef. Vielleicht lässt sich folgendes Abkommen erreichen: Michael verspricht, die Prüfung zu schaffen, auch wenn das nicht gleich klappt. Damit ist der Druck geringer, er muss nicht sofort bestehen. Er wird beschäftigt, und solange er nicht besteht, fährt er eben bei anderen Kollegen mit.

Was sollte er in der Prüfung tun, wenn die Sorgen wiederkommen?

━ Zu Beginn mit dem Prüfer reden.

Wie geht es weiter, wenn er eventuell die Prüfung doch nicht besteht?

━ Mit seinem künftigen Chef reden.

Einer hupt immer
Sollte Stefan losfahren oder stehen bleiben?
- Im Zweifel lieber stehen bleiben, das ist die ungefährlichere Variante.

Wie kann er sich wieder beruhigen?
- Gedankenstopp
- Ruhig atmen
- an Zauberworte denken

Wie sollte er sich dem Prüfer gegenüber verhalten?
- Dem Prüfer anschließend, nach dem Abbiegen, die Entscheidung kurz erklären.

Gibt es Möglichkeiten, den Autofahrer hinter ihm zu beschwichtigen?
- Ja, durch die erhobene rechte Hand, eine entschuldigende, beruhigende Geste.

▶ Kap. 7 Mit Beifahrern umgehen, selbstständig fahren

Schnelle Nebelfahrt
Alle zusammen sind durch den Leichtsinn des Fahrers in Lebensgefahr.
Warum fällt es Günter dennoch so schwer, etwas dagegen zu unternehmen?
- Gruppen haben ihre eigene Dynamik. Im schlimmsten Fall könnte Norbert anhalten und ihn nachts mitten im Wald rausschmeißen.

Wie kann Günter aus seiner Lähmung herausfinden?
- Günter hat schon die richtigen Gedanken.
- Er sollte sich innerlich Mut zusprechen, die Gruppe zu überzeugen.

Wie sollte er sich verhalten?
- Günter sollte laut die Situation schildern, auch seine eigenen Gefühle: »Ich glaube, wir fahren bei gefährlichem Nebel. Das macht mir Angst. Mir wäre es lieber, wir würden langsamer fahren und dafür sicher nach Hause kommen.«

Der Selbstversuch – wie Angst am Steuer eingeredet werden kann
Wie beurteilen Sie Cornelias Bemerkung, ihn vom Mitfahren abzuhalten.
Warum hat sie nicht klipp und klar »nein« gesagt?
- Die kleine Notlüge kehrt sich gegen sie. Denn der Bekannte wird gerade dadurch zur Mitfahrt animiert.

Wie hätte sich Cornelia am Anfang, als der Bekannte fragte, verhalten sollen?
- Keine Notlüge gebrauchen, sondern die Lage und die eigene Befindlichkeit schildern.

War es notwendig, nach seinen Meckerattacken etwas zu tun? Was hätte sie tun können?
- Gedankenstopp
- ruhiges Atmen
- Überlegen, was wichtig ist: Ihre Verkehrssicherheit oder die mühsame Harmonie, die hier aufrecht erhalten wird?

Was halten Sie von der Idee, ihn am Bahnhof abzusetzen?
- An sich eine gute Idee. Sie kann auch rechts heran fahren, ihm kurz ihre Lage schildern und ihn auffordern, selbst zu fahren.

In der Mausefalle
Wie gehen Sie mit ihrem Fehler um?
- Sie billigen die Arbeit der Polizei. Ihr Fehler ist wirklich geringfügig.
- Erzählen Sie dem Beamten sofort die Wahrheit.

Welche »Strafe« haben Sie für Ihre Vergesslichkeit höchstens zu erwarten?
- 10 € Verwarnungsgebühr laut Bußgeldkatalog-Verordnung (Bußgeldkatalog-Verordnung (BKatV), Tatbestand-Nummer 174).

▶ Kap. 8 Schluss mit den Grübeleien!
Nach einem Unfall geht es weiter

David will nicht als Fahranfänger auffallen
Wie beurteilen Sie Davids Einstellung, er müsse als Fahranfänger mit dem Verkehr »mitschwimmen«? Welche Einstellung sollte er stattdessen haben?
- David sollte dazu stehen, dass er noch Fahranfänger ist.

Welche Aufgaben im Straßenverkehr sollte er üben und wie?
- Alle Aufgaben, bei denen er sich noch nicht wie ein geübter, flotter Kraftfahrer verhalten kann.

Wie verhält er sich am besten gegenüber der alten Dame, die ihn kräftig ausschimpft?
- Aussteigen, sich entschuldigen, die Situation erklären; anbieten, die alte Dame nach Hause zu bringen.

Was kann er gegen seine Angstsymptome tun?

▬ Die Beinahe-Unfallsituationen Schritt für Schritt analysieren und nachträglich und gedanklich den richtigen Ablauf herausfinden.

Fiorina platzt der Reifen

Wird Fiorina ihre Angst verlieren, wenn sie mit Runflat-Reifen fährt?

▬ Fiorina bekommt damit nur vorübergehend ein Gefühl der Sicherheit.

Was sollte Fiorina gegen ihre Ängste tun?

▬ Ein Fahrsicherheitstraining mitmachen.

Marianne wird auf der Autobahn von einem rückwärts fahrenden Pkw-Fahrer gerammt

Was hätte der Fahrer, als er die Abfahrt verpasst hatte, tun müssen?

▬ Auf der Autobahn rückwärts zu fahren ist verboten (§ 18 StVo, Abs. 7).

▬ Der Fahrer hätte weiter fahren müssen und die Autobahn erst an der nächsten Abfahrt verlassen dürfen.

Wie hätten sich die anderen Fahrer verhalten müssen?

▬ Unfallstelle absichern.

▬ Polizei und Feuerwehr benachrichtigen.

▬ Verletzten helfen.

Was kann Marianne zur Bewältigung ihrer Unfallangst tun?

▬ In einer Analyse den Unfall rekonstruieren, nachdenken, wo sie im Ablauf etwas hätte besser machen können. Ergänzende praktische Übungen zum Unfall.

▶ **Kap. 9 Angst vor Panikattacken auf der Autobahn: Die Angst annehmen, das Vermeiden vermeiden**

Caroline hält nichts von Therapie

Was könnte der Grund sein für Carolines Therapie-Unwilligkeit?

▬ Sie sieht in der Angst vor ihren Panikattacken auf der Autobahn eher ein Fahrproblem.

Welches Ergebnis wird sie mit den Fahrstunden und ihrer Eigentherapie erzielen?

▬ Auf jeden Fall kein dauerhaftes.

Peter wird schwindlig

Was kann die leere Autobahn bewirken?
- In Verbindung mit Hyperventilation (Schnellatmung) und Tunnelblick auf die Fahrbahn können Schwindelanfälle auftreten.

Welche Mittel können Peter vorerst Erleichterung verschaffen?
- Langsamer fahren, sich ruhig umschauen, ruhiges Atmen und lautes Reden.

▶ Kap. 10 Drängler auf der Autobahn: Ich stehe zu meinen Ängsten, ich bleibe ruhig

Ein böser junger Mann
Wie können Sie sich am besten und schnell wieder abreagieren?
- Ihre Wut ist verständlich.
- Atmen Sie ruhig ein und aus.
- Stellen Sie sich in Gedanken neben sich. Sie sind nicht gemeint.

Was sollten Sie jetzt tun?
- Suchen Sie eine Parkmöglichkeit und schreiben alles auf, was Sie noch im Gedächtnis haben.
- Ihrer Anzeige wird die Polizei nachgehen, aber sie braucht vor allem Fakten von Ihnen. (Drängeln, auch im Stadtverkehr, kann von den Gerichten als strafbare Handlung gewertet werden. Darauf stehen hohe Geldstrafen und der Entzug der Fahrerlaubnis. Dazu kommen noch die Beleidigungen.)

Auf der Allee
Wie können Sie Ihre aufkommende Angst bewältigen?
- Atmen Sie ruhig, sprechen Sie laut mit sich.

Was können Sie tun, um die gefährliche Situation abzumildern oder zu beenden?
- Schalten Sie das Warnblinklicht ein, oder suchen Sie nach einem Ausweg rechts.

Das Stechen
Was sollten Sie zuerst für sich selbst tun, vor jeder Handlung?
- Ruhig atmen, laut reden.

Wie können Sie Ihren Bekannten schnell dazu bringen, abzubrechen?
- Blickkontakt suchen, ansprechen (»Bitte schau mich an!«) und laut sagen: »Ich will mich bei dem Wettrennen nicht beteiligen. Bitte lass mich sofort raus!!«

Welche Notmaßnahmen bleiben Ihnen, wenn er trotzdem losflitzt?

━ Sehr laut rufen: »Nein, sofort anhalten!«, den Zündschlüssel zurück-
drehen, damit der Motor ausgeht.

3 Organisationen und Adressen

3.1 Einrichtungen zur Förderung angstfreien Fahrens

Angstfrei autofahren
Alexandra Bärike
Kaulbachstraße 58
80539 München
Tel. 0177/ 6113450
www.angstfrei-autofahren.de
Frau Bärike ist Fahrlehrerin und Diplompsychologin. Sie bietet Grup-
penseminare, Tages- und Wochentraining und Einzelsitzungen an.

Autoclub für Angsthäsinnen (in der Beratungsstelle für Frauen und
Familien, Verein für Gleichstellungsfragen und sozialen Schutz,
Sachen-Anhalt e.V.)
Helgestraße 28
39104 Magdeburg
Tel. 0391/4013097
www.beratungsstelle-frauen-familien.de/ueberuns.html
Der Autoclub für Angsthäsinnen veranstaltet Fahrtraining im eigenen
Auto in Begleitung eines erfahrenen Autofahrers.

club autogestresster frauen (im Frauenpunkt Courage e. V.)
Gehrenseestraße 4
13053 Berlin
Tel. 030/ 98315613
www.frauenpunkt-courage.de/44.html
Der Club lädt ein zum regelmäßigen Stammtisch mit Informationen
und vermittelt die Teilnehmerinnen an Fahrschulen.

Fahrschule Schaffen Wir GmbH
Sonnenallee 58
12045 Berlin
Tel. 030/ 6248068
www.schaffenwir.de
Schwerpunkt der Fahrschule: Fahrtraining und Angstbewältigung.

Friedenau Institut

Bergheimer Straße 5

14197 Berlin

Tel. 030/ 84316009

www.friedenau-institut.de

Gründer und Leiter des Instituts sind die beiden Verfasser dieses Ratgebers. Das Institut bietet neben Stressbewältigungsseminaren für Autofahrer auch spezielle Fortbildungen für Fahrlehrer und Psychologen für dieses Fachgebiet an.

Keine Angst mehr hinter'm Steuer

www.keine-angst-mehr-hinterm-steuer.de

Homepage zum Ratgeber. Hier finden Sie Hintergrundartikel zu Fahrängsten, Berichte von Angsthasen und ein Forum zum Thema Fahrängste.

Hallo Frau, Informationsportal für Frauen

www.hallo-frau.de/mobilitaet/seminare-mehr/seminarreihe.html

Im Informationsportal können sich Frauen auf einer eigenen Mobilitätsseite über Probleme mit dem Auto und beim Autofahren informieren. Hallo Frau bietet in Zusammenarbeit mit dem TÜV Rheinland eine Seminarreihe gegen Fahrängste an.

3.2   Fahrlehrerverbände

Bundesvereinigung der Fahrlehrerverbände e. V. BVF

www.fahrlehrerverbaende.de

Bundesverband der Fahrlehrerverbände in Deutschland. Auf der Internetseite finden Sie alle Landesfahrlehrerverbände. Dort können Sie sich weiterhelfen lassen bei der Suche nach einer geeigneten Fahrschule.

3.3   Automobilclubs (Sicherheitstraining)

ADAC

www.adac.de

Größter deutscher Automobilclub

ACE

www.ace-online.de

Gewerkschaftlich orientierter Automobilclub

Verkehrsclub Deutschland VCD

www.vcd.org

Der Verkehrsclub setzt sich für Umweltschutz ein.

3.4   Psychotherapeuten

Bundespsychotherapeutenkammer
http://www.bptk.de
Hier finden Sie kompetente Beratung und Hilfe bei der Suche nach anerkannten Psychotherapeuten

3.5   Adressen in Österreich

Fachverband der Fahrschulen in Österreich WKO
www.fahrschulen.co.at/

Österreichischer Automobilclub
www.oeamtc.at

Österreichischer Bundesverband für Psychotherapie
http://www.psychotherapie.at

3.6   Adressen in der Schweiz

Fahrangst
Renate Siegenthaler
www.fahrangst.com/
Frau Siegenthaler ist Fahrlehrerin und Psychologin. Die Fahrschule bietet Tages-, Einzel- und Gruppentraining an. Methode zur Angstbewältigung ist die kognitive Verhaltenstherapie.

Schweizerischer Fahrlehrerverband SFV
http://www.fahrlehrerverband.ch/wdeutsch
Der SFV vertritt die Anliegen der Fahrlehrer.

Automobilclub der Schweiz
www.acs.ch/ch-de

Schweizer Psychotherapeutinnen und Psychotherapeuten Verband SPV
http://www.psychotherapie.ch
Beratung bei der Therapeutensuche und Therapeutenvermittlung

3.7   Literatur allgemein

Bandelow, B. (2006). *Woher Ängste kommen und wie man sie bekämpfen kann.* Hamburg: Rowohlt.

Morschitzky, H., Sator, S. (2002). *Die zehn Gesichter der Angst. Ein Selbsthilfeprogramm in 7 Schritten.* Düsseldorf: Walter.

Schmidt-Traub, S. (2008). *Angst bewältigen. Selbsthilfe bei Panik und Agoraphobie.* Berlin: Springer.

Wolf, D. (2005). *Ängste verstehen und überwinden. Wie Sie sich von Angst, Panik und Phobien befreien.* Mannheim: Pal.

3.8   Zitierte Literatur

Beck'sche Textausgaben (2009). Straßenverkehrsrecht. München: Beck.

DVR (Hg.) (2005). Aufbauseminare in Fahrschulen. Handbuch für Seminarleiter. Bonn: DVR.

Kaluza, G. (2004). Stressbewältigung. Trainingsmanual zur psychologischen Gesundheitsförderung. Heidelberg: Springer.

Kaluza, G. (2007). Gelassen und sicher im Stress. Das Stresskompetenz-Buch. Heidelberg: Springer.

Niederlich, R. (2008). Juhu: Ich kann einparken. Die lenkende Einparkhilfe von VW im Praxistest. In: AutoBild 27, 07, S. 24 ff.

Schurig, R. (2006). Kommentar zur Straßenverkehrs-Ordnung. Bonn: Kirschbaum.

Shaw, E. (2004). Der kleine Angsthase. Berlin: Kinderbuch.

ADAC Motorwelt (2008) Sicher auf der Autobahn. In: ADAC Motorwelt 05, S. 18.

Weißmann, W. (2008). *Chronik fahrlehrerrechtlicher Vorschriften seit 1909.* Hilgertshausen Mobil-Verlag.

Stichwortverzeichnis